2판 **포인트 식사요법**

THE POINT OF DIET THERAPY

2판 포인트
식사요법

윤옥현 | 이영순 | 이경자 | 최경순 | 이정실

교문사

머리말

최근에 발표된 한국인의 사망원인 5위 안에는 암, 뇌혈관질환, 심장질환, 당뇨병이 포함되어 있는데, 이들 질환은 식생활을 포함한 생활습관과 밀접한 관련이 있다. 경제발달과 식생활의 서구화로 인한 동물성 지방과 에너지의 과잉 섭취 및 바쁜 일상생활로 인한 운동 부족은 비만을 비롯한 생활습관병을 일으키는 원인으로 지목되고 있다. 이들 질병을 예방하고 치료하기 위해서는 의료적 처치, 올바른 생활습관과 함께 식사요법이 매우 중요하다.

식사요법은 건강 유지와 질병의 예방 및 치료를 위해 식사의 양과 내용을 조절하여 적절한 영양을 공급하는 치료 방법으로서 환자나 건강인 모두에게 필요하다. 식사요법은 식품과 영양을 올바르게 이해하고, 질병의 신속한 회복과 재발 방지, 예방은 물론 완전한 건강을 유지하는 데 도움이 된다. 각 질병에 따른 식사요법을 이해하기 위해서는 각 질병의 병리에 대한 이해가 필요하다.

본 교재는 앞 단원에서 병원식과 식단 작성법에 대한 이해를 도울 수 있도록 하였고, 이후 단원에서는 질환별로 질병의 원인, 증상 및 식사요법을 기술하였다. 또한 질환별로 식품교환표에 따른 병원식 식단 작성의 예를 게재하여 이론에 대한 이해와 현장에서의 적용에 도움을 주고자 하였다. 특히 장별 중요한 사항을 포인트로 요약·정리하여 쉽게 이해할 수 있도록 하였고, 각 장의 마지막에는 포인트 문제를 실어 중요한 내용을 문제풀이를 통해 익히도록 하였다. 본 교재는 식품영양학을 공부하는 학생뿐만 아니라 조리학, 가정교육학, 간호학, 보건학 및 대체의학 등을 전공하는 학생들도 쉽게 이해할 수 있도록 집필하였고, 현장에서 활동하고 있는 영양사 및 보건의료전문인의 실무에 도움을 주고자 노력하였다.

각 저자가 교재에 통일성을 가하고 최신의 자료를 담기 위하여 여러 번의 회의를 거쳤음에도 미비한 점이 많을 것으로 여겨진다. 이러한 점은 계속 수정·보완할 것을 약속드리며 본 교재가 출판될 수 있도록 도와주신 (주)교문사의 류제동 사장님과 편집부의 세심한 노고에 깊이 감사드린다.

2016년 8월
저자일동

식사요법의 개요

chapter 1

식사요법의 개요

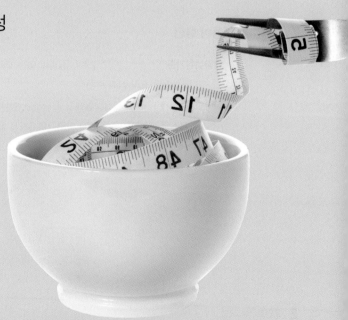

01 식사요법의 개요

최근 경제적인 풍요와 의학의 발달에 힘입어 평균 수명이 연장되고 질병의 치유율이 높아졌지만 식사요법에 대한 의존도는 더욱 높아졌다. 병이 발생된 후의 치료보다 평소 바른 식생활로 건강을 유지·증진하고자 하면서 그 중요성이 더욱 강조되고 있다. 또한 각종 만성 퇴행성 질병의 예방과 치료에 있어서 영양이 차지하는 비중은 매우 커지고 있다.

식사요법은 영양소의 부족이나 과잉에 의해 유발되는 질병을 예방하고 치료하며 질병에 따른 대사적 문제점을 개선하는 데 기여한다. 질병의 예방 및 건강 증진을 위하여 올바른 식습관과 영양관리가 무엇보다도 중요하다.

💬 **용어 설명**

영양섭취기준dietary reference intakes, DRIs 질병이 없는 대다수 국민들의 건강을 유지하고 질병을 예방하는 데 도움이 되는 영양소의 섭취 수준

식품교환표food exchange 일상생활에서 섭취하고 있는 식품들을 영양소 구성이 비슷한 것끼리 곡류군, 어육류군, 채소군, 지방군, 우유군 및 과일군의 6가지 식품군으로 나누어 놓은 표

1. 식사요법의 중요성

1) 식사요법의 의의와 목적

식사요법이란 질병의 종류와 정도에 따라 적절한 식사를 제공하여 질병 치료를 빠르게 하고 합병증을 예방하여 빠른 회복에 도움을 주기 위한 건강과학의 한 분야이다.

식사요법의 목적은 건강을 증진시키고 질병의 예방과 치료를 위한 것으로 좋은 영양상태를 유지하고 영양결핍 상태를 치료하는 것이다. 또한 식사요법으로 신체의 영양소 대사능력에 따라 식품의 섭취를 조절하게 되고 체중조절의 효과를 기대할 수 있다.

2) 식사요법과 영양관리

환자의 상태를 회복시키고 적절한 영양상태를 유지하여 질병에 대한 면역력을 향상시키기 위해서는 바른 영양관리가 필요하다. 질병의 종류와 상태에 따라 환자의 개인적인 특성, 기호도, 식욕 등을 고려하여 환자에게 맞는 적절한 영양을 공급하여 질병을 치료하고 재발을 방지할 수 있다. 이러한 목적으로 여러 가지 다양한 조건에 맞는 치료식을 제공하는 것이 식사요법이다. 특히 영양적으로 균형 잡힌 식단으로 다양하게 제공하고, 소화가 잘되는 식품과 조리법의 선택, 식사의 적정온도와 농도, 안정성 등을 고려하여야 한다.

환자를 위한 영양관리의 단계는 우선 영양상태 평가가 이루어져야 하며, 이후 영양필요량이나 문제점 확인, 영양필요량을 달성하기 위한 계획과 수행, 영양관리의 평가 등의 순서로 이루어진다.

2. 식단 작성

1) 한국인 영양섭취기준

한국인 영양섭취기준이란 질병이 없는 대다수 한국인들의 건강을 최적의 상태로 유지하고 질병을 예방하는 데 필요한 영양소 섭취기준을 말한다. 만성질환이나 영양소 과다 섭취에 관한 우려와 예방의 필요성을 고려하여 여러 수준의 영양섭취기준을 2005년에 새로이 설정하고 2010년과 2015년에 걸쳐 2차 개정이 이루어졌다. 영양섭취기준은 평균필요량estimsted average requirement, EAR, 권장섭취량recommended nutrient intake, RNI, 충분섭취량adequate intake, AI, 상한섭취량tolerable Upper intake level, UL으로 구성되어 있다.

2) 영양소 필요량 산정

(1) 에너지 필요량

체내의 여러 가지 기능이나 근육활동, 성장 등을 유지하기 위해서는 식사로부터 충분한 에너지를 섭취해야 한다. 개개인의 섭취 에너지는 에너지 소모량을 근거로 결정되는데 에너지 소모량은 기초대사량basal metabolic rate, BMR, 활동대사량, 식품 이용을 위한 에너지 소비량으로 구성된다.

한국인 영양섭취기준에서 제시한 에너지 필요추정량 이용

에너지 필요추정량 산출공식을 이용하여 연령, 체중, 신장 및 활동수준을 고려한 에너지 소비량을 산출하고 여기에 상해계수를 곱하여 1일 에너지 필요량을 산출한다.

1일 필요 에너지(kcal) = 에너지 필요추정량 × 부상계수

기초대사량을 이용한 방법

기초대사량은 1일 에너지 소비량의 약 60~65%를 차지한다. 기초소비 에너지가 구해지면 환자의 활동량과 부상 정도 등을 고려하여 1일 필요 에너지를 산출한다 표 1-1.

1일 필요 에너지(kcal) = 기초대사량 × 활동계수 × 부상계수

해리스 베네딕트Harris-Benedict의 공식에 의한 기초대사량 구하는 법

- 남자: 66.4 + 13.7 × 체중(kg) + 5.0 × 키(cm) − 6.8 × 나이
- 여자: 65.5 + 9.6 × 체중(kg) + 1.8 × 키(cm) − 4.7 × 나이

표 1-1 활동계수와 부상계수

활동 정도	활동계수	부상 정도	부상계수
누워 있는 환자	1.2	심하지 않은 수술	1.2
움직일 수 있는 환자	1.3	골격외상	1.35
보통의 활동 정도	1.5	수술	1.44
매우 활동적인 경우	1.75	패혈증	1.6~1.8
		외상+스테로이드	1.88
		심한 화상	2.1~2.5

현재 체중을 이용한 방법

활동 정도에 따라 실제 체중을 기준으로 간단하게 에너지 필요량을 산출한다 표 1-2.

1일 필요 에너지(kcal) = 실제 체중(kg) × 활동 정도 에너지(kcal)

표 1-2 활동 정도에 따른 에너지 필요량(kcal/kg)

비만도	가벼운 활동 정도	중등도 활동 정도	심한 활동 정도
과체중	20~25	30	35
정상	30	35	40
저체중	35	40	45

(2) 단백질 필요량

단백질 필요량을 환자의 스트레스 정도에 따라 계산하기도 한다. 환자의 대사적 스트레스의 정도에 따라서 단백질 요구량은 표 1-3과 같이 산출한다.

표 1-3 스트레스의 정도에 따른 단백질 필요량

구분	단위체중당 단백질 필요량(g/kg/일)
정상	0.8~1.0
중등도의 스트레스(감염, 골절, 수술)	1.0~2.0
심한 스트레스(화상, 다발성 골절)	2.0~2.5

(3) 지방과 당질의 필요량

전체 에너지 필요량 중 단백질에서 생성되는 에너지를 제외한 나머지에서 지방과 당질의 양을 결정한다.

(4) 수분 필요량

고열, 다량의 소변 배설, 설사 및 이뇨제 이용 시 수분 필요량을 증가시킨다. 정맥주사, 약물, 경관급식용 튜브를 세척하는 데 쓰는 수분과 경구로 마시는 양도 총 수분 섭취량에 포함시킨다. 1일 수분 필요량은 여러 가지 방법으로 계산할 수 있다.

체중을 기준으로 계산하는 방법

- 체중이 20kg일 때까지는 1일 1,500mL의 수분을, 체중이 20kg을 초과할 때에는 1,500mL에 초과 체중 kg당 20mL를 추가하여 수분 필요량을 계산한다.
- 단위체중당 수분 필요량
  - 보통 체격의 성인: 30~35mL/kg
- 연령별 수분 필요량
  - 18~64세: 30~35mL/kg
  - 65세 이상: 25mL/kg

에너지 섭취량을 기준으로 계산하는 방법

◎ 섭취 에너지 1kcal당 1mL로 수분 필요량을 계산한다.

◎ 섭취 에너지 1kcal당 1mL에 섭취 질소 1g당 100mL를 추가하여 수분 필요량을 계산한다.

3) 식품교환표와 식단 작성

(1) 식품교환표

식품교환표란 영양소 조성이 비슷한 식품끼리 묶어 곡류군, 어육류군, 채소군, 지방군, 우유군, 과일군 등 여섯 가지의 식품군으로 분류하여 동일한 식품군 내에서는 식품을 교환하여 선택할 수 있도록 한 표이다. 식품교환표에서 1교환단위는 1회 섭취량을 기준으로 당질, 단백질, 지방의 함량이 동일하도록 중량을 정한 것으로 같은 식품군 내에서는 같은 교환단위끼리 상호 교환이 가능하다.

식품교환표를 이용한 식단 작성의 장점

★ 식품분석표를 사용하지 않더라도 에너지 및 3대 영양소의 산출이 쉽다.

★ 대치 식품을 효과적으로 이용할 수 있다.

★ 총 에너지를 조절하여 알맞은 에너지 섭취를 할 수 있다.

★ 3대 영양소의 균형 있는 분배가 용이하다.

(2) 식품교환단위당 영양성분

표 1-4 각 식품군의 1교환단위당 영양성분

		에너지(kcal)	당질(g)	단백질(g)	지방(g)
곡류군		100	23	2	–
어육류군	저지방	50	–	8	2
	중지방	75	–	8	5
	고지방	100	–	8	8
채소군		20	3	2	–
지방군		45	–	–	5
우유군	일반우유	125	10	6	7
	저지방우유	80	10	6	2
과일군		50	12	–	–

출처: (사)대한영양사협회, 식품교환표, 2010

곡류군(당질 23g, 단백질 2g, 에너지 100kcal)

곡류군에 속하는 식품에는 주로 당질이 많이 들어있으며 쌀, 보리와 같은 곡식류, 밀가루, 전분, 감자류와 이들로 만든 식품이 해당한다 표 1-5.

어육류군

단백질이 주로 들어있는 식품군으로서 어류, 육류, 난류 및 콩류 식품이 속한다. 동일한 육류일지라도 부위에 따라 지방의 함량이 다르며, 수조육류는 그 종류에 따라서 지방 함량에 상당한 차이가 있다. 1교환단위량이 육류는 40g이고, 어류는 50g 정도이다 표 1-6, 표 1-7, 표 1-8.

표 1-5 곡류군의 식품과 1일 교환단위량

구분	식품명	무게(g)	목측량	구분	식품명	무게(g)	목측량
밥	쌀밥	70	1/3공기(소)	국수류	냉면(건조)	30	
	보리밥	70	1/3공기(소)		당면	30	
	현미밥	70	1/3공기(소)		마른 국수	30	
	쌀죽	140	2/3공기(소)		메밀국수(건조)	30	
알곡류 및 가루 제품	기장	30			메밀국수(생것)	40	
	녹두	70			삶은 국수	90	1/2공기
	녹말가루	30	5큰술		스파게티(건조)	30	
	미숫가루	30	1/4컵(소)		스파게티(삶은 것)	90	
	밀가루	30	5큰술		쌀국수(건조)	30	
	백미	30	3큰술(=1/5쌀컵)		쌀국수(조리된 것)	90	
	보리(쌀보리)	30	3큰술		우동(생면)	70	
	완두콩	70	1/2컵(소)		쫄면(건조)	30	
	율무	30	3큰술		칼국수류(건조)	30	
	차수수	30	3큰술	감자류 및 전분류	감자	140	1개(중)
	차조	30	3큰술		고구마	70	1/2개(중)
	찹쌀	30	3큰술		돼지감자	140	
	팥(붉은 것)	30	3큰술		찰옥수수(생것)	70	1/2개
	현미	30	3큰술		토란	140	
떡류	가래떡	50	썬 것 11~12개	묵류	도토리묵	200	1/2모 (6×7×4.5cm)
	백설기	50					
	송편(깨)	50			녹두묵	200	
	시루떡	50			메밀묵	200	
	인절미	50	3개	기타	강냉이(옥수수)	30	1.5공기(소)
	절편	50	1개 (5.5×5×1.5cm)		누룽지(건조)	30	지름 11.5cm
					마	100	
	증편	50			밤	60	3개(대)
빵류	식빵	35	1쪽 (11×10×1.5cm)		오트밀	30	
					은행	60	1/3컵(소)
	모닝빵	35	1개(중)		콘프레이크	30	3/4컵(소)
	바게트빵	35	2쪽(중)		크래커	20	5개

저지방 어육류군(단백질 8g, 지방 2g, 에너지 50kcal)

표 1-6 저지방 어육류군 식품과 1교환단위량

구분	식품명	무게(g)	목측량	구분	식품명	무게(g)	목측량
고기류	닭고기(껍질, 기름 제거한 살코기)	40	1토막(소) (탁구공 크기)	건어물류 및 가공품	건오징어채◉	15	
	닭부산물 (모래주머니)	40			게맛살	50	1⅔개
					굴비	15	1/2토막
	돼지고기 (기름기 전혀 없는 살코기)◉	40	로스용 1장 (12×10.3cm)		멸치	15	잔 것 1/4컵(소)
					뱅어포	15	1장
	소간	40			북어	15	1/2토막
	쇠고기 (사태, 홍두깨 등)	40	로스용 1장 (12×10.3cm)		어묵(찐 것)	50	1/3개(5.5cm)
					쥐치포	15	1/2개(1.2×7cm)
	오리고기	40		젓갈류	명란젓◉	40	
	육포	15	1장(9×6cm)		어리굴젓	40	
	칠면조	40			창란젓◉	40	
생선류	가자미	50	1토막(소)	기타 해산물	개불	70	
	광어	50	1토막(소)		굴	70	1/3컵(소)
	대구	50	1토막(소)		꼬막조개	70	
	동태	50	1토막(소)		꽃게	70	1마리(소)
	미꾸라지(생것)	50	1토막(소)		낙지	100	1/2컵(소)
	병어	50	1토막(소)		날치알	50	
	복어	50	1토막(소)		대하(생것)	50	
	아귀	50	1토막(소)		멍게	70	1/3컵(소)
	연어	50	1토막(소)		문어◉	70	1/3컵(소)
	옥돔(반건조)	50	1토막(소)		물오징어	50	몸통 1/3등분
	적어	50	1토막(소)		미더덕	100	3/4컵(소)
	조기	50	1토막(소)		새우(깐 새우)◉	50	1/4컵(소)
	참도미	50	1토막(소)		새우(중하)◉	50	3마리
	참치	50	1토막(소)		전복◉	70	2개(소)
	코다리	50	1토막(소)		조갯살	70	1/3컵(소)
	한치	50	1토막(소)		해삼	200	1⅓컵(소)
	홍어	50	1토막(소)		홍합	70	1/3컵(소)

◉ 콜레스테롤이 많은 식품

중지방 어육류군(단백질 8g, 지방 5g, 에너지 75kcal)

표 1-7 중지방 어육류군 식품과 1교환단위량

구분	식품명	무게(g)	목측량	구분	식품명	무게(g)	목측량
고기류	돼지고기(안심)	40		생선류	갈치	50	1토막(소)
	샐러드햄	40			고등어	50	1토막(소)
	소곱창◉	40			과메기(꽁치)	50	
	쇠고기(등심,안심)	40	로스용 1장 (12×10.3cm)		꽁치	50	1토막(소)
	쇠고기(양지)	40			도루묵	50	
	햄(로스)	40	2장 (8×6×0.8cm)		메로	50	
콩류 및 가공품	검정콩	20	2큰술		민어	50	1토막(소)
					삼치	50	1토막(소)
	낫또	40	1개 (작은 포장 단위)		임연수어	50	1토막(소)
	대두(노란콩)	20			장어◉	50	1토막(소)
					전갱이	50	1토막(소)
	두부	80	1/5모 (420g 포장두부)		준치	50	1토막(소)
	순두부	200	1/2봉 (지름 5×10cm)		청어	50	1토막(소)
					훈제연어	50	
	연두부	150	1/2개	가공품	어묵(튀긴 것)	50	1장 (15.5×10cm)
	콩비지	150	1/2봉, 2/3공기(소)	알류	달걀◉	55	1개(중)
					메추리알◉	40	5개

◉ 콜레스테롤이 많은 식품

고지방 어육류군(단백질 8g, 지방 8g, 에너지 100kcal)

표 1-8 고지방 어육류군 식품과 1교환단위량

구분	식품명	무게(g)	목측량	구분	식품명	무게(g)	목측량
고기류 및 가공품	개고기	40		생선류 및 가공품	고등어통조림	50	1/3컵(소)
	닭고기(껍질 포함)◉	40	닭다리 1개		꽁치통조림	50	1/3컵(소)
	돼지갈비	40			뱀장어◉	50	1토막(소)
	돼지족, 돼지머리◉	40			유부	30	5장(초밥용)
	런천미트◉	40	5.5×4×1.8cm		참치통조림	50	1/3컵(소)
	베이컨	40	1¼장		치즈	30	1.5장
	비엔나소시지◉	40	5대				
	삼겹살◉	40					
	소갈비◉	40	1토막(소)				
	소꼬리◉	40					
	프랑크소시지◉	40	1⅓개				

◉ 포화지방산이 많은 식품
◉ 콜레스테롤이 많은 식품

채소군(당질 3g, 단백질 2g, 에너지 20kcal)

비타민과 무기질이 들어있는 식품군으로 1교환단위량은 70g 정도이며 데쳤을 경우 약 1/3컵에 해당한다 표 1-9.

표 1-9 채소군의 식품과 1교환단위량

구분	식품명	무게(g)	목측량	구분	식품명	무게(g)	목측량
채소류	가지	70	지름 3cm× 길이 10cm	채소류	늙은 호박(생것)	70	4×4×6cm
	고구마줄기	70	익혀서 1/3컵		늙은 호박, 호박고지	7	
	고비	70			단무지	70	
	고사리(삶은 것)	70	1/3컵		단호박◉	40	1/10개 (지름 10cm)
	고춧잎◉	70					
	곰취	70			달래	70	
	근대	70	익혀서 1/3컵		당근◉	70	4×5cm 또는 1/3개(대)
	깻잎	40	20장				
	냉이	70			대파	40	

(계속)

구분	식품명	무게(g)	목측량	구분	식품명	무게(g)	목측량
채소류	더덕	40		채소류	죽순(생것)	70	
	도라지⊙	40			죽순(통조림)	70	
	돌나물	70			참나물	70	
	돌미나리	70			청경채	70	
	두릅	70			취나물(건조)	7	
	마늘	7			치커리	70	
	마늘쫑	40	3개(6.5~7cm)		케일	70	잎넓이 30cm 1½장
	머위	70			콜리플라워, 꽃양배추	70	
	무	70	지름 8cm× 길이 1.5cm				
	무말랭이	70	불려서 1/3컵		콩나물	70	익혀서 2/5컵
	무청(삶은 것)	70			파프리카(녹색)	70	1개(대)
	미나리	70	익혀서 1/3컵		파프리카(적색)	70	
	배추	70	알배기배추 15× 6cm, 3잎(중)		파프리카(주황색)	70	
					풋고추⊙	70	7~8개(중)
	부추	70	익혀서 1/3컵		풋마늘	70	
	붉은 양배추	70	1/5개 (9×4×6cm)		피망	70	2개(중)
				해조류	곤약	70	
	브로콜리	70			김	2	1장
	상추	70	12장(소)		매생이⊙	20	
	셀러리	70	길이 6cm×6개		미역(생것)	70	
	숙주	70	익혀서 1/3컵		우뭇가사리, 우무	70	
	시금치	70	익혀서 1/3컵		톳(생것)	70	
	쑥⊙	40			파래(생것)	70	
	쑥갓	70	익혀서 1/3컵	버섯류	느타리버섯(생것)	50	7개(8cm)
	아욱	70	잎넓이 20cm 5 장(익혀서 1/3컵)		만가닥버섯(생것)	50	
					송이버섯(생것)	50	2개(소)
	애호박	70	지름 6.5cm× 두께 2.5cm, 1/3개(중)		양송이버섯(생것)	50	3개(지름4.5cm)
					팽이버섯(생것)	70	
					표고버섯(건조)	7	
	양배추	70			표고버섯(생것)	50	3개(대)
	양상추	70		김치류	갓김치	50	
	양파	70			깍두기	50	사방 1.5cm 크기 10개
	연근⊙	40	썬 것 5쪽				
	열무	70			나박김치	70	
	오이	70	1/3개(중)		동치미	70	
	우엉⊙	70			배추김치	50	6~7개(4.5cm)
	원추리	70			총각김치	50	2개
	자운영(싹)	70		채소 주스	당근주스	50	1/4컵(소)

⊙ 당질을 6g 이상 함유하고 있으므로 섭취 시 주의해야 할 채소

지방군(지방 5g, 에너지 45kcal)

지방이 주로 들어있는 식품으로 동·식물성 기름, 버터, 마가린, 견과류, 샐러드드레싱 등이 속하고, 교환단위는 1찻숟갈이며 5g이다 표 1-10.

■ 표 1-10 지방군의 식품과 1교환단위량

구분	식품명	무게(g)	목측량	구분	식품명	무게(g)	목측량
견과류	검정깨(건조)	8		식물성 기름	들기름	5	1작은술
	참깨(건조)	8	1큰술		미강유	5	1작은술
	땅콩◉	8	8개(1큰술)		옥수수기름	5	1작은술
	아몬드◉	8	7개		올리브유◉	5	
	잣	8	50알(1큰술)		홍화씨기름◉	5	1작은술
	캐슈너트(조미한 것)	8			참기름	5	1작은술
	피스타치오	8	10개		카놀라유◉	5	1작은술
	해바라기씨	8	1큰술		콩기름	5	1작은술
	호두	8	1.5개(중)		포도씨유	5	
	호박씨 (건조, 조미한 것)	8			해바라기유	5	
	흰깨 (건조, 볶은 것)	8		고체성 기름	땅콩버터	8	
드레싱	마요네즈, 라이트마요네즈	5	1작은술		마가린	5	1작은술
	사우전드, 이탈리안 드레싱	10	2작은술		버터◉	5	1작은술
	프렌치 드레싱	10	2작은술		쇼트닝◉	5	1작은술

◉ 단일 불포화지방산이 많은 식품
◉ 포화지방산이 많은 식품

우유군(일반우유 – 당질 10g, 단백질 6g, 지방 7g, 에너지 125kcal)
(저지방우유 – 당질 10g, 단백질 6g, 지방 2g, 에너지 80kcal)

단백질, 무기질, 칼슘이 들어있는 식품군으로서 우유 1컵인 200mL가 1교환단위이다
표 1-11.

표 1-11 우유군의 식품과 1교환단위량

구분	식품명	무게(g)	목측량
일반우유	두유(무가당)	200	1컵(1팩)
	락토우유	200	1컵(1팩)
	일반우유	200	1컵(1팩)
	전지분유	25	5큰술
	조제분유	25	5큰술
저지방우유	저지방우유(2%)	200	1컵(1팩)

과일군(당질 12g, 에너지 50kcal)

생과일, 건과일, 주스류가 포함되며 주로 당질을 함유하고 있다 표 1-12.

표 1-12 과일군의 식품과 교환단위량

구분	식품명	무게(g)	목측량	구분	식품명	무게(g)	목측량
감	단감	50	1/3개(중)	멜론	멜론(머스크)	120	
	연시, 홍시	80	1개(중), 1/2개(대)	바나나	바나나(생것)	50	1/2개(중)
					바나나(건조)	10	
	곶감	15	1/2개(소)	배	배	110	1/4개(대)
감귤류	귤	120		복숭아	복숭아(백도)	150	1개(소)
	금귤	60	7개		복숭아(천도)	150	2개(소)
	오렌지	100	1/2개(대)		복숭아(황도)	150	1/2개(중)
	유자	100			백도(통조림), 황도(통조림)	60	반절 1쪽
	자몽	150	1/2개(소)				
	한라봉	100		사과	사과(후지)	80	1/3개(중)
	귤(통조림)	70		살구	살구	150	
대추	대추(생것)	50		석류	석류	80	
	대추(건조)	15	5개	블루베리	블루베리	80	
두리안	두리안	40			블루베리(통조림)	50	
딸기	딸기	150	7개(중)	수박	수박	150	1쪽(중)
	산딸기	150		앵두	앵두	150	
리치	리치	70		올리브	올리브(생것)	60	
망고	망고	70			올리브(건조)	15	
매실	매실	150		자두	자두	150	1개(특대)
무화과	무화과(생것)	80		참외	참외	150	1/2개(중)
	무화과(건조)	15		체리	체리	80	

(계속)

구분	식품명	무게(g)	목측량	구분	식품명	무게(g)	목측량
키위	키위	80	1개(중)	프루트 칵테일	프루트칵테일 (통조림)	60	
토마토	방울토마토	300		주스	배주스	80	
	토마토	350	2개(소)		사과주스	100	1/2컵(소)
파인 애플	파인애플	200			오렌지주스 (무가당)	100	1/2컵(소)
	파인애플(통조림)	70					
파파야	파파야	200			토마토주스	100	1/2컵(소)
포도	청포도	80			포도주스	80	
	포도	80	19알(소)		파인애플주스	100	1/2컵(소)
	포도(거봉)	80	11개				
	포도(건조)	15					

(3) 식단 작성 순서

매일매일의 식사에 다양한 식품이 고루 포함되어 편식이 되지 않도록 하기 위해서는 식단에 세심한 배려와 계획이 필요하다. 식단은 영양성분에 대별하여 분류된 기초식품군이나 식품교환군을 이용하여 식품의 종류와 양을 결정하면 쉽게 작성할 수 있다.

식품교환표를 이용한 식단 작성법은 5단계로 나누어 볼 수 있다.

제1단계

총 에너지와 당질, 단백질, 지방의 필요량을 산정한다. 1일 필요 에너지는 연령, 성별, 활동량, 체중의 증감, 질병의 종류와 정도에 따라 결정한다. 에너지의 구성비는 당질 55~70%, 단백질 7~20%, 지방 15~25%의 비율에 따른다.

> 예) 에너지 1,800kcal 기준의 에너지구성비 계산
>
> 당질 : 단백질 : 지방 = 60% : 20% : 20%
>
> 당질의 양: 1800 × 0.6 ÷ 4 = 270g
>
> 단백질의 양: 1800 × 0.2 ÷ 4 = 90g
>
> 지방의 양: 1800 × 0.2 ÷ 9 = 40g

제2단계

식품군별 교환단위 수를 결정한다 표 1-13.

표 1-13 식품교환표를 이용한 계산의 예

당질 270g(60%), 단백질 90g(20%), 지방 40g(20%), 에너지 1,800kcal

식품교환군		교환단위 수	당질(g)	단백질(g)	지방(g)	에너지(kcal)
우유군	일반우유	1	10	6	7	125
	저지방우유	1	10	6	2	80
채소군		8	24	16		160
과일군		2	+ 24 68 (270-68=202)			100
곡류군		9	207	+ 18 46 (90-46=44)		900
어육류 군	저지방	3		24	6	150
	중지방	2		16	+ 10 25 (40-25=15)	150
지방군		3			15	135
계			275	86	40	1,800

① 먼저 개인의 식성을 참조하여 우유군, 채소군, 과일군의 단위 수를 결정한다.

　예) 우유군: 2교환단위(일반우유 1교환, 저지방우유 1교환)

　　　채소군: 8교환단위

　　　과일군: 2교환단위

② 잠정적으로 정한 우유군, 채소군, 과일군의 당질, 단백질, 지방량을 계산한다.

③ 곡류의 교환단위를 결정한다. 우유군, 채소군, 과일군의 당질 함량을 합한 다음 이 양을 처방된 당질 필요량에서 뺀다. 이렇게 계산된 당질량을 곡류 1교환단위의 당질 함량인 23g으로 나누어 곡류의 필요 교환단위 수를 결정한다.

④ 어육류군의 교환단위 수를 결정한다. 우유군, 채소군, 곡류군의 단백질 함량을 합하여 처방된 단백질 함량에서 뺀 뒤 어육류 1교환단위의 단백질량 8g으로 나누어 어육류의 교환단위 수를 결정한다.

⑤ 지방의 교환단위 수를 결정한다. 우유군과 어육류군의 지방 함량을 합하여 처방된 지방 함량에서 뺀 뒤 지방 1교환단위의 지방량 5g으로 나누어 지방의 교환단위 수를 결정한다.

제3단계

끼니별로 교환단위를 분배한다. 하루 세끼와 간식으로 분배한다 표 1-14.

표 1-14 1,800kcal의 끼니별 교환단위 수 배분의 예

끼니 \ 식품교환군	곡류군	어육류군 저지방	어육류군 중지방	채소군	지방군	우유군 일반우유	우유군 저지방우유	과일군
아침	2	1		2.5	1	1		
점심	3	1	1	3	1			
간식	1				1		1	1
저녁	3	1	1	2.5				1
총 교환단위 수	9	3	2	8	3	1	1	2

제4단계

식단교환표를 이용하여 질병의 종류와 기호에 따라 식품을 선택한다 표 1-15.

제5단계

식품의 종류와 허용되는 기름의 양에 맞게 조리법을 결정하여 식단을 완성한다.

표 1-15 1,800kcal의 식품 선택과 식단작성의 예

식품군	1일 단위 수	아침 단위 수	아침 선택식품	점심 단위 수	점심 선택식품	간식 단위 수	간식 선택식품	저녁 단위 수	저녁 선택식품
곡류군	9	2	보리밥 140g	3	현미밥 210g	1	식빵 35g	3	보리밥 210g
어육류군	(5)								
저지방	3	1	조기 50g	1	쇠고기 40g			1	닭정육 40g
중지방	2			1	두부 80g			1	갈치 50g
채소군	8	2.5	무 35g 느타리버섯 50g 배추김치 50g	3	숙주 35g 대파 20g 고사리 35g 호박 70g 깍두기 25g			2.5	시금치 35g 오이 70g 당근+양파 35g 나박김치 35g
지방군	3	1	식용유 5g	1	식용유 5g	1	버터 5g		
우유군	(2)								
일반우유	1	1	일반우유 1컵						
저지방우유	1					1	저지방우유 1컵		
과일군	2					1	토마토 350g	1	자두 150g
완성 식단		보리밥 무국 조기구이 느타리버섯볶음 배추김치		현미밥 육개장 두부조림 호박전 깍두기		토스트 우유 토마토		보리밥 시금칫국 닭조림 갈치구이 오이생채 나박김치, 자두	
1일 합계		에너지 1,800kcal 당 질 275g 단백질 86g 지 방 40g							

1. 한국인 영양섭취기준을 구성하는 네 가지는?

2. 영양소 구성이 비슷한 식품끼리 묶어 분류하여 동일한 식품군 내에서는 식품을 교환할 수 있도록 만든 표는?

3. 식품교환표에서 어육류군 중 중지방식품의 1교환단위당 영양성분과 에너지는?

4. 고등어, 꽁치, 조기, 두부, 새우 중 저지방 어육류에 속하는 것은?

5. 지방군 식품 중 식물성 기름, 버터, 마요네즈의 1교환단위는 몇 g인가?

6. 식품교환표에서 일반우유류의 1교환단위당 영양성분과 에너지는?

▶ 정 답

1. 평균필요량, 권장섭취량, 충분섭취량, 상한섭취량

2. 식품교환표

3. 단백질 8g, 지방 5g, 75kcal

4. 조기, 새우

5. 5g

6. 당질 10g, 단백질 6g, 지방 7g, 125kcal

2
chapter

병원식

02 병원식

병원식은 병원에서 환자에게 제공하는 식사로 일반식, 치료식, 검사식으로 나눌 수 있다. 일반식은 치료식과 달리 정상 건강인의 식사와 같이 해당 환자의 연령, 성별, 체중에 따라 에너지 및 영양소 필요량을 충족하여 적절한 영양상태를 유지할 수 있도록 한국인 영양섭취기준, 식사구성안 및 식품교환표를 기초로 설정한 식사이다. 치료식은 질병의 예방과 치료를 위하여 정상식사를 변경시킨 식사로서 환자의 질병상태와 영양소 대사능력을 고려하여 에너지와 특정 영양소의 양을 조절한 식사이다. 검사식은 임상검사의 정밀도를 높이기 위하여 검사 전에 처방되며, 한 끼 혹은 며칠간만 제공된다.

 용어 설명

검사식^{test diet} 질병의 진단과 임상 검사의 목적으로 환자에게 주는 특수식. 보통 검사 3일 전에 제공함

연하곤란^{dysphagia} 음식을 먹거나 물을 마실 때에 음식이 식도로 넘어가는 과정에서 지체되거나, 중간에 걸리는 것을 뜻함. 보통 식도를 통하여 위 분문부까지의 기계적 협착이나 운동성 장애가 있을 때에 일어남

지방변^{steatorrhea} 지방의 소화·흡수 장애에 의해 분변 중의 지방이 증가하는 병적 상태. 지방성 설사를 수반하는 것으로, 흡수장애증후군 중 특히 췌장·간·담도 질환에 의한 소화·흡수 장애에 의해서 생김

치료식^{therapeutic diet} 질병의 치료를 목적으로 환자의 질병상태와 영양소 대사능력을 고려하여 에너지와 특정 영양소의 양을 조절한 식사

회복식^{light diet} 병의 회복에 따라 연식에서 일반식으로 이행할 때 제공되는 식사

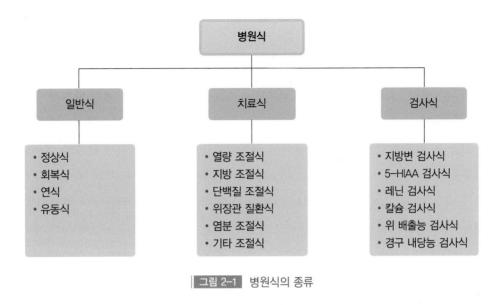

그림 2-1 병원식의 종류

1. 일반식

1) 정상식

정상식regular diet은 특별한 식사구성이나 영양소 조절이 필요하지 않으며 환자 개인의 연령, 성별, 체중, 안정도에 따라 결정된다. 한국인의 영양섭취기준에 기본을 두고 특별한 영양소나 농도의 조절이 필요하지 않은 환자에게 적용한다.

특별한 제한 식품 없이 대부분의 식품을 사용할 수 있으며 기호조사, 잔식조사 또는 환자와의 개인 면담을 통하여 기호도가 높고 섭취율이 높은 식단을 구성하고 적온급식이 될 수 있도록 배려한다.

2) 회복식

회복식light diet은 연식에서 병의 회복에 따라 일반식을 제공하기 전에 환자에게 공급하는 식사이다. 소화하기 쉽고 위장에 부담을 주지 않아야 하며, 주식은 진밥이다. 섬유소가 많은 생과일과 생채소, 지방이 많은 육류와 생선 및 단단한 음식을 제한하고, 튀기거나 양념을 많이 사용하는 조리법은 피한다.

3) 연 식

연식soft diet은 주식이 죽 정도의 부드러운 식사 형태로 정상식 적용이 불가능한 환자에게 제공한다. 소화하기 쉽고 부드러우면서 영양소를 충족하는 액체와 반고체 형태의 식사이다.

수술 후 회복기 환자에게 유동식에서 정상식으로 옮겨가는 점진적 단계의 식사로 사용된다. 또한 위장장애 등 소화 기능이 저하된 환자, 구강장애, 특히 치아 상태가 좋지 않은 환자, 소화ㆍ흡수 능력이 저하된 급성 감염 환자에게 적용되며 환자의 상태에 따라 죽의 농도를 묽은 죽, 된죽으로 조절한다. 너무 뜨겁거나 차갑지 않게 제공하고, 튀기거나 굽는 조리법은 피하고 삶거나 찌는 조리법을 사용한다. 연식의 허용 식품과 제한 식품은 표 2-1과 같다.

표 2-1 연식의 허용 식품과 제한 식품

종류	허용 식품	제한 식품
음료	전체	알코올음료
어육류	쇠고기, 생선, 가금류, 달걀, 부드러운 치즈	질기거나 기름기가 많은 육류, 달걀프라이 등
유지류	허용되지 않는 것 이외의 모든 것	견과류, 올리브유, 허용되지 않는 조미료를 사용한 샐러드
우유 및 유제품	전체	견과류나 씨가 함유된 유제품
빵이나 밥 종류	정제된 곡류를 사용한 빵, 죽, 감자	통밀, 조로 만든 거친 빵이나 곡류, 비스킷, 튀긴 감자, 옥수수
채소류	냄새가 강하지 않은 채소류를 익혀서 거른 것이나 주스 형태	질긴 생채소, 향이 강한 채소 또는 가스 생성 채소
과일류	익힌 것이나 통조림한 과일류, 거친 껍질이나 씨가 없는 것, 바나나, 줄기 없는 감귤류, 주스류	생과일, 말린 과일, 씨가 많거나 덜 익은 과일, 섬유소가 질긴 과일
스프	허용 식품으로 만든 맑은 국이나 크림스프	허용된 것 이외의 것
후식	제한 식품 이외의 것	코코넛, 견과류, 허용되지 않는 과일로 만든 것
당류	제한 식품 이외의 것	잼, 마멀레이드, 캔디, 코코넛
기타	식초, 화이트소스, 그레이비소스	씨앗으로 만든 향신료, 마늘, 강한 향신료, 김치, 고춧가루

저작보조식mechanical soft diet은 씹지 않고도 음식을 섭취할 수 있도록 다져 촉촉하고 부드러운 형태로 구성한 식사이다. 치아 상태가 좋지 않아서 저작 기능이 원활하지 못한 환자, 씹을 수 없을 만큼 심하게 쇠약한 환자, 신경 장애, 식도나 구강인두의 장애, 수술로 인해 연하곤란이 있는 환자에게 적용된다.

섬유소가 적은 식품을 선택하고 모든 음식을 다져서 촉촉하고 부드러운 상태로 제공한다. 물김치는 국물만 제공하고 육류, 생선, 채소 반찬은 조리 후 다져서 공급하며, 부드러운 과일(바나나, 딸기)은 생것 그대로 사용해도 좋다.

4) 유동식

(1) 전유동식

전유동식full liquid diet은 수분공급을 위한 식사로 위장관 자극을 줄이고, 쉽게 소화·흡수되도록 액체 또는 상온에서 반액체 상태의 식품을 공급하는 식사이다. 맑은 유동식에서 연식으로 이행되는 중간식이며 미음을 주식으로 한다. 수술 후 또는 정맥영양에서 연식으로 이행하기 전 단계의 회복기 환자, 식도나 위장관 협착, 위장염, 얼굴이나 목 성형수술, 고열의 급성 감염질환 환자에게 적용한다.

수분, 칼슘, 비타민 C 외에는 모든 영양소가 영양섭취기준에 미달하므로 가급적 빨리 고형식으로 진행하도록 한다. 전유동식을 3일 이상 제공할 경우 경장영양 보충음료 또는 고단백 고에너지 유동식을 공급한다.

위 내의 정체 시간이 짧은 당질 식품을 주로 선택하되 소화하기 쉬운 단백질 식품을 첨가하고 위에 부담을 주는 지방 식품은 가급적 피한다. 전유동식의 허용 식품과 제한 식품은 표 2-2와 같다.

| 표 2-2 | 전유동식의 허용 식품과 제한 식품 |

종류	허용 식품	제한 식품
미음	미음	
수프	육즙, 크림스프	
육류	고기 국물, 균질육	
어류	어류로 만든 국물	
달걀	달걀 가루, 커스터드	
두류	두류 및 두유 음료	알코올, 고춧가루, 고추, 마늘, 생강과 같은
채소류	채소즙, 으깬 채소, 채소 삶은 국물	자극성이 강한 향신료와 조미료
과일류	과즙	
우유류	우유 및 유제품	
유지류	버터, 마가린, 크림	
음료	커피, 코코아, 차, 탄산음료, 곡분 음료 등	
기타	설탕, 캔디, 젤라틴	

| 표 2-3 | 전유동식의 1일 식단의 예 |

아침		점심		저녁	
미음	300mL	미음	300mL	미음	300mL
우유	200mL	크림스프	250mL	달걀찜(달걀 55g)	
과일주스	200mL	고형 요구르트	100mL	두유	200mL
칼로리 보충음료(꿀물 200mL)		과일주스	200mL	과일주스	200mL

(2) 맑은 유동식

맑은 유동식clear liquid diet은 위장관에서 쉽게 흡수되는 맑은 액체 상태의 음식물로 구성된다. 장 검사, 수술, 급성 위장장애, 심하게 쇠약한 환자 또는 정맥영양에서 구강급식을 처음 시작하는 환자에게 적용한다. 체온과 동일한 온도로 공급한다. 최소한의 잔사를 남기며 위장관을 자극하지 않고 구강으로 수분을 공급하기 위한 식사이다. 상온에서 맑은 액체 음료의 형태이며 주로 당질과 물로 구성된다. 탄산음료나 탄산주스, 지방질이 함유된 모든 식품류는 제외하며 맑은 유동식의 허용 식품과 제한 식품은 표 2-4와 같다.

표 2-4 맑은 유동식의 허용 식품과 제한 식품

종류	허용 식품	제한 식품
음료	끓여서 식힌 물 또는 얼음, 보리차, 옥수수차, 연한 홍차, 녹차, 레몬에이드 등	지방질이 함유된 모든 식품류, 자극성 식품(김치 국물, 파, 마늘, 기타 강한 맛과 냄새로 위나 장의 점막을 자극하는 조미료를 넣은 국물류)
수프	묽은 미음, 육즙, 맑은 장국	
과일류	과즙, 오렌지주스, 사과주스	
후식	과즙으로 만든 얼음류	
당류	설탕, 아무것도 넣지 않은 알사탕	
기타	소금 약간, 젤라틴으로 만든 묵	

표 2-5 맑은 유동식의 1일 식단의 예

아침		점심		저녁	
대추차+꿀(혹은 설탕 250mL)		인삼차+꿀(혹은 설탕 250mL)		대추차+꿀(혹은 설탕 250mL)	
물김치 국물	100mL	물김치 국물	100mL	물김치 국물	100mL
과일주스	200mL	과일주스	200mL	과일주스	200mL

(3) 거른 연식

거른 연식pureed diet은 씹지 않고도 쉽게 삼킬 수 있도록 체에 거르거나 으깨어 농축시킨 식사이다. 치아가 전혀 없는 환자, 구강 내 염증이나 궤양으로 음식물의 기계적 자극이 통증을 유발하는 경우, 식도나 구강의 수술, 방사선 치료 후, 뇌혈관 사고로 삼키는 데 어려움이 있는 경우에 적용한다.

모든 음식을 갈아서 실온의 부드러운 상태로 제공하며 삼키기 쉽게 하기 위하여 우유, 국 국물, 물 등을 첨가할 수 있다. 입천장에 달라붙는 음식이나 자극성 음식은 제한하며 지방, 설탕, 꿀 등을 첨가하여 에너지를 보충한다. 거른 연식의 1일 식단의 예는 표 2-6과 같다.

| 표 2-6 | 거른 연식의 1일 식단의 예

아침	점심	간식	저녁	간식
묽은 죽 300mL	타락죽 300mL	오렌지주스 190mL	장국죽 300mL	두유 200mL
오렌지주스 90mL	복숭아넥타 190mL	아이스크림 100g	요구르트 130mL	으깬 감자
우유 200mL	탈지분유 1큰술		에그노그	야채주스 200mL
으깬 감자	크림수프 200mL		꿀차	
인삼차 1컵				

냉 유동식

냉(찬) 유동식cold liquid diet은 인후에 화학적 · 물리적으로 자극성이 없는 식품을 제공하고, 수술 부위의 출혈을 막기 위하여 제공되는 식사이다.

편도선 절제 또는 아데노이드 절제 수술을 받은 환자에게 적용되는데 식품 선택 및 식단구성 내용은 일반 유동식과 동일하나 차거나 미지근한 음식을 공급한다. 신 과일주스의 경우 개인에 따라 적응하지 못할 수도 있다. 빨대 사용은 출혈을 유발할 수 있으므로 금지한다.

2. 치료식

치료식therapeutic diet은 환자의 질병 상태에 수반되는 증상을 완화시키거나 질병을 치료하기 위한 방법으로 환자에게 제공되는 식사를 말한다. 환자의 개별적 질병 상태를 고려한 영양 요구량에 맞게 제공되고, 질환에 따라 특정 영양소를 가감하거나 혹은 점도 등을 조절한 형태로 환자에게 제공된다.

에너지 조절식에는 당뇨식과 체중조절식이 있으며, 지방 조절식에는 무지방식, 저지방식, MCT 보충식, 저콜레스테롤식이 있다. 단백질 조절식은 신장질환식, 간질환식, 고단백식 등이 있다. 위장관질환식으로는 궤양식과 저섬유소식, 고섬유소식, 저잔사식이 있으며 염분 조절식에는 무염식, 저염식, 경저염식이 있다.

기타 치료식으로는 고칼슘식, 저퓨린식, 요오드 제한식, 알레르기식, 케톤식 등이 있다.

3. 검사식

검사식test diet은 질병의 진단과 임상 검사의 목적으로 환자에게 주는 특수식으로 시험식이라고도 한다. 보통 검사 3일 전에 검사 목적에 따라 처방된 식사이다.

1) 지방변 검사식

지방변 검사식steatorrhea test diet은 위장관 내의 소화불량, 흡수불량을 확인하기 위한 식사이다. 검사 2~3일 전에 1일 100g의 지방을 함유한 식사를 공급하고 정상변의 지방 함량을 아래의 공식에 의해 계산한다.

분변지방(g)/24hr = (0.021 × 식이지방(g)/24hr) + 2.93

2) 5-HIAA 검사식(세로토닌 검사식)

5-HIAA 검사식은 악성종양이 의심되는 경우에 소변 내의 5-HIAA5-Hydroxy Indole Acetic Acid 함량을 측정하여 악성종양을 진단하기 위한 검사식이다. 검사 전 1~2일간 세로토닌serotonin이 다량 함유된 식품의 섭취를 제한한다. 5-HIAA 검사 시 주의해야 할 식품은 표 2-7과 같다.

| 표 2-7 | 5-HIAA 검사 시 제한해야 할 식품

식품 종류	제한 식품
과일류	바나나, 파인애플, 키위, 건포도
채소류	토마토, 가지, 아보카도
기타 식품	땅콩, 호두, 알코올음료, 바닐라 향료 사용 음식(아이스크림, 요구르트, 과자 등)
약제	감기약, 아세트아미노펜, 페나세틴

3) 레닌 검사식

레닌 검사식renin test diet은 고혈압 환자의 레닌 활성도를 평가하기 위해 사용되며, 나트륨 섭취를 제한함으로써 레닌이 생성되도록 자극하기 위하여 계획된 식사이다. 검사 전 3일 동안 나트륨은 20mg, 칼륨은 90mg으로 제한한다.

4) 칼슘 검사식

칼슘 검사식calcium test diet은 결석이 있는 환자들에게 적용되며, 칼슘 섭취량을 증가시킴으로써 과칼슘뇨증을 진단하기 위한 검사식이다. 검사 전 3일 동안 식사 중 칼슘 공급을 400mg으로 제한하고 글루콘산칼슘 600mg을 보충하여 하루 칼슘 섭취량을 1,000mg으로 증가시킨다.

5) 위배출능 검사식

위배출능 검사식gastric emptying time test diet, GET test diet은 위의 운동 기능 부전과 폐색을 진단하기 위한 검사에 사용된다. 환자에게 방사선 물질이 함유된 유동식이나 고형식을 섭취시킨 후 2시간에 걸친 위장 내 방사능의 변화로서 위 배출능력을 평가한다.

6) 내당능 검사식

내당능 검사식oral glucose tolerance test diet, OGTT diet은 혈당에 대한 인슐린의 반응을 조사하는 데 사용된다. 검사를 하기 전 최소한 3일간은 체중유지가 가능한 범위 내에서 적절한 에너지, 단백질과 함께 당질 함량이 높은 식사를 제공한다. 검사 시 당질 100~150g을 제공하고 30분 간격으로 2시간까지 혈당을 측정하여 포도당 처리능력을 알아본다.

Point 문제

1. 액체와 반고체형의 식품으로, 소화가 어려운 환자들에게 제공하는 죽 형태의 식사형태는?

2. 위장관에서 쉽게 흡수되고 맑은 액체 상태인 음식물로 주로 당질과 물로 구성된 식사형태는?

3. 병원식 중 일반식의 종류는?

4. 연식에서 허용되지 않는 식품은?

5. 보통 수술 부위의 출혈을 막기 위해 적용되며, 편도선 절제술을 받은 환자에게 적용되는 식사는?

6. 회복식을 할 때에 피해야 하는 조리법은?

▶ 정 답

1. 연식

2. 맑은 유동식

3. 정상식, 회복식, 연식, 유동식

4. 강한 향신료, 비소화성 섬유질, 결체조직식품

5. 냉 유동식

6. 튀김, 양념을 많이 사용한 조리법

3
chapter

영양지원

1. 경장영양
2. 정맥영양

CHAPTER

03 영양지원

영양지원이란 질병이나 수술 등의 원인에 의하여 구강으로 식품 섭취가 곤란하거나 금지된 경우, 에너지 섭취량이 요구량에 비하여 낮은 경우 위장관 또는 정맥으로 영양소를 공급하는 것을 말한다. 경장영양에는 경구영양과 경관영양이 있다. 위장기관이 정상이지만 구강으로 섭취하기 곤란한 경우 위장관에 튜브를 삽입하여 영양을 지원하는 것을 경관급식이라 한다. 소화·흡수 기능이 손상된 환자들에게 순환계를 통하여 영양지원을 실시하는 것을 정맥영양이라 하며, 중심정맥영양과 말초정맥영양이 있다.

 용어 설명

경관급식tube feeding 위장관의 소화·흡수 능력은 정상이나 구강으로 음식을 섭취하기 불가능한 경우 관을 통하여 위장관에 영양을 공급해주는 영양지원 방법

경장영양enteral nutrition 입으로 음식물을 섭취하지 못하는 환자들에게 관을 통해 위장관에 영양 혼합물을 공급하여 최적의 영양상태를 유지하도록 해주는 영양지원 방법

정맥영양intravenous alimentation 일시적으로 또는 영구적으로 위장관의 기능이 없는 환자에게 말초정맥 또는 중심정맥을 통해 이루어지는 영양지원 방법

카테터catheter 체강 또는 내강이 있는 장기 내로 삽입하기 위한 튜브형의 기구. 금속제의 경성인 것과 고무, 플라스틱제의 연성인 것이 있음. 포도당을 기본으로 한 고농도(15~30%)의 영양수액을 정맥을 통해 투여함

패혈증septic(a)emia 환자의 혈액이 감염되어 세균과 그 독성이 강한 염증반응을 일으키는 것

심한 외상이나 대수술, 패혈증, 화상 등의 중환자들은 대사 항진으로 에너지 소비량과 단백질 이화작용이 급격하게 증가한다. 또한 골격근이 에너지원으로 이용되면서 단백질과 에너지 결핍증을 유발한다. 여기에 각종 장기 기능 및 면역학적 기능이 저하되고 결국에는 장기 기능이 복합적으로 저하되어 사망을 초래할 수 있다. 그러므로 치료 초기에 적절한 영양지원이 매우 필요하다.

영양지원 방법은 그림 3-1과 같이 분류할 수 있다.

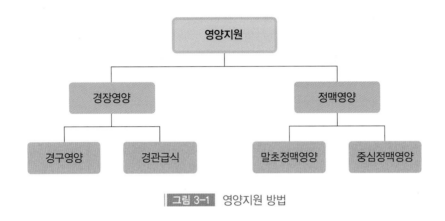

CHAPTER 03

그림 3-1 영양지원 방법

1. 경장영양

1) 경구영양

경구영양은 일반 음식으로는 에너지 필요량을 충족시키기 어려울 때 식사와 함께 경장영양액을 경구로 제공하는 것이다. 환자의 식사 섭취량에 따라 사용량이 달라진다.

2) 경관급식

경관급식tube feeding은 위장관의 소화·흡수 기능은 정상이나 구강으로 충분한 영양섭취가 어려운 환자에게 관을 통해 영양을 공급하는 영양지원의 한 방법이다. 연하곤란, 혼수상태 등으로 경구 섭취가 불가능하거나 영양불량 상태, 영양불량의 위험이 높은 환자에게 적용한다.

경관급식을 적용해야 하는 경우

★ 혼수상태, 의식불명, 전신마비, 구강이나 인두의 심한 부상

★ 신경계 질환으로 충분한 영양 섭취를 할 수 없을 때

★ 식도질환으로 음식물 섭취가 불가능한 경우

★ 화상, 외상 등으로 단백질 및 에너지 필요량이 증가할 때

★ 화학 치료 또는 방사선 치료를 받는 암 환자의 경우

★ 수술 전후 영양 보충이 필요할 때

★ 극심한 식욕부진 및 쇠약한 환자

(1) 경관급식 공급경로

경관급식의 공급경로는 경관급식 기간과 환자의 장 기능, 영양 필요량, 유당 가수분해효소lactase의 결핍 여부 및 주입방법 등에 따라서 달라진다. 일반적으로 단기간 사용하는 경우에는 관의 삽입이 비교적 쉽고 위험하지 않으나, 장기간 사용하는 경우에는 수술 등 다소 복잡하고 위험한 방법으로 삽입한다. 경관영양액은 직접 조제하거나 시판되고 있는 상업적 제품 등을 구입하여 사용할 수 있다. 경과하여도 변화가 없는 것이 좋으며, 공급 온도는 실온이

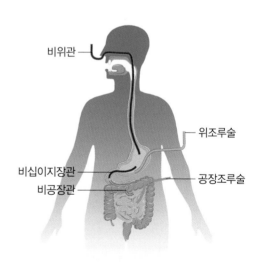

| 그림 3-2 | 경관급식 공급 경로

거나 차지 않게 20℃ 정도로 중탕하여 공급한다. 급식 시 자세는 누워 있는 경우에 환자의 머리를 30~45°가량 올려주는 것이 좋다. 경관급식의 공급경로, 적용대상과 장단점은 표 3-1과 같다.

표 3-1 경관급식 공급경로에 따른 장단점

공급경로	적용대상	장점	단점
비위관 nasogastric	• 흡인의 위험이 적은 경우 • 식도 역류가 없고 위장관 기능이 정상인 경우 • 단기간의 경관급식이 예상되는 경우	튜브의 삽입이 비교적 쉽다.	• 흡인의 위험이 높다. • 환자에게 불편감을 준다.
비십이지장관 nasoduodenal · 비공장관 nasojejunal	• 흡인의 위험이 높은 경우 • 위무력이나 식도역류가 있는 경우 • 단기간의 경관급식이 예상되는 경우	• 흡인의 위험이 적다. • 수술과정이 필요하지 않으나 비위관 급식에 비해 관의 삽입이 어렵다.	• 영양액의 주입속도, 삼투압 농도에 따라 부적응 발생 가능성이 있다. • 관의 위치 확인을 위해 X-ray 촬영 등의 검사가 필요할 수 있다. • 환자에게 불편감을 준다.
위조루술 gastrostomy	• 흡인의 위험이 적은 경우 • 식도역류가 없고 위장관 기능이 정상인 경우 • 장기간 급식이 예상되는 경우 • 비강으로 관 삽입이 어려운 경우	• 환자의 불편감이 적다. • PEG ⊕의 경우 수술과정이 없이 저렴한 비용으로 시술이 가능하다. • 관의 지름이 커서 관이 막힐 가능성이 적다.	• 수술과정을 필요로 한다. • 관 부위의 감염관리가 필요하다. • 소화액 유출로 인한 피부의 찰상이 발생된다. • 관 제거 이후 누공이 생길 수 있다.
공장조루술 jejunostomy	• 흡인의 위험이 높은 경우 • 위무력증이나 식도역류가 있는 경우 • 장기간의 경관급식이 예상되는 경우 • 상부 위장관으로 관 삽입이 어려운 경우	• 흡인의 위험이 적다. • 환자의 불편감이 적다. • PEJ ⊕의 경우 수술과정이 없이 저렴한 비용으로 시술이 가능하다.	• 수술과정을 필요로 한다. • 관 부위의 감염관리가 필요하다. • 소화액 유출로 인한 피부의 찰상이 발생된다. • 관 제거 이후 누공이 생길 수 있다.

⊕ PEG: percutaneous endoscopic gastrostomy
⊙ PEJ: percutaneous endoscopic jejunostomy
출처: (사)대한영양사협회, KDA자료실

(2) 경관급식 영양액

혼합화 영양액blenderized formula 일상에서 먹는 식품을 혼합, 분쇄하여 만드는 영양액으로 비교적 가격이 저렴하다. 그러나 조제와 배선, 보관 시에 영양액이 오염될 가능성이 매우 높다. 또한 영양소 입자가 매우 크고 균질화되지 않아 관을 막을 가능성이 높고 지속 주입이 불가능하다는 단점이 있다. 최근에는 이러한 단점 때문에 이용되지 않고 상업용 제제를 이용한다.

표준 영양액standard formula 정상적인 소화·흡수 기능이 유지되는 환자에게 사용하는 가장 기본적인 영양액으로 필요한 에너지 및 영양소 대부분을 공급할 수 있다. 대부분 유당이 제거되어 있고 비교적 등장성이며 잔사가 적다. 에너지 농도는 1kcal/mL이다.

농축 경장영양액condensed formula 수분제한이 요구되는 환자에게 적용하는 영양액이다. 액상제품을 사용하거나 분말로 된 표준 경장영양제 혹은 영양보충제를 기존의 표준 영양액에 첨가함으로써 사용한다. 에너지 농도는 1.5~2.0kcal/mL이다.

특수질환 영양액special formula 환자의 질병이나 대사적 장애 등에 따라 특정 영양소가 조정된 영양액이다. 당뇨 환자용 영양액은 혈당 조절을 위해 탄수화물 비율은 낮추거나 섬유소를 함유한 제제이다. 이외에도 지방 비율을 높인 폐질환 환자용 영양액, 면역 성분을 첨가한 영양액 등이 있다. 현재 국내에서 이용 가능한 특수질환 영양액으로는 당뇨 환자용 영양액, 신장질환 영양액 등이 있다.

그림 3-3 상업용 경관급식 제제

그림 3-4 특수질환용 경관급식 제제

가수분해 영양액hydrolyzed formula　　성분 영양액(elementary formula) 이라고도 하며 단백질원은 단쇄 펩티드나 아미노산 형태로, 당질은 포도당이나 덱스트린류로, 지방은 중쇄중성지방과 소량의 필수지방산으로 구성된 영양액이다. 흡수불량증이나 염증성 장질환Crohn's diesase 등 위장관의 기능이 완전하지 못한 경우나 대장의 잔사량을 최소화시켜야 하는 경우, 장기간 구강으로 음식을 섭취하지 않은 극심한 영양불량 환자에게 적용된다. 삼투압이 높기 때문에 식사로 인한 수분과 전해질의 손실이 일어날 수 있으므로 사용 시 주의해야 한다.

(3) 주입방법

볼루스 주입bolus feeding　　주사기를 이용하여 4~6시간 간격으로 2~3분 내에 250~400mL 정도씩 주입하는 방법으로 주로 위장관 내의 주입 시 이용된다. 설사, 복통 등이 자주 일어나 바람직하지 않다.

간헐적 주입intermittent feeding　　4~6시간 간격으로 20~40분 동안 100~400mL의 영양액을 주입하는 방법이다.

지속적 주입continuous feeding　　중력을 이용하거나 주입 펌프 등을 사용하여 지속적으로 장시간에 걸쳐 투여하는 방법으로 튜브가 십이지장이나 공장에 위치할 때 많이 적용한다. 볼루스나 간헐적 주입법보다 설사, 복통, 복부 팽만감 등의 부작용이 적다.

주기적 주입cyclic feeding　　밤 시간 동안 8~16시간에 걸쳐 펌프를 사용하여 다소 빠른 속도로 지속 주입하는 방법이다. 영양액을 농축시켜 제공하는 것이 필요할 수 있고, 위장관 부적응의 가능성이 다소 높다.

경관유동식은 하루에 한 번 만들어 0~4℃로 냉장 보관하며, 급식할 때에는 1회 사용량만 덜어내어 실온으로 중탕한 후 공급한다. 내용물을 주입하기 전과 후에 40~50mL 정도의 물을 먼저 주입하여 관을 씻어 준다. 관이 막혔을 때는 30~50mL의 미지근한 물로 씻어 내고, 이미 사용하던 용액은 새 용액과 같이 섞지 않도록 한다.

표 3-2 경관급식의 부적응과 대책

부적응	원인	대책
설사	우유 부적응(유당불내증)	우유 및 유제품을 다른 식품으로 대체한다.
	주입 속도가 너무 빠름	천천히 주입한다(기준: 240mL/20분).
	내용물의 온도가 차가움	실온으로 중탕하여 주입한다.
	부적절한 관의 위치	위치를 점검한다.
	세균 감염	사용기구 및 식품의 위생적 처리와 보관을 철저히 한다.
변비	내용물에 잔사가 부족함	잔사가 많이 함유된 식품(채소즙, 섬유음료)으로 대체한다.
	수분 섭취의 부족 또는 탈수	수분 섭취량을 늘린다(단, 섭취량이 배설량보다 500~1,000mL를 넘지 않도록 한다).
	간기능 및 장운동 저하	최대한 모든 방법을 동원하여 운동량을 늘려준다.
메스꺼움	주입량이 너무 많음	적응할 수 있는 정도에 따라 주입량을 점차 늘려준다.
	환자가 긴장한 상태에서 주입	환자의 긴장을 풀어준 후 주입한다.
과수화 현상	주입 전후 관을 씻어내기 위해 너무 많은 물을 사용함	물의 사용을 적절하게 줄인다.
흡인폐렴	혼수상태 시 내용물이 역류됨	머리 부분을 30°가량 높인 자세에서 급식한다.

(4) 성 분

경관영양액은 일정한 용량에 적절한 영양소가 공급될 수 있어야 하며, 가능한 한 1mL당 1kcal를 기준으로 한다. 장에 주입 시 0.5kcal/mL이며 단백질량은 보통 성인의 경우 표준체중 kg당 1g 정도를 공급한다. 중 정도의 스트레스가 있는 환자는 1.2~1.5g/kg, 심한 화상 환자는 2.5g/kg의 단백질을 공급한다. 1일 1,500~2,000mL 정도로 공급하며, 영양공급액이 충분하지 않을 경우 추가 보충할 수 있다. 쉽게 소화될 수 있어야 하며, 관을 잘 통과하기 위하여 점도에 유의해야 하는데 우유와 비슷한 점도가 되도록 한다. 삼투압이 높아지지 않도록 하며 준비가 쉽고 저렴한 가격이 되도록 계획한다.

에너지　대부분의 경장영양액은 1kcal/mL이나 1.5~2.0kcal/mL의 농축 영양액도 있다. 총 공급 에너지에 대한 환자의 적응도와 수분 요구량에 따라 영양액을 농축시키거나 희석하여 공급할 수 있다.

단백질　단백질 공급량은 영양액의 총 공급량을 조정하거나 단백질 농도가 다른 영양액을 선택 또는 단백질 보충제제를 첨가하여 조절할 수 있다. 일반적으로 스트레스가 없는 환자의 경우 체중당 0.8~1.0g/kg가 요구된다. 수술이나 외상, 감염 등 스트레스가 있고 이화 상태일 경우 1.0~1.5g/kg 공급을 목표로 한다.

미량 영양소　비타민과 무기질 필요량은 한국인 영양섭취기준을 참고로 한다. 상업용 제제의 경우 일반적으로 1,500~2,000mL 이상 공급 시 비타민과 무기질 권장량의 100% 이상을 공급할 수가 있다.

수 분　환자가 탈수되거나 부종이 생기지 않도록 수분의 균형을 잘 유지해야 한다. 정상 성인의 수분 요구량은 체중 kg당 30~35mL이다. 상업용 경장영양액(1kcal/mL인 경우)의 경우 수분이 75~85% 함유되어 있다. 볼루스 주입 또는 간헐적 주입 시 영양액 공급 전후로 물을 25~50mL씩 공급한다. 지속 주입의 경우 하루 동안 적당한 간격을 두고 공급하여야 하며 최소 6시간당 30mL 이상 공급되도록 해야 한다.

2. 정맥영양

정맥영양은 일시적 또는 영구적으로 위장관의 기능이 없는 환자에게 영양소를 직접 정맥으로 공급하는 영양지원 방법이다. 말초정맥을 통해 주는 것과 중심정맥을 통해 주는 것이 있다.

1) 말초정맥영양

말초정맥영양peripheral parenteral nutrition, PPN은
손이나 팔의 말초혈관을 통해 영양을 공급하
는 방법이다. 일반적으로 단기간(10~14일)
정맥영양 공급이 예상되거나 수분 제한이 필
요 없고 영양액 농도가 600~900mOsm/L 이
하인 경우 말초정맥영양이 고려된다. 영양
소의 농도가 제한되어 환자의 영양 요구량만
큼 충분한 에너지 및 영양소를 공급하기 어
렵다. 따라서 에너지보다는 단백질 요구량의
100% 공급을 목적으로 한다. 2주 이상 말초
정맥영양 사용 시 말초정맥염의 발생 위험이
있으므로 2주 이하로 사용기간이 제한되며
2~3일마다 주입 부위를 교체해야 한다.

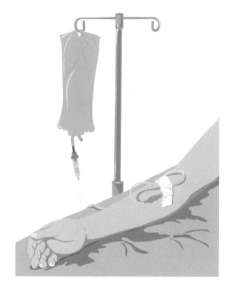

그림 3-5 말초정맥영양

2) 중심정맥영양

중심정맥영양Total parenteral nutrition, TPN은 포도당을 기본으로 한 고농도(15~30%)의 영
양수액을 혈류량이 많은 상대정맥이나 하대정맥 내에 카테터catheter를 통해 투여하는
방법이다. 2주 이상 장기간 금식이 예상될 경우 충분한 영양소 공급을 위해 시행된
다. 신생아나 유아와 같이 쇄골하정맥이 비교적 가는 환자의 경우는 내경 또는 외경
정맥으로 카테터를 삽입하고 피하를 통해 귀 쪽의 표피가 나오게 하는 것이 좋다.

중심정맥영양은 위와 장의 기능이 저하되고, 장 또는 말초정맥으로의 영양공급이
불충분할 때 이용된다.

에너지 보급 외에도 성장, 발육 및 영양 상태의 개선을 주요 목적으로 한다. 영양학적
으로 건강한 사람이 보통 식품을 섭취하는 것과 같은 수준의 영양소를 공급하고 있다.

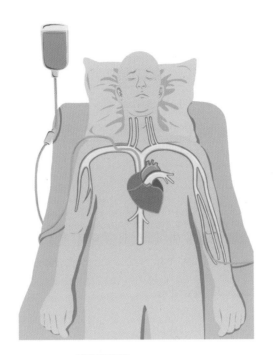

| 그림 3-6 | 중심정맥영양

중심정맥영양이 필요한 경우

★ 광범위한 소장 절제, 위장관 협착, 장피 누공

★ 심한 췌장염, 방사선 장염, 염증성 장질환

★ 화학요법 및 방사선요법으로 치료 중인 암, 골수이식 환자

★ 7~10일 이내에 경장영양을 하지 못한다고 예상되는 경우

★ 대수술을 한 경우

★ 심한 설사, 구토 및 흡수불량

★ 심한 영양불량

3) 영양적 고려사항

(1) 당 질

덱스트로오스의 형태로 제공하며 1g당 3.4kcal를 지니고 있다. 체내 단백질의 적절한 이용을 위해서는 최소 1mg/kg/분의 양이 필요하며 최대 5mg/kg/분 이상 공급하지 않도록 한다.

(2) 단백질

1g당 4kcal를 지니고 있는 결정형 아미노산의 형태로 제공한다. 요구량은 일반 성인 환자의 경우 0.8~1.0/kg이나 중환자의 경우 1.5~2.5/kg까지 필요하다. 단백질의 양은 질소평형을 유지할 정도로 제공한다.

(3) 지 질

지방질 유화액의 농도는 10%와 20%의 두 가지로 각각 1.1kcal/mL, 2kcal/mL의 에너지를 지니고 있다. 대체로 지방질 유화액은 총 에너지의 20~60%까지 공급한다. 필수 지방산의 결핍을 막기 위해서는 총 에너지의 2~4% 정도를 리놀레산으로 공급한다.

(4) 비타민과 무기질

정맥영양 시 비타민, 무기질 권장량은 표 3-3, 표 3-4와 같다.

표 3-3 정맥영양 시 비타민 권장량

비타민vitamin	권장량	비타민vitamin	권장량
비타민 A	1,000R.E.	비타민 B_2	3.6mg
비타민 D	5μg	비타민 B_1	3.0mg
비타민 E	7mg	비타민 B_6	4.0mg
비타민 C	100mg	비타민 B_{12}	5.0μg
엽산	400μg	판토텐산	15.0mg
니아신	40mg	비오틴	60μg

| 표 3-4 | 정맥영양 시 무기질 권장량

무기질	권장량
아연	2.5~4.0mg
구리	0.5~1.5mg
크롬	10.0~15.0μg
망간	0.15~0.8mg

(5) 수 분

정맥영양을 통해 하루에 공급하는 수분은 일반적으로 1,500~3,000mL이며 3,000mL를 초과하는 경우는 거의 없다. 심폐질환, 신장 및 간 질환 환자에서는 특히 수분이 과잉되지 않도록 유의한다.

Point 문제

1. 구강으로 음식물을 섭취하지 못하는 환자를 위해 관을 통해 영양 상태를 유지하
   도록 해주는 영양지원 방법은?

2. 위장관의 기능이 완전하지 못한 경우나 대장의 잔사량을 최소화시켜야 하는 경
   우에 적용하는 경관급식 영양액은?

3. 경관영양액에서 일반적인 환자의 경우 체중당 단백질 요구량은?

4. 정맥영양을 통해 하루에 공급되는 수분의 양은?

┌ 정 답 ┐

1. 경관급식
2. 가수분해 영양액
3. 0.8~1.0g/kg
4. 1,500~3,000mL

chapter

4

소화기질환

04 소화기질환

소화관은 음식물의 교반, 소화액과의 혼합 및 운반 등의 운동, 각종 소화액의 분비와 소화작용, 영양소의 흡수 및 배설 등의 기능을 한다. 소화관에 질병이 생기면 체내의 영양대사 이상을 초래하고 구강 건조, 입맛의 변화, 식욕부진, 오심, 구토, 설사 등의 증세를 나타낸다. 소화관의 외과적 수술, 방사선 조사 및 투약 등의 치료는 식품의 소화와 흡수에 영향을 미칠 뿐만 아니라 식욕도 감퇴시키므로 이에 맞는 적절한 영양관리가 필요하다.

 용어 설명

글루텐 과민성 장질환 gluten sensitive enteropathy, GSE 식품 중 글루텐 단백질 내에 있는 글리아딘 부분이 소장 점막을 손상시켜서 융모의 손실을 초래하여 영양소 흡수에 장애가 생기는 만성 소화 장애증으로 '비열대성 스프루'라고도 함

소화성 궤양 peptic ulcer 위나 십이지장 부위의 점막 내층에 침식된 상처가 생긴 상태

식도열공 헤르니아 esophageal hiatal hernia 분문의 괄약근 이상으로 위장의 일부가 횡격막의 식도열공을 통하여 흉강 내로 들어온 상태

위식도 역류 gastroesophageal reflux disease 구강과 식도를 거쳐 위로 들어갔던 음식물이 식도로 다시 올라와 속쓰림 등의 증상을 유발

연하곤란 dysphagia 음식물이 구강 내에서 인두, 식도를 통해 위장으로 이동하는 데 장애가 있는 상태

유당불내증 lactose intolerance 유당은 우유에 함유된 이당류로, 유당분해효소인 락타아제lactase가 부족하면 소화되지 않은 유당이 소장에서 삼투현상에 의해 수분을 끌어들임으로써 팽만감과 경련을 일으키고 대장을 통과하면서 설사를 유발함

위하수증 gastroptosis 위가 정상적인 위치를 벗어나 배꼽 아래까지 늘어진 상태

잔사 residue 소화되지 않고 대장에 남은 찌꺼기

1. 소화기관의 구조와 기능

소화관은 입, 인두, 식도, 위, 소장, 대장 및 항문에 이르는 길이 약 9m의 관이며, 소화기관은 소화관과 그 부속 장기인 타액선, 췌장, 간 및 담낭을 포함한다 그림 4-1. 소화관의 막은 그 내부에서부터 점막, 차점막, 근육층, 장막층으로 구성되어 있다. 소화 digestion는 구강으로 섭취한 음식물이 우리 몸에 흡수되기 쉬운 형태로 변화하는 것이며, 흡수absorption는 소화된 음식물이 소화기의 장벽을 통하여 혈액과 림프로 이동하는 것이다.

소화에는 기계적 소화, 화학적 소화, 생물학적 소화가 있다. 기계적 소화는 단단한 고형 성분을 구강 내에서 잘게 부수거나 타액과 섞어 연동운동으로 내려보내는 과정이다. 화학적 소화는 소화효소에 의하여 영양소를 가수분해하는 과정이며 타액, 위액, 장액, 췌액이 관여하고 담즙은 용해, 중화 및 유화로 그 과정을 돕는다. 생물학적 소화는 소화되지 못한 식이섬유 등이 장내 세균에 의하여 분해되는 과정이다.

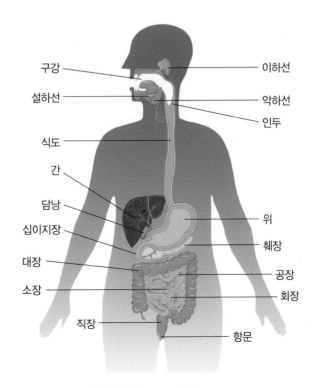

구강
설하선
식도
간
담낭
십이지장
대장
소장
직장

이하선
악하선
인두
위
췌장
공장
회장
항문

그림 4-1 소화기관의 구조

1) 구강

구강oral cavity에서 음식물을 씹으면 이하선, 악하선, 설하선 등의 타액선에서 타액이 분비된다. 타액의 pH는 6.0~7.0이며 타액에서 분비되는 α-아밀라아제는 당질을 가수분해한다.

2) 인두, 식도

인두pharynx는 구강과 식도를 연결하는 소화관이면서 기도이기도 하다. 음식물이 인두 점막에 닿으면 반사적으로 삼키게 되는데 이 반응 중추는 연수에 있다.

식도esophagus는 약 25cm 정도의 관으로 구강 내에서 잘게 부수어진 음식물을 인두에서 시작하여 식도열공esophageal hiatus이라 불리는 열려 있는 횡격막을 지나 위로 내려보낸다. 식도 근육의 상부는 횡문근, 하부는 평활근으로 형성되어 연동과 수축에 의해 음식물을 위로 보낸다.

3) 위

위stomach는 횡격막의 바로 왼쪽 아래에 위치하며 음식물의 저장, 소화 및 흡수에 중요한 역할을 한다. 식도와 연결된 분문부cardiac orifice, 십이지장과 연결된 유문부pyloric orifice, 위저부fundus, 위체부stomach body 등으로 구성되어 있다 그림 4-2.

위의 중요한 역할은 음식물을 일단 머무르게 하는 저장고로서 소화가 이루어지는 과정에서 음식물을 받아들여 저장한 후 유미즙 형태로 만들어 장으로 내려보낸다.

음식물이 위에 도달하면 유문선이 자극되어 가스트린이 분비되고 이것은 위액 분비를 촉진한다. 위액은 1일 1~1.5L가 분비되며 염산, 펩신, 뮤신mucin, 내적인자Intrinsic Factor, IF 등을 함유하고 있다. 위 점막에서 분비되는 뮤신은 당단백질로 온열적·화학적 자극에 대한 방어작용으로 위벽을 보호한다.

위장에서는 소량의 물, 알코올, 철분, 일부의 아미노산 등이 흡수되지만 대부분의 영양소는 소장에서 흡수된다. 위 속의 내용물은 연동운동으로 위액 중의 소화효소와 섞여 반유동체의 죽상인 유미즙chyme이 된다.

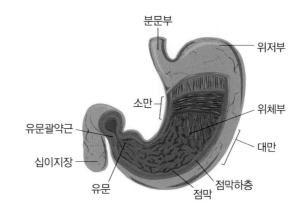

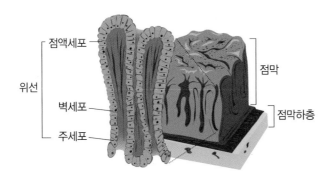

그림 4-2 위(상)와 위선(하)의 구조

표 4-1 위액의 중요 성분

성분	분비 장소	기능
펩신	위선의 주세포(펩시노겐의 형태로 분비되며 염산의 존재로 활성화)	단백질의 가수분해
염산	위선의 벽세포	펩신의 활성화에 필요한 산성 환경 제공
점액	점막세포와 점액선	위벽에 점액성, 알칼리성 방어막을 제공
내적인자	위선의 벽세포	비타민 B_{12}의 흡수에 관여

4) 소 장

소장small intestine의 길이는 6~8m이며 십이지장duodenum, 공장jejunum, 회장ileum 세 부분으로 구성되어 있다. 십이지장은 약 25~30cm이며 중간부에 총담관과 췌관이 연결되어 있다. 소장의 내부는 영양소가 효율적으로 흡수될 수 있도록 주름져 있어 표면적이 넓으며 내부에 장 융모가 500만 개 정도 있다 그림 4-3.

소장 내에서 음식물은 연동운동, 분절운동, 회전운동 등의 수송기전을 통하여 소화·흡수되고, 잔여물은 대장으로 운반된다. 또한 소장은 면역 글로불린을 분비하여 생체방어 작용을 한다.

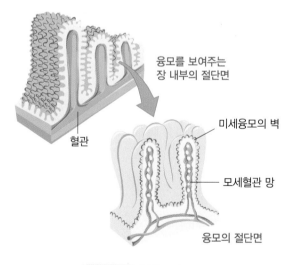

융모를 보여주는
장 내부의 절단면

혈관

미세융모의 벽

모세혈관 망

융모의 절단면

그림 4-3 장융모의 구조

5) 대 장

대장large intestine은 맹장cecum, 결장colon, 직장rectum의 세 부분으로 구성되어 있으며 소장에 비하여 그 직경이 2배가량 크다.

대장은 소장에서 흡수되고 남은 여러 가지 영양소 중 나머지 수분을 흡수하고, 원활한 대변의 배설을 돕는다. 장내 세균이 합성한 비타민 B 복합체를 흡수하며, 다소의 나트륨과 칼륨을 흡수하고, 대변을 형성하여 배설한다.

대장의 연동운동이 약해지면 찌꺼기가 대장 내에 머물러서 수분이 지나치게 흡수되어 변비를 유발한다. 반면에 장 점막에 염증이 생기거나 기타 장애로 연동운동이 심해지면 설사를 유발한다.

2. 식도질환

1) 연하곤란

(1) 원 인

연하곤란dysphagia은 외과적 수술이나 종양, 폐색 혹은 암 등의 기계적 손상과 뇌졸중, 두부 손상, 뇌종양, 신경계 질환으로 인한 마비현상으로 발생한다. 그 밖에 노화에 의한 치아 손실, 잘 맞지 않는 의치 착용, 타액 감소, 인두와 식도의 연동운동 감소로 연하곤란이 나타나기도 한다.

(2) 증 상

음식물이 잘 넘어가지 않고 목이 메이거나 삼킨 것이 식도에서 명치까지 막히는 것 같은 느낌이 있으며, 식사 섭취가 불량해져 체중감소와 영양소 결핍이 나타난다.

(3) 식사요법

너무 뜨겁거나 차가운 음식을 피하고 부드러운 음식을 제공한다. 끈끈한 음식이나 단

음식, 신맛의 감귤류 등은 타액의 분비를 증가시키므로 피하도록 한다. 식도에 폐쇄가 있는 경우에는 유동식으로 공급하고 식사 중에는 자세를 바르게 하여 음식이 잘 내려가게 한다. 신경계 이상인 환자의 경우 유동식이 기관지로 흡인될 위험이 있으므로 맑은 음식보다는 걸쭉한 형태로 제공하며 농후제thickener를 사용하기도 한다.

2) 위식도 역류

(1) 원 인

위식도 역류gastroesophageal reflux는 하부식도 괄약근의 수축이 약화되어 위 내용물이 식도로 역류되는 것으로 식도열공 헤르니아, 과민성 장질환, 위식도 수술환자에게서 발생할 수 있다. 흡연, 알코올, 기름진 음식, 초콜릿, 가스발생 식품(마늘 · 양파 · 계피 · 민트)은 괄약근의 압력을 저하시켜 위식도 역류를 악화시킬 수 있다. 비만, 임신, 몸에 꼭 끼는 옷도 복부 내의 압력을 증가시켜 위식도 역류를 유발할 수 있다.

(2) 증 상

가장 흔한 증상은 속쓰림heart burn이며 만성적으로 위식도 역류가 되면 식도염이 유발되고 식도 궤양, 식도 출혈 및 식도 협착, 식도암 등으로 진행될 수 있다.

(3) 식사요법

꼭 조이는 옷을 피하고, 비만이면 체중조절식을 실시한다. 과식을 피하고 에너지 보충이 필요할 때는 여러 끼(하루 5~6회)로 나누어 먹으며, 식사 후 바로 자리에 눕지 않도록 한다. 식도 역류를 일으키는 신맛이 강한 과일주스, 커피 및 카페인 음료, 술, 초콜릿, 고지방 식품을 제한한다. 저지방 단백질 식품이나 저지방 당질 식품 위주로 제공하며, 비타민 C가 부족하지 않게 한다.

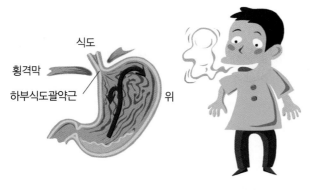

식도

횡격막

하부식도괄약근

위

정상
- 항상 닫혀 있어 위 속의 내용물이 식도로 넘어오지 못한다.
- 음식을 삼키거나 트림할 때만 열린다.

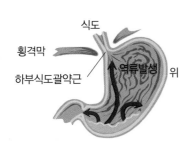

식도

횡격막

하부식도괄약근

역류발생

위

위식도 역류
- 하부식도괄약근의 힘이 약해지거나 부적절하게 열리면 위산이나 위 속의 내용물이 식도로 역류 된다.

그림 4-4 정상과 위식도 역류

3) 식도열공 헤르니아

식도열공 헤르니아esophageal hiatal hernia는 식도가 통과하는 횡격막의 열공이 느슨해져 위의 일부가 흉곽 내로 돌출되는 증상이다. 비만, 임신, 꼭 조이는 옷 등으로 복압이 항진되면 위 분문부에서 흉강 내로 식도열공 헤르니아가 일어난다. 복압을 항진시키는 요인을 제거하고 식사를 소량씩 자주 하도록 한다. 제산제를 투여하면 증상이 완화된다.

4) 식도정맥류

식도정맥류esophageal varix는 간경변 환자의 문맥압 항진으로 발생한다. 식도정맥이 파열되어 토혈, 하혈, 출혈성 쇼크를 유발하여 생명에 위험을 초래하기도 한다. 출혈 시에는 금식하고 지혈이 되면 유동식에서 연식으로 제공하며 소화·흡수가 잘되는 음식을 준다.

5) 식도암

식도암carcinoma of esophagus의 원인은 명확하지 않으나 알코올, 흡연, 뜨거운 음식 섭취 등이 발암 요인으로 알려져 있다. 암세포가 퍼지면 초기에는 식도 이물감, 불쾌감, 흉통 등을 느끼며 연하곤란, 통증, 체중감소, 오심, 구토, 토혈과 하혈 등이 있다.

식도암의 치료로 화학요법, 방사선요법, 수술요법이 있다. 수술 시에 영양불량이 있으면 위험하고 수술 후 회복을 지연시키므로 경장영양이나 정맥영양을 실시한다. 수술 후 초기에는 자극이 없는 유동식이나 연식을 실온으로 제공한다.

3. 위질환

위는 음식의 저장과 소화에 중요한 역할을 한다. 따라서 위질환 시에는 위에 이상이 있다고 하더라도 소화에는 심각한 지장을 주는 것이 아니므로 음식을 제한하는 것보다는 손상된 조직을 회복하기 위하여 영양적으로 균형 잡힌 식사를 하는 것이 중요하다.

1) 급성 위염

(1) 원인

급성 위염acute gastrititis은 폭음, 폭식, 기름진 음식의 과식, 강한 산이나 알칼리에 의한 자극, 아스피린과 같은 일부 약물의 장기복용 등으로 발병한다. 세균성 식중독과 어육류에 의한 급성 알레르기, 급성 전염병 등도 원인이 된다.

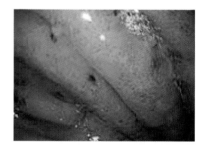

그림 4-5 급성 위염

(2) 증상

오심, 구토, 식욕부진, 복부 팽만감, 상복부 통증, 피로감, 설사, 하품 등이 일어나며 심하면 구토물에 담즙과 혈액이 섞여 나오기도 한다. 급성 위염은 대개 수일이 지나면 회복된다.

(3) 식사요법

급성인 경우 통증이나 구토를 동반하므로 위의 휴식을 위해 발병 1~2일 동안 금식으로 위를 비우고 쉬게 한다. 발병 2일 이후 소량의 물과 음료를 마시다가 적응도에 따라 섭취량을 늘리면서 당질을 위주로 한 유동식을 공급하며, 무자극 식사bland diet로 이행식을 제공한다. 통증을 느끼거나 토하는 경우가 많으므로 위의 안정과 점막 보호를 위하여 금식 후 점진적으로 연식, 회복식, 정상식으로 이행한다. 지나치게 양념이 강한 음식은 피하고 음식의 온도는 체온 정도로 조절하여 제공한다.

표 4-2 급성 위염의 식단 예

구분	음식명	재료명	분량(g)	구분	음식명	재료명	분량(g)
아침	흰죽	쌀	60	간식	매시트포테이토	감자	120
	미역국	건미역	5			크림	20
		조갯살	35		과일주스	포도주스	100mL
	달걀찜	달걀	55	저녁	흰죽	쌀	60
	시금치나물	시금치	70		쇠고기뭇국	쇠고기	20
	생선전	동태살	50			무	60
		달걀	10		가지찜	가지	70
		식용유	5			돼지고기	20
간식	우유	우유	200mL			두부	10
점심	아욱죽	쌀	50			양파	10
		아욱	40		양송이볶음	양송이	50
		마른 새우	5			참기름	5
	두부조림	두부	80		굴전	굴	70
		양파	20			달걀	10
		참기름	5			밀가루	20
	호박나물	호박	70			식용유	5
	생선조림	병어	80	영양소 섭취량	에너지 1,790kcal		
		무	30		당질 235g		
	김치	나박김치	70		단백질 100g		
					지방 50g		

2) 만성 위염

만성 위염chronic gastritis은 위 점막에 만성 염증이 일어나 위액 분비와 위 운동에 장애가 일어난 것으로, 위액 중의 산 농도 차이에 따라 무산성(저산성)과 과산성 위염으로 구분한다.

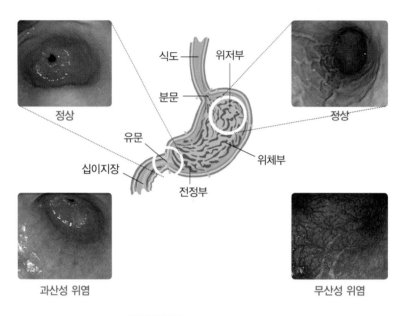

식도

위저부

분문

정상

유문

정상

십이지장

위체부

전정부

과산성 위염

무산성 위염

그림 4-6 위염의 내시경 사진
출처: 보건복지부·대한의학회

(1) 무산성 위염

원 인 노령 등으로 위선이 위축되어 위산의 감소 또는 헬리코박터 파일로리*Helicobacter pylori*균의 만성적인 감염으로 인해 위 점막세포가 위축되어 발생하므로 위축성 위염이라고도 한다. 감염 기간이 오래되고 연령이 높을수록 발생하기 쉽다.

증 상 위액 분비 감소로 식욕이 저하되고 위산에 의한 살균작용이 불충분하게 이루어져 음식물의 부패 및 발효에 의한 설사가 발생하거나 펩신의 활성이 약화되어 단백질 소화 능력이 저하된다.

식사요법 위액 분비 저하로 식욕이 없어지기 쉬우므로 자극성 있는 음식을 주어 위산 분비를 촉진하도록 한다. 무즙, 파, 마늘, 생강 등을 양념으로 이용한다. 산의 분비를 증가시키기 위하여 과즙, 유자차, 레몬차, 연한 커피, 홍차, 요구르트, 와인, 인삼차, 향신료 등을 공급한다.

  당질 중 섬유질이 많거나 딱딱한 것은 피하고, 소화가 잘 되는 우유, 달걀, 치즈, 흰살 생선, 간이나 굴과 같이 철이 많은 식품, 기름기를 제거한 육류와 같은 단백질 식품을 제공한다. 그러나 단백질은 위액 분비가 적은 저산성 위염에서는 소화가 어려우므로 적당량만 제공한다.

(2) 과산성 위염

원 인 점막조직에 염증이 생겨 위 점막을 자극함으로써 위산 분비가 과다하게 일어나 발생한다.

증 상 주로 청·장년기에 나타나며 위산 분비가 항진된 상태이므로 음식물의 자극에 매우 예민하고, 증세는 소화성 궤양과 마찬가지로 공복 시 날카로운 통증을 느끼게 된다.

식사요법 자극에 예민하므로 진한 육즙, 자극성 있는 조미료, 탄산음료, 산이 많은 음식, 커피, 술은 제한한다. 그러나 염증 회복을 위해 적당량의 단백질을 공급해야 한다. 위산의 완충작용 및 위산 분비 촉진작용으로 상처 부위를 자극할 수 있으므로 식사 처방 시 유의한다. 위에 부담이 적은 당질 위주의 무자극 식사로 에너지를 충분히 공급한다.

3) 소화성 궤양

소화성 궤양peptic ulcer은 위액 중의 염산이나 펩신 등의 소화작용에 의해 위나 십이지장의 소화기 점막을 침식시켜서 손상된 질환이다. 발생 부위에 따라 위궤양gastric ulcer과 십이지장궤양duodenal ulcer이 있다. 위궤양과 십이지장궤양은 병인과 증세가 거의 같아 모두 소화성 궤양이라 부르며 식사요법도 같이 취급한다. 일반적으로 스트레스가 많아지면서 소화성 궤양의 발병률이 증가하고 있으며, 보통 십이지장궤양이 위궤양보다 더 흔하고 남자가 여자보다 더 많다.

(1) 원 인

폭음, 폭식, 과로, 스트레스, 단백질 섭취 부족 등으로 위장과 십이지장의 점막이 손상되어 이 부분이 펩신에 의하여 자가소화된 것이다. 헬리코박터 파일로리균은 궤양의 중요한 원인으로 지목되고 있다. 궤양을 유발하는 인자는 염산, 펩신, 가스트린 및 히스타민 등이고, 반면에 방어인자는 점막의 저항성, 점액, 국소점막 혈류 및 십이지장의 알칼리 등이다.

(2) 증 상

위가 비었을 때 위의 긴장도가 증가하여 공복 통증을 유발한다. 혈장 단백질 수준이 감소하고 빈혈과 체중감소, 출혈 및 위산 역류도 나타난다.

소화성 궤양 환자의 합병증

- ★ **에너지와 단백질 결핍증**: 궤양의 치료 초기에 에너지와 단백질 결핍증이 흔히 나타날 수 있는데 이로 인하여 상처의 치료가 지연된다.
- ★ **비타민 결핍증**: 무자극성 연질식을 장기간 이용하면 특히 비타민 C의 결핍증이 일어나기 쉽다.
- ★ **빈혈**: 위산 분비가 감소되면 철의 흡수가 떨어져 빈혈이 유발되기도 한다.
- ★ **알칼로시스**: 다량의 제산제 사용 등으로 인하여 발생한다.

(3) 식사요법

궤양의 식사요법 원칙은 위액의 산도를 낮추고 자극성이 심한 것을 제한하며, 충분한 영양을 공급하여 질병을 빨리 치료하는 것이다. 규칙적으로 식사를 하고 과식하지 않도록 한다. 특히 밤에 먹는 간식은 위산 분비를 자극하기 때문에 피하도록 한다. 통

표 4-3 위궤양과 십이지장궤양의 차이

구분	위궤양	십이지장궤양
통증이 나타나는 부위	명치를 중심으로 넓은 부위	명치의 약간 오른쪽 국수 부위
통증이 나타나는 시기	식후 30~60분	식후 2~3시간
통증의 양상	쓰리거나 뒤틀리게 아픔	찌르듯이 아픔
증상	식후 복부 팽만감, 오심, 구토	공복감이 있으면서 통증을 느낌
식욕	저하됨	증가함
출혈 양상	토혈	혈변
생활 환경	많은 스트레스	적은 스트레스

증이 심하면 자극이 적고 부드러우며 소화하기 쉬운 음식을 조금씩 자주 먹도록 하고 다양한 식품을 골고루 섭취하도록 한다.

기계적, 화학적, 온열적 자극을 피하고 무자극성 식사를 공급한다. 카페인, 알코올, 향신료 및 탄산음료는 위산과 펩신의 분비를 자극하므로 제한한다. 궤양 치료를 위해 양질의 단백질, 점막 저항성을 높이는 비타민 C, 철을 충분히 제공한다. 위액의 분비를 억제하는 지방은 위산의 중화에 필요하므로 양질의 식물성 지방을 주로 이용한다. 흡연은 위 점막을 자극하고 궤양을 악화시키므로 피한다.

표 4-4 소화성 궤양 환자의 허용 식품과 제한 식품

구분	허용 식품	제한 식품
곡류	도정한 곡류, 쌀밥, 죽, 정제된 밀, 빵, 비스킷, 크래커, 감자	통밀, 겨, 종자류, 현미, 도정하지 않은 곡류, 팝콘
어육류	육류, 생선, 닭고기, 달걀, 두부	향신료를 많이 사용한 육류, 훈제품, 말린 콩
국·스프류	향이 진하지 않고 섬유질이 많지 않은 채소로 된 국과 크림수프	진한 고깃국, 진한 멸치 국물
채소	통조림, 조리 또는 냉동한 것, 향이 약하고 섬유질이 많지 않은 채소	향이 강한 채소(셀러리, 미나리 등), 섬유질이 많은 채소(산나물 등) 줄기와 껍질 부위
지방	크림, 버터, 식물성유	견과류, 양념을 많이 한 샐러드 드레싱
우유	우유, 두유	당분 함량이 높은 요구르트
과일	통조림, 조리한 과일, 주스, 시지 않은 과일	섬유질이 많거나 신맛이 강한 과일, 잘 익지 않은 과일
후식	당분과 지방질이 많지 않은 후식류	수정과, 식혜, 잼, 초콜릿, 견과류가 포함된 사탕류
음료	곡류 음료, 카페인이 없는 커피	탄산음료, 커피
기타	간장, 소금, 버터, 마가린, 식용유, 설탕, 된장, 마요네즈	고춧가루, 후춧가루, 겨자, 파, 마늘, 카레, 매운 김치 등

표 4-5 소화성 궤양 식단의 예(연식)

구분	음식명	재료명	분량(g)	구분	음식명	재료명	분량(g)
아침	흰죽	쌀	40	점심	상추나물	상추	60
	쇠고기뭇국	쇠고기	40		과일	황도 통조림	60
		무	10	간식	크림수프	크림수프	150mL
		실파	10	저녁	흰죽	쌀	40
	닭조림	닭가슴살	40		청포묵국	청포묵	80
		감자	20			무	20
		당근	20			쇠고기	20
		식용유	5			김	2
	두부조림	두부	80		조개전	바지락살	50
	시금치나물	시금치	60			양파	10
	나박김치	배추, 무	조금			당근	10
	과일조림	사과	80			부추	20
		설탕	10			달걀	10
간식	타락죽	쌀	20			식용유	5
		우유	150mL		달걀찜	달걀	60
점심	흰죽	쌀	40		나박김치	배추	10
	배추된장국	배추	70			무	10
		멸치	15	간식	두유	두유	200mL
		된장	5				
	생선전	동태살	50				
		달걀	20				
		밀가루	10	영양소 섭취량	에너지 1,960kcal		
		식용유	5		당질 255g		
	버섯나물	느타리버섯	40		단백질 95g		
		쇠고기	20		지방 62g		
		양파	10				
		식용유	5				

4) 덤핑증후군

덤핑증후군dumping syndrome은 부분적 또는 전체적 위절제 수술이나 유문괄약근 제거 수술 후 나타나는 증세로 위 절제증후군이라고도 하며 수술환자 중 20~40% 정도가 증세를 보인다.

(1) 원 인

위절제 혹은 위문합수술을 받은 후 위의 용적이 작아지면서 식사 후에 소화되지 못한 고농도의 음식물이 소장으로 한꺼번에 들어가서 이상삼투압 확장으로 체액성 또는 자율신경성 반사를 초래한다.

(2) 증 상

초기 단계 증상으로는 신경계와 순환계 이상으로 식사 직후에 전신 탈력감, 오한, 구토, 복부 팽만감, 경련성 복통, 설사, 발열, 현기증, 혼수, 맥박증가 등의 증상을 보인다. 후기 단계 증상으로는 식후 2~3시간 후에 당질이 빠르게 흡수되고 인슐린이 과잉 분비되어 탈력감, 경련, 오한, 창백 등 저혈당 증상이 나타난다.

(3) 식사요법

위 절제수술 후 손실된 체조직의 재생과 손상된 위장기능을 돕고, 체중감소를 막기 위하여 적절한 에너지와 영양소를 공급하고 덤핑증후군을 감소시키는 목적으로 식사요법을 실시한다. 1회의 식사량을 줄이고 1일 5~6회 이상 자주 먹도록 하며, 식사 속도를 천천히 하고 잘 씹어 먹도록 한다. 초기에는 수분 섭취량을 1회에 1/2컵 정도로 제한하고 점차 증가시킨다. 식사 중에는 물이나 국을 가능하면 적게 먹고 식사 전후 1~2시간에 먹도록 한다. 설탕이나 꿀 같은 고농도의 단순당질보다는 복합당질인 곡류, 감자와 같은 전분음식을 먹도록 한다. 위 내 체류시간이 짧은 당질을 제한하고 체류시간이 긴 음식을 제공한다. 당질은 1일 100~150g으로 공급하고 간식은 당분이 적은 것을 이용한다. 과일이나 채소에 함유된 펙틴은 덤핑증후군을 완화시키는 데 도움이 되기도 한다. 흰 살 생선, 부드러운 육류, 달걀, 두부, 푸딩 등의 고단백질 식사

CHAPTER
04

를 제공한다. 지질은 유화된 형태로 소량씩 자주 공급한다. 초기 환자에게는 우유나 유제품을 제한하지만 점차 양을 증가시키도록 한다. 빈혈이 있는 경우 고철분 식사를 공급한다.

덤핑 증상의 우려가 있으면 음식물이 소장으로 넘어가는 속도를 지연시키기 위하여 식후에 비스듬히 기대어 앉아 있도록 한다.

표 4-6 위절제 시 식단의 예

구분	유동식	연식	상식	비고
아침	조미음 150mL 묽은 달걀찜 물김치 국물 우유	흰죽 200g 국 100mL 육류 찬 60~80g 숙채 40g 물김치 국물 70mL 우유 200mL	쌀밥 200g 국 100mL 육류 찬 80~100g 숙채 70g 물김치 70mL 우유 200mL	유당불내증의 경우는 두유로 교체
간식	잣미음 150mL	옥수수죽 150mL	깨죽 150mL	
점심	조미음 150mL 물김치 국물 두유	닭죽 200g 국 100mL 육류 찬 60~80g 숙채 40g 물김치 국물 70mL 과일 통조림 100g	쌀밥 200g 국 100mL 육류 찬 80~100g 숙채 70g 물김치 70mL 과일 통조림 100g	과일 통조림 (시럽은 제외)
간식	깨미음	깨죽 150mL	양송이 수프 150mL	
저녁	조미음 150mL 물김치 국물 70mL 영양보충음료 1캔	쇠고기 야채죽 200g 국 100mL 육류 찬 60~80g 숙채 40g 물김치 국물 70mL 영양보충음료 1캔	쌀밥 200g 국 100mL 육류 찬 80~100g 숙채 70g 물김치 70mL 영양보충음료 1캔	
에너지	890kcal/1,440kcal	1,730kcal/2,070kcal	2,150kcal/1,960kcal	

위 절제 후 식사

- 수술 후 3~5일간은 금식상태에서 정맥수액을 공급한다.
- 수술 후 5~7일에 고형음식을 제공한다.
- 충분한 에너지와 단백질을 공급한다.
- 소량씩 자주 공급(세끼 정규식사와 2~3회 간식)한다.
- 단순당(사탕, 꿀), 섬유소 섭취를 제한한다.
- 수분 섭취는 식사 후 30~60분으로 미룬다.
- 필요시 비타민 B_{12}와 엽산을 보충한다.
- 카페인의 섭취를 제한한다.

---

5) 위하수증

(1) 원 인

위하수증gastroptosis은 위의 긴장도가 떨어져서 배꼽 아래까지 길게 늘어진 상태이다. 소화 · 흡수 능력이 떨어지고 위 내용물을 장으로 내려보내는 힘이 약해져 식사량이 많아지면 위가 불편해진다.

(2) 증 상

식사 후 위에 압박감과 긴장감을 느끼고 배가 더부룩하게 팽만감을 느낀다. 소량의 식사로도 만복감을 느끼고 항상 식욕이 없으며, 혈액순환이 좋지 않고 얼굴도 창백하고 수족이 차갑다. 식사 후에 바로 오른쪽으로 누워 있으면 증상이 나아진다.

(3) 식사요법

주식으로 수분이 많은 죽 종류는 피하고 진밥이나 토스트 등을 제공한다. 위의 근육을 튼튼하게 하기 위하여 단백질은 필수적이므로 소화가 잘 되는 연한 살코기나 흰살 생선 등을 충분히 공급한다. 지질은 유화된 형태로 크림이나 버터 등으로 공급하고 튀김과 같은 음식은 제한한다. 섬유질이 많거나 질긴 채소는 피하고, 향신료를 적당히 사용하여 식욕을 촉진하도록 한다. 장내에서 발효되거나 가스가 발생되는 식품은 피한다. 식사 내용은 영양가가 높고 위에 오래 머무르지 않는 것으로 제공하여 환자의 체력을 증강시키도록 한다.

6) 위 암

위암stomach cancer은 우리나라에서 흔히 발생하는 암으로 50~60대에 많이 발생한다.

(1) 원 인

식품 속의 발암물질인 니트로소아민nitrosoamine, 훈제식품에 함유된 다환성 방향족 탄화수소 및 소금 등이 원인으로 꼽히고 있다. 니트로소아민은 단백질이 변질되었을 때 생기는데, 섭취한 단백질이 세균에 의하여 입이나 위 속에서 분해되어 생기기도 한다. 짜게 먹으면 위 점막에 존재하는 특정 효소가 비정상적으로 활성화되어 쉽게 위암이 발생하게 된다. 육류를 고열에 태우면 검게 탄 부위에 벤조피렌benzopyrene 등의 강력한 발암물질이 만들어지게 된다.

(2) 증 상

위암의 증상은 말기가 되기 전까지는 위염, 위궤양, 기능성 위장장애, 간·담낭·췌장 질환과 증상이 거의 비슷한 경우가 많다.

(3) 식사요법

영양결핍과 체중감소를 방지하기 위하여 영양을 충분히 공급한다. 좋은 영양상태를 유지하기 위하여 에너지와 단백질을 충분히 공급하고 부드러운 음식으로 식사를 제공한다. 개인적으로 소화가 잘 되지 않는 음식은 피하도록 한다. 녹황색 채소를 매일

섭취하면 위암의 발생이 감소하는데, 이는 녹황색 채소에 발암을 억제하는 비타민 A
와 니트로소아민의 생성을 억제하는 비타민 C가 많이 함유되어 있기 때문이다.

4. 장질환

1) 급성 장염

(1) 원인

급성 장염acute enteritis은 폭음, 폭식, 난소화성 음식물의 다량 섭취, 복부의 냉각, 식중
독, 약물 복용 등으로 발생하며 이질, 살모넬라, 장염 비브리오, 콜레라 등의 세균과
바이러스로도 일어난다. 음식물 알레르기로도 장염이 유발되는데 주로 우유, 달걀,
생선, 새우, 게 등의 동물성 식품과 죽순, 우엉과 같은 식품이 원인이 된다.

(2) 증상

급성 장염의 주 증상으로는 설사, 식욕부진, 오심, 구토, 권태감, 복통, 복부 팽만감,
혈변과 점액변 및 탈수 등이 나타난다. 소화 · 흡수 능력이 떨어져서 영양 부족으로
전신이 쇠약해진다. 음식물 알레르기의 경우 기관지 천식, 부종, 두드러기 등의 증상
도 나타날 수 있다. 세균에 의한 경우 발효로 설사를 하며 산취가 난다. 단백질 식품
의 소화불량으로 인한 경우 인돌indole, 스카톨skatole 등의 가스를 발생하는 부패성 설
사를 보이기도 하며 대변에서 악취가 난다.

(3) 식사요법

급성 장염 초기에는 1~2일간 금식시킨다. 갈증 시 엷은 차, 과즙, 묽은 수프 등을 공
급하고 식욕이 회복되면 미음 등 당질 위주의 맑은 유동식을 공급한다. 탈수상태가
되면 수액주사나 소량의 물(묽은 보리차)을 공급한다. 육즙 등 장 점막을 자극하는 식
품을 제한하고 저잔사식으로 조금씩 자주 공급한다. 증세에 따라 우유는 설사를 유발
할 수 있으므로 발병 후 2~3일은 사용하지 않고 경과를 보면서 미음에 섞어 준다. 생

과일이나 탄산음료, 알코올음료, 고추나 후추 등의 자극적인 향신료, 섬유가 많은 채소, 발효되기 쉬운 식품, 뜨겁거나 찬 음식은 피한다. 유지류는 장의 운동을 촉진하여 설사를 유발할 수 있으므로 소화·흡수가 잘 되는 버터, 크림, 마요네즈 등 유화된 형태로 소량 사용한다.

표 4-7 급성 장염 식단의 예

구분	음식명	재료명	분량(g)	구분	음식명	재료명	분량(g)
아침	흰죽	쌀	60	점심	애호박나물	애호박	70
	실파장국	쇠고기	20			식용유	5
		실파	15			새우젓	5
		달걀	20		김치	나박김치 (국물만)	70
	닭고기조림	닭가슴살	40		과일	황도 통조림	60
		감자	20	간식	크림수프	크림수프	150mL
		당근	10	저녁	흰죽	쌀	60
		간장	3		감잣국	감자	50
	숙주나물	숙주	5			쇠고기	20
		파, 마늘	조금		생선찜	조기	50
		참기름	2			파, 마늘	조금
	과일	황도 통조림	60		김치	나박김치 (국물만)	70
간식	빵죽	식빵	35		과일	귤 통조림	70
		우유	130mL	밤참	카스텔라	카스텔라	50
		탈지분유	10	영양소 섭취량	에너지	2,050kcal	
점심	흰죽	쌀	60		당질	278g	
	어묵맑은국	찐 어묵	30		단백질	95g	
		무	10		지방	62g	
	연두부찜	연두부	150				
		참기름	3				
		간장	3				

2) 만성 장염

(1) 원인

만성 장염chronic enteritis은 급성 장염에서 이행할 때가 많고 과음, 과식, 불규칙한 식습관, 약물의 남용, 궤양성 대장염, 아메바성 이질 등의 만성질환과 비타민 결핍증 등이 원인이 된다.

(2) 증 상

설사, 식욕부진, 복부 팽만감과 불쾌감, 복통이 있고 소화·흡수 불량의 정도에 따라
체중감소 및 빈혈 증상이 나타나기도 한다.

(3) 식사요법

규칙적으로 식사를 제공하고 소량씩 자주 섭취하도록 한다. 손상된 장 점막을 자극하
지 않고, 소량으로도 영양가가 높으며 소화·흡수가 잘 되는 식품을 선택한다. 양질
의 단백질과 비타민 및 무기질을 충분히 공급한다. 설사가 오랫동안 계속되면 영양
결핍이 되기 쉬우므로 너무 엄격하게 제한하지 않도록 한다. 모든 음식을 가열 조리
하고 조미는 약하게 한다.

3) 변 비

변비constipation는 배변하기 힘들거나 3일 이상 배변하지 못하는 등 배변 횟수가 적거
나, 변이 지나치게 굳고, 변이 아직도 남아 있다는 느낌이 드는 상태이다. 결장 안에
대변이 수 일 이상 머물면서 수분이 지나치게 흡수되어 변이 굳어진다.

(1) 이완성 변비

원 인 이완성 변비atonic constipation는 직장 벽의 민감도가 저하되어 연동운동이 약해지
면서 변이 천천히 이동하는 것으로, 주로 노인, 비만자, 임신부, 수술 후 환자에게 발
생한다. 운동 부족, 부적당한 음식 섭취, 불규칙한 식사습관, 나쁜 배변 습관, 섬유질
과 수분 섭취의 부족, 약물 복용, 완하제의 과다 사용 등으로 대장의 근육이 더 이상
적절한 기능을 못할 때 나타난다.

증 상 자각증세가 없는 경우가 많으며 변비가 심해지면 연동작용이 약해져서 변이
결장에 오래 머물러 장내에 생긴 중독물질이 흡수되면서 복부의 팽만감과 압박감, 두

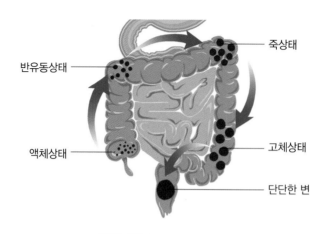

반유동상태

죽상태

액체상태

고체상태

단단한 변

그림 4-7 대변의 형성과정

통, 식욕감퇴, 구역질, 피로감, 불면, 불쾌감 등이 나타난다.

식사요법 장에 기계적 · 화학적 자극을 주는 식사를 제공하여 장의 연동운동을 도와준다. 변의 용적을 늘리며 장내 통과시간을 빠르게 해주는 고섬유 식사로서 현미, 잡곡류, 근채류, 과일, 해조류 등의 식품과 지질이 많은 식품을 공급한다. 변을 부드럽게 하기 위해 하루 8~10컵의 수분을 공급한다. 장관의 통과 시간이 곡류보다 긴 육류는 가능한 한 적게 이용하도록 한다. 장의 운동을 촉진하는 유기산, 효모, 비타민 B_2를 충분히 공급한다. 자두prune는 섬유소가 많아 이완성 변비에 좋은 식품이다.

고섬유 식사high fiber diet

- 현미밥, 보리밥 등의 잡곡밥을 권장한다.
- 충분한 생채소를 섭취시킨다.
- 과일 통조림, 과일주스 대신 생과일로 제공한다.
- 충분한 해조류와 견과류를 섭취시킨다.

표 4-8 이완성 변비 식단의 예(고섬유식)

구분	음식명	재료명	분량(g)	구분	음식명	재료명	분량(g)
아침	샌드위치	호밀식빵	120	점심	콩나물무침	콩나물	70
		양겨자	10			참기름	2
		달걀	60			깨소금	1
		셀러리	40		김치	배추김치	50
		양상추	40		과일	참외	100
		오이피클	30	간식	요구르트	요플레	100mL
		마요네즈	12	저녁	콩밥	쌀	100
	채소 수프	양배추	40			검정콩	10
		당근	20		미역국	미역	10
		셀러리	20			쇠고기	20
		토마토케첩	10		우엉조림	우엉	50
	우유	우유	200			물엿	50
	과일	사과	100			식용유	3
점심	보리밥	쌀	90			간장	3
		보리	30		도라지생채	도라지	50
	배추된장국	배추	50			오이	20
		된장	5		김치	배추김치	50
		멸치	5		과일	수박	150
	돼지불고기	돼지고기	50	영양소 섭취량	에너지	2,160kcal	
		양파	20		당질	350g	
		참기름	3		단백질	85g	
	상추쌈	상추	70		지방	60g	
		쌈장	10				
		풋고추	15				

(2) 경련성 변비

원 인 경련성 변비spastic constipation는 장기간의 스트레스와 긴장, 알코올의 과음, 지나친 흡연, 항생제 과용, 매우 거친 음식의 섭취, 커피·홍차 등 카페인 과잉 섭취, 알코올의 과음, 다량의 하제 복용, 장의 감염과 수면 부족, 과로, 수분섭취 부족 등이 원인이 된다.

증 상 신경성 요인으로 장에 경련성 변화가 있어서 작은 리본모양의 변, 또는 토끼똥 모양의 변을 본다. 환자는 복통과 메스꺼움을 느끼고 장의 팽창에 대해 불쾌감을 느낀다. 가스가 차고 경련이 일어나며, 속이 쓰리고 배가 팽창되며, 변비와 설사가 반복된다. 이들 환자에게 흔히 체중감소와 신경질적 증세가 나타나는 것이 특징이다.

식사요법 환자의 장에 자극을 주지 않는 저잔사식, 저섬유질 식사를 제공하여 과도한 장운동을 억제한다. 단, 장관의 점막을 자극시키지 않는 연한 섬유질 식품만 이용한다. 육식을 피하고 흰 살 생선이나 으깬 채소를 공급하며 기름기가 많거나 자극성이 있는 식품을 피한다. 무엇보다도 규칙적인 식생활과 배변 습관을 가지는 것이 중요하다.

경련성 변비에 적당한 식품은 우유, 달걀, 정제된 곡류, 흰 빵, 버터, 곱게 간 쇠고기, 흰 살 생선, 닭고기 살, 기타 섬유질이 적은 채소와 과일 등이다.

(3) 장애성 변비

장애성 변비obstractive constipation는 장 내용물의 이동이 방해되거나 막히는 것을 말한다. 장애는 전체적으로 또는 부분적으로 일어날 수 있으며, 암 · 종양 · 장의 유착 등은 이러한 장애를 일으키므로 수술 치료가 필요하다. 치질, 항문파열 등으로 인한 배변통도 원인이 된다. 변이 되는 요인을 최소한으로 줄이도록 하며, 환자의 영양과 편안한 안정을 위해 경련성 변비와 같은 식사요법을 실시한다. 증세가 심할 경우에는 유동식이 필요하다. 액체로 영양공급이 가능하도록 크림, 우유, 과일주스, 설탕, 기름과 같은 식품을 사용하도록 하며 비타민을 보충한다.

4) 게실증 · 게실염

(1) 게실증

게실증diverticulosis은 대장의 근육 내벽에 작은 주머니 같은 점막돌기인 게실이 여러 개 발생한 상태이다. 만성적 변비로 장의 근육 외막에 분절 경련이 생기면서 압력 증가로 근육 내벽의 약한 부위를 따라 점막이 돌출됨으로써 발생한다. 게실의 내강으로부터 출혈이 생길 수 있으며 심한 출혈을 초래하기도 한다. 또한 게실 내에 분변이 꽉 차 있어 이차적으로 게실염이 발생할 수 있다.

식이섬유를 하루에 30g 이상 섭취하고 수분을 8컵 이상 충분히 섭취한다. 출혈이 있을 때는 단백질을 적절히 섭취한다.

(2) 게실염

게실염diverticulitis은 대장 내막에 형성된 작은 주머니 모양의 게실 점막층에 생긴 염증을 말한다. 게실에 변이 축적되어 장염을 일으키고 심하면 궤양과 천공을 일으킨다. 주로 결장에 많이 생긴다.

복통, 발열, 오한, 경련 등의 증상이 나타나고 합병증으로 장폐색, 누관, 천공으로 인하여 복강 내 농양, 출혈 등이 발생한다.

고열과 통증이 심한 경우에는 천공을 막기 위하여 당분간 장을 완전히 휴식시켜야 하므로 급성기에는 금식하고 정맥으로 영양을 공급한다. 상태가 좋아지면 맑은 유동식에서 점차적으로 자극성이나 섬유소가 적은 저잔사식을 공급하고, 단백질은 적절히 공급한다. 노년기의 게실염 예방을 위해서는 고섬유소 식사와 함께 물을 충분히 섭취해야 한다.

5) 설 사

(1) 원 인

설사diarrhea는 수분이 많이 함유된 변을 배설하는 것이며 질병으로 인한 증상이다. 임상적으로는 배변횟수가 하루 4회 이상, 대변량이 하루 250g 이상의 묽은 변이 있을 때를 설사라 한다. 정상의 변에도 약 75%의 수분이 함유되어 있는데, 수분 함량이 85%를 초과하면 변의 형태가 없어진다. 또한 성인에게서 4주 이상 지속되는 설사를 만성 설사, 그 이하를 급성 설사라 한다. 장관의 염증과 궤양, 장 내용물의 자극에 의한 경우, 알레르기성 변화 및 소화불량과 흡수불량은 설사를 유발한다. 점액, 혈액, 농 등이 섞이는 경우도 있다.

(2) 증 상

설사가 지속되면 식욕부진, 복통, 복부의 불쾌감, 권태감 등이 나타나며 중증인 경우 발열도 있다. 변에 점액이 섞이기도 하며 소장보다 대장에 병변이 있는 경우는 설사가 심하고 그로 인하여 탈수현상이 초래된다.

(3) 식사요법

설사 환자에게 가장 기본적인 영양지침은 수분과 전해질의 보충이다. 무자극성 저잔사식을 제공하며 흰 살 생선이나 닭고기 등을 이용하여 최소한의 단백질을 공급한다. 발효성 설사이면 당질을 제한하고, 수분을 보충한다. 식사량을 점진적으로 증가시켜 체력을 증강시키고, 섬유질이 많은 채소와 발효되기 쉬운 식품, 지나치게 뜨겁거나 차가운 음식은 장 점막을 자극하므로 피한다. 부패성 설사이면 단백질을 제한한다.

6) 염증성 장질환

(1) 궤양성 대장염

원 인 궤양성 대장염ulcerative colitis, uc은 대장의 점막층에 염증과 궤양을 일으키는 만성질환이다. 원인은 불명확하나 유전인자, 영양장애, 감염 및 알레르기와 관련되어 발생한다.

증 상 식욕부진, 복통, 설사, 점액변 등으로 체중감소가 나타난다. 대장의 염증으로 수분 흡수가 잘 안 되어서 심한 설사를 유발하면서 수분 및 전해질 손실이 심해진다. 대장 점막층의 궤양으로 단백질과 아연이 손실되며 점막의 출혈로 철분이 손실된다. 직장과 S상 결장에 주로 발병하며 장 점막이 짓무르고, 장 점막의 하층까지 궤양을 일으킨다.

식사요법 수분 및 전해질 불균형을 교정하며, 대장 염증을 악화시키는 자극을 피하도록 한다. 고에너지, 고단백질, 고영양식, 고철분식, 저자극, 저지방, 저섬유소로 제공한다. 식욕부진인 경우는 소량씩 자주 제공하며, 급성기에는 당분간 저잔사식을 제공한다. 소화·흡수가 잘 되고 장 내에서 발효가 되지 않는 식품을 선택한다. 유당불내증이 있는 경우에만 우유나 유제품의 사용을 금지하고, 영양의 균형과 더불어 변화 있는 식단을 제공한다.

(2) 크론병

크론병Crohn's disease, CD은 입에서 항문에 이르는 소화기 내의 어느 부위에서도 발생될 수 있으나 특히 회장 말단 부위와 대장에서 흔히 발생되는 만성적인 궤양성 염증 질환이다. 궤양은 장내의 점막층뿐만 아니라, 장벽을 통과하면서 광범위하게 발생하여 협착, 폐색 등을 수반한다.

원 인 원인은 아직 불분명하나 세균이나 바이러스에 의한 감염, 면역 이상, 유전적 요인 등이 관련되어 있다.

증 상 오랫동안 지속되는 복통과 설사 및 장출혈로 인하여 빈혈, 비타민 결핍증, 탈수, 식욕부진, 발열, 체중감소 등 영양불량 상태가 나타난다. 장 협착이나 누공을 초래하기도 한다.

식사요법 수분 및 전해질 평형을 유지하고 더 이상의 체중감소를 방지하기 위하여 에너지, 단백질, 칼슘, 마그네슘, 비타민 B_{12} 등을 충분히 공급한다. 단장증후군short bowel syndrome, SBS이나 심한 누공으로 경구 섭취나 경관급식이 불가능한 경우에는 정맥영양을 실시한다. 식사는 처음에 저잔사식으로 시작하여 협착의 증상이 없으면 수용한도 내에서 저섬유소식, 정상식으로 제공한다. 비타민 B_{12}, 엽산, 칼슘, 마그네슘, 아연 등의 손실이 증가하므로 비타민 및 무기질을 보충한다.

7) 글루텐 과민성 장질환

(1) 원 인

글루텐 과민성 장질환gluten sensitive enteropathy은 일명 만성 소화장애증celiac disease 혹은 비열대성 스프루nontropical sprue라고 불린다. 체내의 효소대사 과정에서 어떤 유전적 결함으로 식품 중 글루텐 단백질 내에 있는 글리아딘 부분이 소장 점막을 손상시켜 융모가 위축되고 납작해져서 영양소 흡수에 장애가 생긴다.

(2) 증 상

증상은 설사, 지방변, 복부 팽만, 체중감소, 쇠약감 등이며 글루텐이 함유된 식품을 계속 섭취하면 증세가 더 심해진다. 단백질뿐만 아니라 당질, 지질, 칼슘, 철, 마그네슘, 아연 및 비타민, 특히 지용성 비타민 등 각종 영양소의 흡수불량으로 빈혈 증세와 비타민 결핍, 골다공증, 골연화증이 나타날 수 있다.

(3) 식사요법

글루텐 성분이 들어있는 밀, 보리, 호밀, 오트밀 등을 제거하고 쌀, 옥수수, 감자 전분 등을 주식으로 제공하면 증상이 즉시 개선된다. 국수, 빵, 수제비 등의 밀가루 음식 외에도 만두, 케이크, 크래커, 약과, 쿠키, 크림수프, 푸딩, 커스터드, 햄버거, 전유어 등 글루텐이 함유되어 있는 음식 섭취를 피하고, 특히 외식을 할 때 식품과 음식의 선택에 주의하도록 한다. 체중감소가 있을 경우 고에너지, 고단백 식사를 제공하고, 조리 시에는 중쇄중성지방MCT 기름을 사용한다. 유당불내증이 있을 경우 유제품을 제한하며, 질병이 심한 경우 영양소의 보충이 필요하다. 빈혈이 있으면 철·엽산·비타민 B_{12}, 출혈이 있으면 비타민 K, 골다공증이 있으면 칼슘과 비타민 D를 보충한다. 심한 설사로 탈수를 보이면 수분과 전해질의 보충이 필요하며, 설사나 지방변으로 손실된 칼슘·마그네슘·지용성 비타민을 보충한다.

표 4-9 글루텐 제한식의 허용 식품과 제한 식품

식품군	허용 식품	제한 식품
곡류	쌀, 밀전분, 감자, 고구마, 콩, 옥수수, 떡	밀, 보리, 맥아, 귀리, 호밀, 빵, 크래커, 쿠키, 케이크, 국수, 스프 등
어육류	쇠고기, 돼지고기, 닭고기, 달걀, 치즈	상업용 햄버거, 냉동육류제품, 소시지
채소류	신선한 채소	채소 통조림
유제품	전유, 저지방우유, 탈지우유, 요구르트	초콜릿우유, 아이스크림, 셔벗
과일류	신선한 과일, 과일 통조림	
지질류	식물성 기름, 버터, 마가린, 견과류, 집에서 만든 드레싱	상업용 크림소스, 시판 샐러드드레싱, 마요네즈
기타	소금, 후추, 향신료, 효모, 커피, 홍차, 탄산음료, 포도주, 젤라틴, 설탕, 꿀, 알사탕	초콜릿, 케첩, 겨자, 간장, 피클, 식초, 시럽, 코코아 믹스

1. 다음 식품은 장 내에서 (　　　　)를 생성한다.

탄산음료, 과일주스, 맥주, 사과, 배, 브로콜리, 콜리플라워, 양파, 감자, 옥수수, 마른 콩, 땅콩, 부추, 순무

2. 결장의 외벽에 작은 주머니 모양으로 돌출된 것을 (　　　　　)이라 한다.

3. 다음은 어느 질환의 식사요법인가?

• 비만인 경우 체중조절식을 한다.
• 눕기 전에 적어도 2시간 동안은 식사와 간식을 피한다.
• 너무 꼭 끼는 옷은 피한다.

4. 궤양 환자에게 흔히 나타나는 합병증은?

5. 기계적 · 화학적 자극을 주는 식사를 공급하고, 특히 장의 운동을 촉진하기 위하여 제공할 수 있는 식품은?

5
chapter

간·담낭·췌장
질환

CHAPTER

05 간·담낭·췌장 질환

간은 영양소 대사에 중심적인 역할을 하며, 혈장 삼투압 조절, 혈액 응고인자 생성, 담즙 생성, 요소 생성, 해독 및 면역 작용 등과 배설 기능을 수행한다.

담낭은 담즙을 저장, 농축하며 담관은 간에서 생성된 담즙을 수집하여 십이지장으로 배출하는 통로이다. 십이지장으로 출구가 연결된 담관과 췌관은 공통의 관으로 상호 간의 기능면이나 질병이 생기는 면에서 서로 밀접한 관련이 있다.

췌장은 소화효소를 만드는 외분비 기능과 혈당을 조절하는 인슐린 등 여러 호르몬을 만드는 내분비 기능이 있다. 췌장에서 만들어진 췌액은 췌장 속에 그물처럼 존재하는 췌관이라고 하는 가느다란 관을 통하여 십이지장으로 배출되어 영양소 소화에 매우 중요한 역할을 한다.

 용어 설명

간경변liver cirrhosis 간세포의 지속적인 파괴로 섬유조직과 재생결절이 형성됨으로써 간이 위축 경화되어 정상적인 기능을 못하는 질환

간성뇌증hepatic encephalopathy '간성혼수'라고도 하며 간경변증이나 급성 간부전 등으로 간 기능이 심하게 손상되었을 때 발생되는 중추신경계의 기능장애

간염hepatitis 간세포와 조직에 염증이 생기는 질환

담낭염cholecystitis 세균 감염, 담즙 성분의 변화, 췌액의 역류 및 담석에 의한 담도의 폐쇄 시 발생되는 담낭의 염증 현상

담석증cholelithiasis 간, 담낭, 혹은 담도에 결석이 형성된 것

복수ascites 복강 내에 비정상적으로 수분이 축적되어 있는 현상

지방간fatty liver 간의 지방증steatosis을 의미하는 용어로서 간세포의 5% 이상에서 지방이 있거나 간 100g당 지방이 5g 이상일 때를 말함

황달jaundice 피부나 안구 색깔이 황색으로 변하는 것으로 정상적으로 담즙으로 배설되어야 할 적혈구의 대사물인 빌리루빈bilirubin이 혈액에 축적되어 발생하는 현상

1. 간질환

1) 간의 구조와 기능

(1) 간의 구조

간liver은 인체에서 가장 큰 장기로 체중의 2.5~3%를 차지하며, 무게는 1.2~1.5kg 정도이다. 간은 횡격막 아래 우측 상복부에 위치하고 좌엽과 우엽으로 나누어져 있으며 그 사이에 담관, 간동맥, 문맥, 신경 및 임파관이 지나고 있다. 간 기능의 기본 단위는 간소엽이며 간동맥으로 산소가 풍부한 동맥혈이 유입되고, 간문맥으로 위나 장에서 흡수된 영양분을 함유한 정맥혈이 유입된다.

(2) 간의 기능

간에서는 섭취한 영양소의 저장, 합성과 분해 등의 대사와 순환 조절, 담즙의 생성과 해독작용 등이 이루어진다. 혈액 내로 유입된 독소들을 제거하고, 인체 감염을 조절해 주는 각종 면역 요소들을 생산하며, 혈액 내 세균이나 병원성 물질을 제거하거나 중화시키는 역할을 한다. 또한 혈액응고 인자들을 생성하고, 지질이나 지용성 비타민을 흡수하는 데 관여한다.

당질 대사 섭취한 당질은 포도당, 과당 및 갈락토오스로 가수분해되어 문맥을 통하여 간으로 들어간다. 단당류의 흡수로 혈당이 높아지면 여분의 포도당은 간과 근육에서 글리코겐으로 전환하여glycogenesis 저장되고, 반대로 혈당이 낮아지면 간의 글리코겐이 포도당으로 분해glycolysis되어 혈당을 조절한다. 또한 간에서는 아미노산, 글리세롤, 젖산 등 당질 이외의 물질로부터 당신생과정gluconeogenesis을 통하여 포도당을 합성한다. 이처럼 간은 혈당을 조절하는 능력이 있으므로 간의 기능이 손상되면 간의 글리코겐 저장량도 감소하고 당신생이 저하되어 저혈당이 된다.

지질 대사 섭취한 지질은 글리세롤과 지방산으로 분해된다. 간세포의 미토콘드리아 내에서 지방산은 β-산화를 거쳐 아세틸 CoA를 생성한다. 체내 지방산 산화의 60%가 간에서 진행된다. 또한 지단백질을 합성하고 혈액을 통하여 각 조직으로 운반하며 아세틸 CoA로부터 콜레스테롤을 합성한다.

단백질 대사 문맥을 통하여 간으로 들어온 여러 가지 아미노산으로부터 단백질이 합성된다. 혈청 100mL에는 약 6~8g 정도의 단백질이 있고 이 중 90%가 간에서 만들어진다. 알부민albumin, 글로불린globulin, 피브리노겐fibrinogen, 지단백질lipoprotein 외에 트랜스페린transferrin, 레티놀 결합단백질RBP 등의 영양소 운반 단백질이 합성된다. 또한 요소회로Urea cycle를 통해 암모니아를 무독성의 요소로 전환하여 배설한다.

무기질 대사 철은 페리틴ferritin의 형태로, 구리는 셀룰로플라스민ceruloplasmin의 형태로 간에 저장된다.

비타민 대사 간에 지용성 비타민이 저장된다. 카로틴은 비타민 A로 전환되고 비타민 D는 간과 신장에서 활성화된다. 비타민 K는 간에서 프로트롬빈의 생성을 촉진하여 지혈에 관여한다.

해독작용 아미노산의 대사 분해물인 암모니아는 간에서 이산화탄소와 결합하여 대사를 통해 독성이 낮은 요소로 만들어져 소변이나 담즙을 통하여 배설된다. 알코올은 간세포 효소인 ADHalcohol dehydrogenase, MEOSmicrosomal ethanol oxidizing system 및 카탈라아제catalase에 의하여 아세트알데히드로 만들어지고, 이는 다시 아세트산acetic acid을 거쳐서 소변으로 배설된다.

담즙 생성 간에서 생성되는 담즙은 빌리루빈bilirubin, 담즙산cholic acid, 콜레스테롤, 지질, 요산, 레시틴 및 염류로 구성되어 있다. 빌리루빈은 간에서 헤모글로빈이 파괴되어 생성된 것으로 장내 세균에 의하여 유로빌리노겐urobilinogen으로 환원된다.
　담즙은 지질과 콜레스테롤의 소화 및 흡수에 중요한 역할을 한다. 소장으로 담즙의 배출에 장애가 생기면 장내에서 지질이 유화되지 않아 지질의 소화·흡수가 나빠지고 지방변을 보게 된다. 또한 장내 세균에 의하여 산화되어 빌리베르딘biliverdin이 되어 녹변을 보게 된다.

기 타 간 혈관 내의 쿠퍼 세포Kupffer cell는 간으로 유입된 거의 대부분의 세균을 처리하여 체내 혈액 중에 세균이 순환되지 못하도록 하는 식균작용을 한다.

2) 간 염

간염hepatitis은 간에 염증이 생겨 간세포가 파괴되는 것으로 치유기간과 지속성에 따라 급성 간염과 만성 간염으로 분류된다.

(1) 급성 간염

원 인

급성 간염acute hepatitis은 바이러스, 약물, 알코올 등으로 인해 발병하며, 가장 흔한 원인은 바이러스에 의한 급성 바이러스성 감염으로 그 원인 바이러스에 따라 A, B, C, D, E형 간염이 있다. 간염의 임상증상이나 간 기능의 수치가 간염이 생긴 뒤 3~4개월 이내에 회복된다.

A형 간염hepatitis A   A형 간염 바이러스에 의하여 발병되는데 환자의 대변, 혈액, 소변을 통하여 오염된 음식과 음료수 섭취로 경구적으로 감염된다. 대부분은 만성으로 되지 않고 3개월 이내에 회복된다.

B형 간염hepatitis B   B형 바이러스에 의하여 혈액을 통하여 감염된다. 혈액 외에도 소변, 대변, 침, 땀 등에서도 HBs항원이 검출되므로 경구 감염의 가능성도 있다. 어릴수록 만성화될 확률이 높아 만성 간염, 간경변, 간암으로까지 진행될 수 있다. 우리나라 성

| 표 5-1 간염의 종류별 특징

구분	A형 간염	B형 간염	C형 간염
바이러스 형태	RNA 바이러스	DNA 바이러스	RNA 바이러스
감염경로	소화기를 통한 경구 감염으로 집단에 발생한다.	혈액, 타액, 성 접촉을 통하여 감염되어 산발적으로 유행한다.	B형과 유사하다.
잠복기	2~6주	1~6개월	2주~6개월
진단방법	anti hepatitis A 항체상승	HBs 항원 증가	anti hepatitis C 항체 상승
치료방법	면역 글로불린을 사용한다.	예방방법으로 백신을 이용한다.	예방 백신이 없다.
만성화 가능성	경과가 좋으며 만성화되지 않는다.	중증화, 만성화기도 한다 (0.2~1.0%).	만성으로 진행 가능성이 높다(15~60%).

인에서 발생한 급성 바이러스성 간염의 60% 이상, 만성 활동성 간염과 간경변의 약 73%, 원발성 간암의 77% 정도가 B형 바이러스에 의한 것이다. B형 간염은 회복률이 90% 정도이며 예방백신이 있으므로 미리 접종할 것을 권장한다.

C형 간염hepatitis C　혈액이나 혈액제제, 사람과의 접촉, 대변에 오염된 식품의 섭취로 감염되며 근래에 감염이 증가하는 추세이다. C형 간염은 만성화율이 매우 높고 잠복기가 길며, 급성기에는 증상이 없거나 가벼운 경우가 많다. 수혈 후 발생된 C형 간염이 수혈 후 발생된 B형 간염에 비해 만성화되는 경우가 많다. 환자의 15~45% 정도만이 회복되는 간염으로 만성 간염으로 진행되는 주 원인이 된다.

D형 간염hepatitis D　혈액을 통해서만 감염된다. 대부분 약물중독이나 혈우병 환자 같은 혈액이나 혈액제품 사용자들이 주로 감염된다. 일반적으로 B형 간염과 함께 발견되는데 만성으로 진행된다.

E형 간염hepatitis E　A형과 유사하며 5~15세에서 발병률이 높고, 황달과 가려운 증상이 나타난다.

증 상

권태, 허약, 오심, 식욕부진, 메스꺼움, 구토, 발열, 가려움증, 황달, 복부 팽만감 및 설사 등을 보인다. 식사 섭취에 지장을 받아 체중감소가 많이 나타난다. 간장과 비장이 비대해지면서 영양상태가 저하되고 면역기능이 손상된다.

식사요법

식사요법의 목적은 간에 부담을 주지 않고 간 조직을 보수하는 것이다. 간세포의 회복을 위하여 충분한 에너지를 공급하고, 고당질, 고단백질, 중간 정도의 지방, 고비타민, 저섬유, 저염 식사가 기본이다. 그러나 대부분의 간염 환자는 식욕부진이 일어나므로 우선 식욕을 증진하도록 하고 섭취하기 쉬운 형태의 음식을 조금씩 자주 공급한다. 지속적인 식욕부진 환자는 필요한 경우 경관급식을 실시한다. 발병 초기에 당질 위주의 유동식으로 간을 보호하고 충분한 음료수를 제공하여 탈수가 되지 않도록 한다. 점차 식욕이 증가되면 고단백질식, 고에너지식을 취하고 지방질은 총 에너지의

| 표 5-2 | 급성 간염 식단의 예 |

구분	음식명	재료명	분량(g)	구분	음식명	재료명	분량(g)
아침	콩밥	쌀	90	간식	콘플레이크	콘플레이크	30
		콩	10		우유	우유	150
	아욱국	아욱	70		과일	오렌지	150
		된장	5	저녁	완두콩밥	쌀	100
		멸치	5			완두콩	10
	병어조림	병어	50		호박찌개	호박	30
		무	10			양파	20
	마른새우볶음	마른 새우	15			두부	40
		풋고추	5			된장	5
		고추장	3			풋고추	10
		물엿	3		생선전	동태살	50
		식용유	2			달걀	20
	무생채	무	50			밀가루	10
		설탕, 식초	조금			식용유	5
	김치	배추김치	50		오징어무침	물오징어	50
	우유	우유	200			양파	20
	과일	딸기	150			당근	10
점심	쌀밥	쌀	110			고추장, 설탕	조금
	미역국	마른 미역	6		깻잎찜	깻잎	15
		쇠고기	20			간장, 파, 마늘	조금
	불고기	쇠고기	60		김치	김치	50
		간장	3		과일	바나나	100
	상추쌈	상추	70				
		쌈장	10				
	두부양념장	두부	80				
		참기름	3				
		설탕	3				
		간장	3	영양소 섭취량	에너지	2,325kcal	
	과일샐러드	사과	40		당질	320g	
		단감	25		단백질	115g	
		건포도	10		지방	65g	
		콜리플라워	30				
		키위	30				
		마요네즈	6				
	김치	배추김치	50				

20% 정도로 유화된 형태로 제공하며, 지용성 비타민이 결핍되지 않도록 한다. 알코올과 흡연은 치료 후에도 금한다.

(2) 만성 간염

만성 간염chronic hepatitis은 급성 간염 발병 후 6개월 이상 호전되지 않고 간 장애가 계속되는 경우와 처음부터 만성화하는 경우로, 간의 염증뿐만 아니라 간세포 괴사까지도 나타난다. 5~10년에 걸쳐 서서히 회복되며, 그중 일부(10~15%)는 간경변으로 이행된다.

원 인

간염 바이러스, 약물, 알코올, 자가면역기전 등이 있으며 급성 간염이 치료되지 않고 이행되기도 한다. 대개 B형과 C형 간염 바이러스에 의해 전파되는 경우가 많다.

증 상

자각 증상으로 원인불명의 피로감, 무력감, 전신 권태감, 식욕부진, 오심, 황달, 정력감퇴, 잇몸 출혈 등의 증상이 있고 자각 증상을 전혀 느끼지 못하는 경우도 있다.

간세포의 파괴로 혈청 중 ASTaspartate aminotransferase, 아스파테이트 아미노기전이효소와 ALTalanine aminotranferase, 알라닌 아미노기전이효소가 증가한다. 특징적으로 알부민의 합성이 저하되어 A/G비albumin/globulin비가 감소한다.

식사요법

충분한 에너지, 고단백질, 중등도의 지질을 공급하고 체단백질의 손실을 막기 위하여 충분한 당질을 공급한다. 에너지가 과다하면 비만과 지방간의 우려가 있으므로 표준체중을 유지하도록 한다. 간성혼수가 나타나는 경우에는 저단백질식이나 무단백질식을 제공한다. 복수가 있을 때는 저염식을 병행하며, 혼수상태로 음식의 섭취가 불가능할 때는 경관급식을 실시한다.

3) 지방간

지방간fatty liver은 과도한 지방 섭취나 간 내 지방합성이 증가하거나 배출이 감소되어 간세포의 변화 없이 간세포 내에 지방이 축적되는 것을 말한다. 정상인 간의 지방은 총 중량의 3~5% 정도로 간 100g당 5g 정도이다. 지방간은 크게 알코올성 지방간과 비알코올성 지방간으로 나눌 수 있다 표 5-3. 지방간인 경우 대부분 중성지방이지만, 때로는 유전적 대사이상 질환과 같은 콜레스테롤 에스테르cholesterol ester와 함께 당지질, 인지질 등이 축적되기도 한다. 지방간은 간 총 중량의 5% 이상 중성지방이 초과되는 경우로 심하면 40%까지 증가하기도 한다.

표 5-3 지방간의 분류

구분	알코올성 지방간		비알코올성 지방간
원인	•음주량 •유전적 요인	•C형 간염 •영양실조	•알코올 섭취 정도 •비만 혹은 영양실조 •대사성 증후군(고혈압, 당뇨병, 고지혈증, 비만 및 지방간)
증상	•무증상 •오심 •발열, 식욕감퇴	•우상복부 동통 •황달이나 간 비대	•대부분 무증상이나 간혹 우상복부 동통을 호소
식사요법	•금주 •비타민 B군의 섭취	•고영양식	•저에너지식 •저당질식

(1) 원 인

지방간의 주원인은 만성적인 음주, 고지방식, 양질의 단백질 부족이다. 음주 외에도 당뇨병, 고지혈증, 비만 등도 원인이 된다.

(2) 증 상

중성지방이 증가하면서 간의 크기가 비대해져 간혹 상복부 통증을 호소하는 경우도 있으나 대부분 초기 증상은 잘 나타나지 않는다. 전신 권태감, 식욕부진, 피로, 체중 감소 등에 이어 간의 비대로 약간의 동통이 나타나기도 한다. 지방간은 초기에는 간에 별 영향을 주지 않으나 지속적인 지방 축적과 만성화로 인해 간세포에 영향을 주고 간에 손상을 초래하게 된다.

(3) 식사요법

식사요법의 목적은 지방간의 원인인 중성지방을 감소시키고, 간 기능을 정상화하는 것이다. 비만이나 당뇨로 인한 지방간의 경우에는 체중조절을 원칙으로 한다. 과체중 또는 비만인 경우에는 현재 체중의 10% 이상을 감량했을 때 지방간이 개선될 수 있다.

당질의 과잉 섭취는 중성지방의 합성을 증가시키므로 당질 섭취가 하루 총 섭취 칼로리의 60%를 넘지 않도록 하고 단순당의 섭취는 가능한 한 줄이도록 한다. 육류, 생선, 두부, 콩, 달걀, 우유 및 유제품 등 양질의 단백질을 충분히 섭취한다. 지질은 총 칼로리의 20~25% 정도로 구성한다. 고콜레스테롤, 고중성지방혈증 등 혈중지질 이상이 있는 경우에는 포화지방산 및 콜레스테롤을 제한한다. 정상적인 식사를 통해 비타민과 무기질의 필요량을 충족시킬 수 있으므로 신선한 과일과 채소를 섭취한다. 알코올은 간 내 중성지방의 합성을 증가시켜 간세포의 파괴를 초래하므로 알코올을 금하도록 한다. 조림이나 찜, 굽기 등의 조리법을 사용하며 소화가 잘되는 부드러운 식품을 선택한다.

표 5-4 지방간 식단의 예

구분	음식명	재료명	분량(g)	구분	음식명	재료명	분량(g)
아침	쌀밥	쌀	90	점심	양상추샐러드	양상추	50
	쇠고기무국	쇠고기	40			오이	40
		무	10			마요네즈	6
	대합찜	대합	50		김치	배추김치	50
		두부	30		과일	포도	100
		쇠고기	20		우유	저지방우유	200mL
		참기름	3	저녁	강낭콩밥	쌀	90
	더덕구이	더덕	30			강낭콩	105
		고추장	6		순두부찌개	순두부	200
		설탕	5			조갯살	15
	양배추쌈	양배추	70		삼치구이	삼치	50
		쌈장	15		도라지생채	도라지	50
	김치	배추김치	50			오이	20
점심	보리밥	쌀	80			고춧가루, 식초	조금
		보리	10			설탕	5
	배추된장국	솎음배추	70		김치	배추김치	50
		쇠고기	20	영양소 섭취량	에너지	1,655kcal	
		된장	5		당질	240g	
	닭꼬치구이	닭가슴살	60		단백질	95g	
		생표고버섯	20		지질	35g	
		대파	20				
		식용유	5				
	미역줄기볶음	미역줄기	50				
		식용유	3				

항지방간 인자

★ 콜린choline

★ 레시틴lecithin

★ 비타민 E

★ 베타인betain

★ 이노시톨inositol

★ 메티오닌methionine

★ 셀레늄selenium

4) 알코올성 간질환

알코올성 간질환alcoholic liver diseaes은 과음하는 사람들에게 생기며, 알코올성 지방간, 알코올성 간염 및 알코올성 간경변 등이 있다.

(1) 원 인

알코올성 간질환은 알코올이 정상적으로 대사되어 아세틸 CoA로 산화되는 과정에 TCA회로로 들어가지 못한 아세틸 CoA가 글리세롤 인산과 결합하여 중성지방을 형성하고 간에 축적되어 발생한다. 알코올 그 자체가 주요 원인이며 여기에 알코올 대사로 인하여 영양대사의 장애가 일어나 간질환을 가중시킨다. 알코올성 간질환은 금주하면 바로 정상으로 되돌아갈 수 있으나 관리하지 않으면 지방간, 간염, 간경변, 간암으로 진행된다.

(2) 증 상

식욕부진, 입맛의 변화, 오심, 구토, 소화와 흡수 불량 등의 증상이 있으며, 위장관 세포의 점막이 손상되어 점액 분비에 손상을 받는다. 또한 위염이나 췌장염 등에 걸리게 되며 알코올 대사의 결과로 체내 지방산 산화가 감소하고, 지방간과 고지혈증이 유발된다. 단백질 합성이 저하되고 젖산이 증가하여 산독증acidosis을 일으키며 요산이 증가하고 통풍이 되기 쉽다. 굶으면서 알코올을 섭취하면 간에서 당신생 저하로 저혈당을 유발한다.

(3) 식사요법

고영양식과 균형식을 공급하고 정상체중을 유지하도록 한다. 알코올 중독자는 영양 지원이 필요하나, 수분 및 전해질 불균형과 저혈당증을 바로잡기 위해서는 경구 섭취가 바람직하다. 알코올 중독은 비타민 B_1과 B_6, 엽산, 칼슘, 망간, 아연의 결핍을 유발하므로 비타민과 무기질을 적정량 공급한다. 영양적으로 균형 있는 식사를 장기간 제공하는 것이 중요하며 가장 중요한 것은 금주이다.

5) 간경변

(1) 원 인

간경변liver cirrhosis의 원인은 간염 바이러스와 알코올이 가장 흔하고, 약물중독, 영양불량, 대사 이상, 담도 폐쇄, 유전적 질환, 비알코올성 지방간, 독소 및 감염 등도 원인이 된다. 간경변 환자 가운데 우리나라의 경우 B형 간염이 가장 심각한 문제로 현재 B형 간염 보균자들의 빈도가 높아 지속적인 예방관리가 필요하다.

(2) 증 상

간경변의 3대 주요 합병증은 복수, 식도정맥류 출혈 및 간성혼수이며 간 기능 장애에 의한 더 많은 다른 합병증도 동반한다. 간경변 초기에는 증상이 없으나 식욕감퇴, 피로, 오심, 구토, 허약감, 체중감소, 복부 팽만감 등의 위장관 증세와 잇몸에서 피가 나거나 코피를 자주 흘리는 것과 같은 증상을 보인다. 점차 진행되면서 황달, 소양(가려움)증, 담석증, 발열, 간성 혼수, 지방변증, 혈액이나 뇌에 독성물질의 유입, 약제에 대한 감수성 증가, 정신증상 등을 보이기도 한다. 부종과 복수는 문맥압의 항진 외에도 혈청 단백질 중 알부민의 감소와 알도스테론이나 항이뇨호르몬의 기능장애로 인한 물과 나트륨의 체내 보유로 나타난다.

(3) 식사요법

간경변 환자에게 영양결핍이 흔하다. 간 기능이 비교적 양호한 상태에서도 영양결핍이 일어날 수 있으므로 초기부터 영양관리를 하는 것이 바람직하다. 충분한 에너지와 고당질식으로 적절한 영양상태를 유지시킨다. 당질은 하루에 300~400g 정도로 복합당질의 형태로 섭취하는 것이 좋다. 단백질은 체중 kg당 1.0~1.5g을 권장하며, 우유나 콩 단백질을 권장한다. 간성혼수로 단백질을 체중 kg당 0.5~0.7g으로 제한할 경우는 꿀, 사탕, 젤리와 같은 것을 이용하여 에너지를 보충한다. 지질은 황달의 유무와 흡수 불량 정도에 따라 조절하여 섭취시킨다. 비타민 A, D, E, K의 섭취가 부족하지 않도록 유의하고, 비타민 B군과 비타민 C를 충분히 섭취시킨다. 비타민 D의 활성화가 잘 이루어지지 않아 골연화증이 발생할 수 있어 비타민 D와 칼슘의 섭취에 유의한다. 혈액응고 시간이 지연된 경우 비타민 K를 보충하는 것이 좋다. 복수가 있을 때는 수분을 제한하고 나트륨 2,000mg 이하의 저염 식사를 제공한다. 식도정맥류가 있을 때는 부드러운 식사를 하도록 한다. 위식도의 점막을 자극하지 않도록 거친 곡류, 생과일을 피하고, 죽이나 과일통조림, 저섬유 식사 등을 권장하며 알코올은 제한한다.

표 5-5 간경변증 식단의 예(저염식)

구분	음식명	재료명	분량(g)	구분	음식명	재료명	분량(g)
아침	율무밥	쌀	100	저녁	쌀밥	쌀	90
		율무	10		청포묵국	청포묵	80
	시금치된장국	시금치	60			무	30
		된장	5			쇠고기	20
		멸치	5			김	2
	생선구이	삼치	50		조개전	바지락살	50
	미나리나물	미나리	70			양파	10
		파, 마늘	조금			당근	10
		참기름	3			부추	20
	버섯볶음	느타리버섯	50			달걀	10
		쇠고기	10			식용유	5
		파, 마늘	조금		달걀찜	달걀	55
		식용유	5		김치	나박김치	70
	김치	배추김치	50	간식	과일주스	오렌지주스	100mL
	우유	우유	200mL				
점심	완두콩밥	쌀	110				
		완두콩	10				
	콩비지찌개	콩비지	100				
		돼지고기	30				
		김치	30	영양소 섭취량	에너지	2,325kcal	
	부추잡채	부추	40		당질	320g	
		쇠고기	20		단백질	115g	
		식용유	5		지방	65g	
	오이생채	오이	70				
		고추장	3				
		파, 마늘	조금				
	김치	배추김치	50				
	과일	포도	80				

6) 간성뇌증

(1) 원 인

간성뇌증hepatic encephalopathy은 간세포의 파괴나 기능 저하로 처리되지 못한 암모니아가 간의 우회로로 체순환을 하여 뇌까지 들어가게 되어 뇌 기능을 저하시키고 운동장애와 의식장애를 유발하는 것이다. 장내에 흡수되지 않은 메티오닌이 세균에 의해 탈탄산반응으로 메르캅탄mercaptan이 되어 중추신경 장애를 유발하기도 한다. 신장질환으로 인한 요소의 증가, 심한 변비로 인한 암모니아 생성물의 증가 등도 혈중 암모니아를 상승시키는 요인이 된다.

(2) 증 상

졸음, 근육 경련, 성격 변화, 지적 능력의 변화, 혼수 등의 의식장애와 운동기능의 손상, 감정의 둔화, 착란, 행동 이상을 보이며 말투가 어눌해지기도 한다.

(3) 식사요법

암모니아 공급원이 되는 단백질을 식사에서 완전히 제거한다. 비경장영양으로 수분과 전해질을 보충해 준다. 회복이 되면 체중 kg당 0.5~0.7g 정도의 단백질을 두부, 달걀 등으로 제공한다. 분지아미노산leucine, isoleucine, valine이 많은 식품을 공급하고 방향족 아미노산phenylalanine, tyrosine은 감소시킨다. 조리 시에 설탕, 물엿, 꿀 등을 충분히 사용하고 참기름, 들기름, 식용유 등을 적당량 사용한다. 신선한 채소와 과일을 충분히 섭취하여 변비를 예방하도록 한다. 락툴로오스lactulose는 장의 연동운동을 증가시켜 암모니아의 흡수를 줄인다.

분지 아미노산이 많이 함유된 식품

식빵, 우동, 쌀밥, 토란, 고구마, 시금치, 두부, 두유, 호박, 당근, 율무, 수수, 난백 등 주로 식물성 식품에 함유되어 있다.

표 5-6 간성뇌증 식단의 예

구분	음식명	재료명	분량(g)	구분	음식명	재료명	분량(g)
아침	쌀밥	쌀	60	저녁	쌀밥	쌀	60
	미역국	마른 미역	7		감자국	감자	50
	가지나물	가지	40			양파	5
		참기름	3		양배추 겨자채	양배추	50
	채소샐러드	양상추	40			오이	10
		오이	30			당근	10
		마요네즈	10			생밤	10
	버섯볶음	양송이버섯	40			겨자, 식초	조금
		피망	10			설탕	5
		양파	10		오이볶음	오이	40
		식용유	5			식용유	5
	김치	물김치(국물)	70		무생채	무	40
	꿀물	꿀	30			파, 마늘	조금
점심	쌀밥	쌀	60			식초, 설탕	조금
	콩나물국	콩나물	30	밤참	과일	복숭아	100
		마른 멸치	5		토스트	식빵	35
	김구이	김	4			버터, 잼	5/5
		들기름	2		꿀물	꿀	30
	잡채	당면	30	영양소 섭취량	에너지 1,770kcal		
		당근	5		당질 300g		
		시금치	10		단백질 30g		
		양파	10		지방 50g		
		느타리버섯	10				
		식용유	5				
	도라지생채	도라지	40				
		고춧가루, 식초	조금				
		설탕	5				
	과일	황도 통조림	60				
	김치	물김치	70				

7) 간 암

간암hepatoma은 처음부터 간에 생기는 원발성 간암과 다른 장기에서 발생한 암이 전이되어 생기는 속발성 간암이 있다. 간에 발생하는 종양의 대부분은 간세포에서 기원하는 간세포암으로 우리나라 원발성 간암의 약 85%를 차지한다. 나머지는 간 내 담도암과 간세포암의 혼합형, 전이암종 등이다.

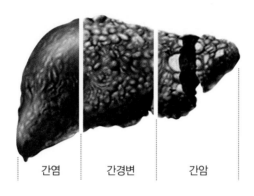

간염   간경변   간암

| 그림 5-1 | 간염→간경변→간암의 진행과정

(1) 원 인

간암의 원인은 B형과 C형 간염, 알코올, 지방간 등이며 기타 비만, 흡연, 아플라톡신aflatoxin, 유전성 질환 등도 위험인자로 알려져 있다. 남자가 여자에 비해 위험도가 더 높으며, 연령별로 30세 이하에서 드물고 40세 이상부터는 위험도가 증가한다.

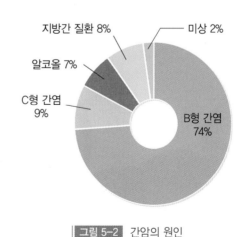

지방간 질환 8%

미상 2%

알코올 7%

C형 간염
9%

B형 간염
74%

| 그림 5-2 | 간암의 원인

(2) 증 상

증상은 서서히 나타나며 초기에는 잘 알 수 없다. 원인 불명의 발열, 우측 흉부의 통증, 복수, 체중감소가 나타나면 간암을 의심해 본다. 빈혈, 황달도 나타난다.

(3) 식사요법

간암은 원발성이나 속발성 모두 급격하게 퍼지므로 간절제술에 의한 수술방법도 극히 일부분만 가능하고, X선 요법, 색전술, 항암제 투여 등도 있으나 크게 효과를 거두지 못한다. 간 이식술도 시행되나 예후가 좋지 않고 효과적인 치료가 없을 때는 6개월 내에 사망한다. 사인은 대개 간부전, 소화관 출혈, 복강 내 출혈 등이다. 간암 환자의 식사요법은 대개 고영양식을 공급한다.

2. 담낭질환

1) 담낭의 구조와 기능

간에서 나오는 담관의 중간에 분지되어 담낭관이 되고 이 끝에 담낭이 연결되어 있다. 담관과 담낭관이 합하여 총담관이 되며, 이것은 췌관과 함께 십이지장으로 연결되어 있다 그림 5-3. 담낭은 폭 4~5cm, 길이 약 10cm의 주머니 모양이며, 간에서 생성된 담즙을 농축하여 저장한다.

간에서 생성되는 담즙은 1일 약 500~1,000mL 수준이며 담낭에 저장되는 동안에 약 1/10로 농축된다. 그 성분은 담즙산염, 빌리루빈, 콜레스테롤, 레시틴, 뮤신, 수분

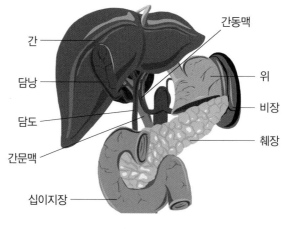

┃ 그림 5-3 ┃ 담낭의 위치

등이 있다.

담즙에는 소화효소가 함유되어 있지 않으나 췌액 중의 지방 가수분해효소인 리파아제의 작용을 돕는다. 일부의 담즙산은 장관에서 흡수되어 간으로 되돌아가는 장간순환entero-hepatic circulation을 통하여 담즙의 생성을 촉진한다. 담즙의 분비 정도는 소화된 식사의 내용에 따라 다르며, 기름진 육식은 담즙 분비를 증가시킨다.

담즙의 기능

- ★ 지질을 유화시킨다.
- ★ 지용성 비타민의 흡수를 돕는다.
- ★ 대변이 잘 나오도록 하제의 역할을 한다.
- ★ 위 내용물인 유미즙chyme을 중화한다.
- ★ 장내 발효를 저하시킨다.

2) 담낭염

(1) 원 인

담낭염cholecystitis은 담낭 내에 염증이 생기는 것으로 세균 감염, 비만, 임신, 변비, 부적당한 식사, 소화관 장애, 담즙 성분의 변화, 췌액의 역류 등이 그 원인이다.

(2) 증 상

급성 담낭염은 고열, 우측 상복부의 심한 통증, 구토, 메스꺼움 등의 증상을 보인다. 만성 담낭염은 미열이 있고 복부의 팽만과 둔통을 느끼며 오한과 황달을 보이기도 한다. 대부분의 담낭염 환자는 담석을 가지고 있다. 감염 과정에서 담즙의 수분과 담즙산염 등이 과잉 흡수되므로 담즙 성분 중의 용해 비율이 달라져서 콜레스테롤이 침전되어 결정화되면서 담석을 만들게 된다.

(3) 식사요법

급성기에는 금식하고 정맥으로 수분과 전해질을 보충한다. 당질 위주의 식사로 유동식, 연식, 회복식, 정상식으로 진행하여 공급한다. 저지방식을 제공하고 필수지방산과 지용성 비타민이 결핍되지 않도록 유의한다. 고지방 어육류를 제한하고, 저지방 육류와 저지방 생선을 선택한다. 우유는 저지방 우유를 하루 1컵 미만으로 제한하고, 음식은 찜, 조림, 구이 등의 조리법을 택하는 것이 좋다. 필수지방산의 섭취를 위해 하루 3~5g의 식물성 기름을 사용한다. 알코올, 카페인, 탄산음료, 향신료, 가스를 형성하는 식품들은 담낭을 수축시키므로 제한한다.

표 5-7 담낭염 식단의 예(저지방식)

구분	음식명	재료명	분량(g)	구분	음식명	재료명	분량(g)
아침	쌀밥	쌀	90	간식	토스트	식빵	70
	감자국	감자	60			쨈	10
		멸치	4	저녁	쌀밥	쌀	90
	생선찜	가자미	50		된장찌개	호박	20
	오이생채	오이	70			두부	30
	쑥갓나물	쑥갓	70			양파	10
	김치	나박김치	70			멸치	5
간식	찐 감자	감자	140			된장	5
	요구르트	요구르트	100		생선양념구이	명태(코다리)	50
점심	쌀밥	쌀	90			간장	5
	배추된장국	배추	60			파, 마늘	조금
		된장	5			설탕	5
	사태찜	쇠고기	70			참기름	3
		무	30		상추쌈	상추	35
		설탕	5		가지나물	가지	60
		간장	5		김치	나박김치	70
		파, 마늘	조금		과일	귤	120
		참기름	3	영양소 섭취량	에너지 1,800kcal 당질 320g 단백질 80g 지방 20g		
	쑥갓나물	쑥갓	70				
		참기름	조금				
		파, 마늘	조금				
	숙주나물	숙주	70				
		참기름	3				
	김치	물김치	70				

3) 담석증

담석증cholelithiasis은 담도계 질환 중 가장 흔하게 발생한다. 담낭, 총담관 또는 간내 결석으로 급성 복통과 황달 등을 유발하고 합병증으로 담낭염, 담낭암 등을 일으키며, 반복적인 통증은 삶의 질을 저하시킨다. 담석은 성분에 따라서는 콜레스테롤 담석과 색소성 담석(빌리루빈 담석)으로 분류한다.

(1) 분 류

담석은 위치에 따라서는 담낭 담석, 총담관 담석, 간내 담석으로 분류한다.

(2) 증 상

담석증 환자의 60~80%는 증상이 없이 지내다가 우연히 발견된다. 그러나 증상이 있는 경우에는 담도성 통증이라고 하는 특징적인 복통(담산통)을 호소한다. 그 외 상복부 통증이 나타난다.

담석의 종류별 원인

- **콜레스테롤 담석**: 담낭에 주로 발생하며 지질 대사 이상을 일으키는 당뇨병 환자와 육식을 많이 하는 서구인에게 많다. 과다한 콜레스테롤의 섭취로 담즙에 콜레스테롤이 과포화되어 나타난다.
- **빌리루빈 담석**: 담관에 생기기 쉬우며 만성 간질환 환자에게 발생하기 쉽다. 담도계의 세균 감염으로 글루쿠론산glucuronic acid의 포합형 빌리루빈의 분해로 빌리루빈이 유리되고 이것이 칼슘과 결합, 응집되어 결석을 만든다.
- **혼합형 담석**: 담도의 폐쇄 등으로 담즙이 울체되어 수분이 흡수되면서 콜레스테롤과 빌리루빈의 농도가 높아져 발생한다.

(3) 식사요법

통증이 있거나 급작스런 발작이 있는 경우에는 금식한다. 통증이 사라진 후 유동식, 연식, 정상식으로 이행하며 저에너지식으로 공급한다. 기름이 많은 어육류, 햄, 소시지, 베이컨 등 지방이 많은 식품은 금한다. 고당질식으로 공급하고 비타민과 무기질을 보충한다. 자극성이 적은 식품을 공급하고 단백질은 정상 수준으로 공급한다. 지방질은 유화된 형태로 유의하여 사용하고 중쇄지방medium chain triglyceride, MCT을 이용하며, 식단은 담낭염에 준하여 제공한다.

3. 췌장질환

1) 췌장의 구조와 기능

췌장pancreas은 위장의 아래쪽, 후복강 내, 십이지장과 비장 사이에 옆으로 누워 있는 기관으로 길이가 약 13~15cm이며 중량은 100g 내외이다 그림 5-4. 췌장의 내부에는 미부에서 두부로 향하는 가지 모양의 췌관이 있고, 췌장의 밖에서 총담관과 합류하여 십이지장으로 연결된다. 췌장은 효소를 분비하는 외분비 기능과 호르몬을 생성하는 내분비 기능으로 매우 중요한 역할을 한다.

췌장에서 분비되는 소화효소에는 당질 가수분해 효소인 α-아밀라아제, 단백질 가수분해 효소인 트립신·키모트립신·카르복시펩티다아제, 지질 가수분해 효소인 리파아제가 있다.

췌장의 랑게르한스섬Langerhans' island은 혈당 조절에 관여하는 호르몬을 분비한다. α-세포는 글루카곤을 분비하여 혈당을 상승시키고, β-세포는 인슐린을 분비하여 혈당을 저하시킨다. δ-세포의 소마토스타틴somatostatin은 α-세포와 β-세포를 통제한다.

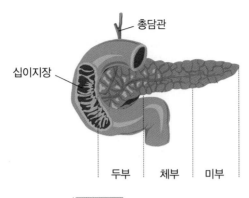

총담관

십이지장

두부 체부 미부

그림 5-4 췌장의 구조

2) 급성 췌장염

(1) 원 인

급성 췌장염acute pancreatitis은 췌장조직의 자가소화로 일어난다. 알코올 중독, 바이러스 감염과 지방의 과잉 섭취 등으로 췌액이 췌장 내에서 활성화되어 췌장을 자가소화시킨다. 그 외에도 담석증, 간염, 위·십이지장궤양, 당뇨병 등도 원인이 되는 경우가 있다. 가장 큰 원인은 담석증 등의 담도질환으로 전체의 50% 이상을 차지한다.

(2) 증 상

초기에 상복부 통증, 복부의 팽만, 구토, 멀미와 발열 등을 보이며, 급성인 경우 폭음과 폭식 후에 심한 복통을 호소한다. 통증이 심하면 쇼크를 일으키고 흔히 발열과 빈맥, 저혈압을 일으킨다.

(3) 식사요법

급성 췌장염 식사요법의 목적은 췌액의 분비를 억제하는 것이다. 모든 식품은 췌액의 분비를 촉진하므로 음료수와 식품을 일절 제공하지 않고 정맥영양이나 관급식 등의 비경구 영양공급이 필요하다.

급성기에는 3~5일간 금식하고 정맥영양으로 수분과 전해질 평형을 맞춘다. 통증이 서서히 가라앉으면 당질 위주의 맑은 유동식을 공급하고 단계적으로 농도를 높인다. 지질을 엄중히 제한하되 췌액이 없어도 소화하기 쉬운 중쇄지방을 이용한다. 초기에는 단백질을 제한하고 회복기에는 적극적으로 양을 늘린다. 자극이 적은 식품으로 소량씩 자주 공급하고 알코올은 절대 금한다.

표 5-8 급성 췌장염 식단의 예

구분	음식명	재료명	분량(g)	구분	음식명	재료명	분량(g)
아침	쌀밥	쌀	90	간식	채소죽	쌀	30
	모시조개콩나물국	콩나물	50			쇠고기	10
		모시조개	20			양파	15
		파, 마늘	조금			당근	10
	도미찜	도미	50			호박	15
		파, 마늘	조금			감자	15
	숙주나물	숙주	70		과일주스	파인애플주스	100
		파, 마늘	조금	저녁	쌀밥	쌀	90
	김치	나박김치	70		배추된장국	배추	50
	과일	오렌지	100			쇠고기	10
간식	옥수수죽	쌀	30			된장	5
		옥수수	30		닭고기조림	닭가슴살	50
점심	쌀밥	쌀	90			당근	20
	순두부찌개	순두부	200			양파	20
		바지락조개	35			간장	5
	쇠고기완자조림	쇠고기	50			참기름	2
		양파	15		호박나물	애호박	70
		녹말가루	10			새우젓	5
		설탕	3			실고추	조금
		간장	3		깻잎찜	깻잎	10
		참기름	2			간장	2
	가지나물	가지	70		김치	깍두기	50
		참기름	3		과일	포도	80
		파, 마늘	조금	영양소 섭취량	에너지	2,070kcal	
	김치	나박김치	70		당질	360g	
	과일	배	110		단백질	90g	
					지방	30g	

3) 만성 췌장염

(1) 원 인

급성 췌장염이 치료되지 않으면 만성 췌장염chronic pancreatitis으로 이행될 수 있으며, 만성 알코올중독에 의하여 발병할 수도 있다.

(2) 증 상

만성 췌장염의 경우 통증은 심하지 않으나 복통, 구토, 설사, 식욕부진, 체중감소가 나타나며 랑게르한스섬의 β-세포가 손상되어 당뇨를 유발하기도 한다. 특히 지질의 소화가 어렵게 되며 이로 인하여 지방변증을 보이기도 한다.

(3) 식사요법

췌장의 기능이 90% 정도까지 감소되면 지질과 단백질의 소화와 흡수가 어려워 식사와 함께 소화효소제를 복용하도록 한다. 중탄산염의 분비 감소로 인해 장의 pH가 감소하므로 pH 조절을 위하여 제산제를 복용한다. 통증이 심하면 강력한 소화효소제를 다량 투여하고 소화불량으로 인한 영양 부족이 되지 않도록 고영양식을 제공하며 절대 금주한다. 인슐린을 분비하는 기능도 감소하므로 내당능력이 감소할 경우 당뇨병에 준한 식사요법을 실시한다.

4) 췌장암

(1) 원 인

췌장암은 식생활의 서구화에 의하여 점차 증가하는 경향이 있으며, 흡연·육식·커피·음주·스트레스 등이 큰 요인으로 알려져 있다.

(2) 증 상

초기에는 증상이 크게 나타나지 않으며 점차 복통을 느끼고 체중이 감소한다. 종양이 커지면 총담관을 압박하여 폐쇄성 황달을 일으키고 격렬한 통증이 등쪽으로 퍼진다. 종양이 랑게르한스섬으로 퍼지면 당뇨병을 일으키며 체중이 급속히 감소한다. 췌장암의 완전한 치료는 수술을 통한 제거뿐이며 이것도 췌장암 환자의 10% 정도만 해당된다.

(3) 식사요법

전신의 저항력을 유지하기 위하여 고에너지식, 고비타민식으로 공급한다. 식욕부진인 경우 비경구적으로 영양지원을 실시한다.

Point 문제

1. 급성 간염의 원인은?

2. 항지방간 인자는?

3. 간경변의 3대 증상은?

4. 간성뇌증 발병 초기의 식사요법에서 완전히 제거해야 하는 영양소는?

5. (   )은 세균감염, 비만, 임신, 변비, 담즙성분의 변화, 췌액의 역류가 원인이 되어 나타나는 질병으로 대부분의 환자는 (   )을 동시에 지니고 있다.

6. 급성 췌장염에서 발열과 통증이 심할 때 실시하는 식사요법의 기본원칙은?

▶ 정답

1. 간염바이러스, 약물, 알코올

2. 콜린, 이노시톨, 레시틴, 메티오닌, 비타민 E, Se

3. 간성혼수, 복수, 식도정맥류

4. 단백질

5. 담낭염, 담석

6. 3~5일간 금식

6 chapter

심장혈관계
질환

06 심장혈관계 질환

심혈관계는 심장과 혈관으로 구성된 순환계의 한 부분으로 각 조직에 영양과 산소를 공급하고 이산화탄소와 노폐물을 배출하는 생명과 밀접한 기관이다. 심혈관계 질환으로는 고혈압, 고지혈증, 동맥경화증, 뇌졸중, 허혈성 심장질환, 울혈성 심부전 등이 있으며 서구뿐만 아니라 최근 국내에서도 생활습관 등의 변화로 인하여 환자가 급격히 증가하는 추세이다. 성별, 사망원인별, 연령별로 조정한 인구예측 보고서(2011)에 따르면 심장병은 한국인 사망원인 2위이며, 2030년이 되면 5명 중 1명이 심혈관계 질

 용어 설명

고밀도 지단백질HDL 간에서 만들어지며 단백질 함량이 50% 정도인 지단백으로 조직의 콜레스테롤을 간으로 운반하여 처리하므로 동맥경화증을 예방함

고지혈증hyperlipidemia 혈액 내 중성지방과 콜레스테롤이 비정상적으로 증가된 상태

동맥경화증atherosclerosis 콜레스테롤, 인지질, 칼슘 등을 함유한 물질이 축적되어 굳어진 플라그plaque의 섬유상 덩어리가 동맥의 내벽에 생겨 동맥벽이 단단해지고 좁아져서 혈액의 이동이 방해를 받게 되는 질환

울혈congestion 혈관의 일부에 정맥성 혈액이 비정상적으로 증가되어 있는 현상. 압박 등에 의한 정맥의 협착 또는 혈전증에 의한 폐쇄가 원인

울혈성 심부전congestive heart failure 심장 기능이 저하되어 조직의 혈액순환 감소 및 전신과 혈관에 혈액이 정체되어 나타나는 질병

저밀도 지단백질LDL 간이나 장의 콜레스테롤을 조직으로 운반하는 지단백질의 한 부분으로 콜레스테롤을 가장 많이 함유하며 동맥경화증을 유발하는 위험한 지단백질

킬로미크론chylomicron 지질이 흡수될 때 소장벽에서 만들어지며 림프관을 통해 간으로 운반되는 밀도가 가장 낮은 지단백질

허혈성 심장질환ischemic heart disease 관상동맥 경화나 협착, 확장기 저혈압으로 심근에 산소공급이 부족하여 나타나는 질환으로 협심증, 심근경색 등이 있음

환으로 사망할 것으로 예측하고 있다. 2009년 국민건강영양조사에서도 청·장년층의 절반 이상이 고혈압, 당뇨, 고지혈증, 비만 중 한 가지 이상의 질환을 가지고 있는 것으로 나타나, 심장혈관계 질환의 예방과 악화 방지를 위한 적절한 영양관리가 무엇보다 중요하다.

1. 심혈관계의 구조와 기능

1) 심장의 구조

심장heart은 흉곽 내 중앙의 약간 왼쪽에 위치하고 보통 성인의 경우 무게 250~300g, 길이 14cm, 직경 9cm 정도로 자기 주먹보다 약간 크다. 좌우 2개의 심방과 2개의 심실로 나누어져 있는데 심방atrium은 정맥으로부터 혈액을 받아들이고 심실ventricle은 심장으로부터 동맥으로 혈액을 박출한다. 심장에는 관상동맥이 있어 심장근육 자체에 산소와 영양소를 공급한다.

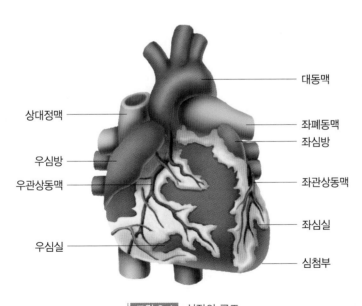

| 그림 6-1 | 심장의 구조
출처: wikipedia, 2010

2) 혈관

혈관은 심장에서 조직으로 혈액을 보내거나 반대로 체세포로부터 심장으로 혈액을 보내는 폐쇄된 순환기관이다. 동맥과 소동맥은 혈액을 심실로부터 모세혈관으로 보내고, 모세혈관은 혈액과 체세포 사이에 물질을 교환하는 역할을 하며, 소정맥과 정맥은 모세혈관에서 심방으로 혈액을 보낸다.

심장은 체조직에 혈액을 공급하기 위하여 계속 박동하므로 심근세포는 영양소와 산소가 지속적으로 필요하다. 관상동맥은 심장 근육에 혈액을 공급하기 위하여 심방과 심실을 관상冠狀으로 둘러싸고 있으며 많은 모세혈관으로 이루어져 있다.

3) 순환경로

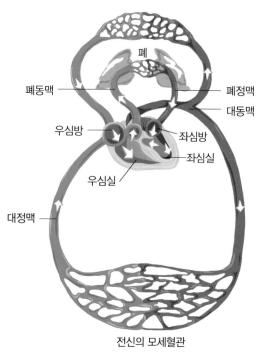

폐동맥
폐
폐정맥
대동맥
우심방
좌심방
좌심실
우심실
대정맥
전신의 모세혈관

그림 6-2 혈액순환경로

심장은 펌프작용을 통해 혈액을 말초조직까지 운반한다. 혈액순환계는 폐순환lung circulation과 체순환systemic circulation으로 구분된다. 폐순환은 소순환계라고도 하며 심장으로부터 폐로 혈액을 보내고 폐에서 심장으로 돌아오게 하는 혈관으로 구성된다. 우심방을 통해 들어온 정맥혈은 우심실로 내려와서 폐동맥을 통해 나가서 폐조직의 혈관을 돌면서 산소와 이산화탄소의 교환이 이루어지고 폐정맥을 통해 좌심방으로 순환한다.

체순환은 대순환계라고도 하는데 심장으로부터 폐를 제외한 전신으로 혈액을 보내고 다시 돌아오게 한다. 좌심실이 수축을 하여 동맥혈이 대동맥을 통해 나가서 전신을 돌아 정맥혈이 되어 대정맥을 통해서 우심방으로 들어오는 과정이다. 심장은 1분에 약 70회의 박동수를 나타내며 1분간에 박출되는 혈액량은 약 3~5L이다.

2. 고혈압

1) 혈압의 정의

혈압blood pressure은 혈액이 혈관의 내벽에 미치는 압력을 말하며 심박출량과 혈관의 저항 정도에 의해 결정된다. 심박출량을 좌우하는 것은 심장박동수, 수축력, 혈액의 양이고, 혈관의 저항을 좌우하는 변수는 혈액의 점성, 교감신경, 혈관의 직경 등이다. 혈중 지질 농도가 높아져 혈액의 점성이 증가하거나 동맥경화증으로 혈관의 직경이 감소하면 혈압이 상승하게 된다.

심장은 좌심실이 수축할 때 많은 양의 혈액을 대동맥으로 밀어내므로 동맥의 압력이 높아지게 되는데 이때를 수축기 혈압systolic blood pressure, SP이라 한다.

좌심실이 이완하여 폐순환을 통하여 좌심방으로 돌아온 혈액이 좌심실에 유입되는 시기를 이완기라고 한다. 심실이 이완할 때에는 심실이 확장되고 동맥의 압력이 떨어지는데 이를 이완기 혈압 또는 확장기 혈압diastolic blood pressure, DP이라 한다. 심실이 수축하는 동안 동맥계에 밀려들어가는 혈액은 동맥의 탄성벽을 부풀게 하나, 수축이 끝나면 압력은 곧 떨어지고 동맥의 벽은 위축된다. 이런 반복적인 동맥벽의 팽창과 위축은 표피 근처에 있는 동맥에서 맥박으로 느껴진다.

2) 진 단

고혈압hypertension은 심장혈관계의 가장 흔한 질병으로 지속적으로 높은 동맥혈압을 나타낸다.

세계보건기구WHO는 수축기 혈압이 140mmHg 또는 이완기 혈압이 90mmHg 이상일 때 고혈압으로 판정한다.

대한고혈압학회에서는 고혈압 전 단계, 1단계 고혈압, 2단계 고혈압으로 분류하고 있다. 고혈압 전 단계는 예전에 높은 정상 또는 정상에 속했던 단계로 이에 속하는 사람들은 정상인들에 비해서 고혈압으로 진행될 위험이 크고, 심혈관계 질환의 발생 위험도가 높다고 한다.

표 6-1 우리나라 성인의 고혈압 진단기준

혈압 분류		수축기 혈압(mmHg)		확장기 혈압(mmHg)
정상혈압*		< 120	그리고	< 80
고혈압 전단계	1기	120~129		80~84
	2기	130~139		85~89
고혈압	1기	140~159		90~99
	2기	≥160		≥100
수축기 단독고혈압		≥140		< 90

출처 : 대한고혈합학회 진료지침 제정위원회(2013), 2013년 고혈압 진료지침

3) 원 인

(1) 유전, 나이, 성별

고혈압 환자의 약 1/3이 유전적인 이유로 발생하므로 부모, 형제 중에 고혈압 환자가 있는 경우에는 고혈압에 걸릴 위험성이 증가한다. 나이가 들면 혈관이 노화되어 탄력이 줄어들고 딱딱해져서 더 세게 혈액을 밀어야 순환이 되므로 혈압이 높아지게 된다. 50대 이전에는 남성에서 고혈압 발생이 높으나, 50대 이후에는 폐경으로 인한 에스트로겐 생성 감소로 여성에서 고혈압 발생이 더 높아진다.

(2) 비 만

고혈압인 사람의 20~30%는 비만으로 알려져 있으며 프래밍햄 연구Framingham study에서도 체중이 10% 증가하면 혈압이 7mmHg 정도 상승하는 것으로 나타났다. 비만은 체액량과 심장박동을 증가시킨다.

(3) 체액량

신장의 나트륨 배설에 이상이 생기면 혈관 내 체액량이 증가하고 이에 의해 말초혈관의 저항이 커지고 심박출량이 늘어 고혈압이 된다. 과량의 수분 섭취도 체액량을 증가시켜 혈압을 상승시키고 심장에 부담을 준다.

(4) 혈관 수축

교감신경계, 앤지오텐신과 같은 요인들에 의해 혈관이 수축되어 혈압이 상승한다.
고혈압의 발생에 관여하는 레닌과 알도스테론의 역할은 나트륨을 비롯한 체내 전
해질, 교감신경계와 밀접한 관계가 있다. 이를 '레닌-앤지오텐신-알도스테론renin-
angiotensin-aldosterone system, RAA계'라 부른다.

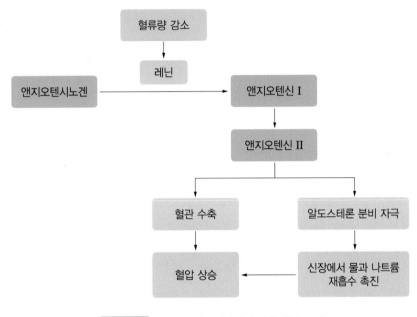

| 그림 6-3 | 레닌-앤지오텐신계에 의한 혈압 조절

4) 분 류

고혈압은 본태성(일차성)과 이차성으로 구분한다. 본태성은 명확한 원인 없이 혈압이
상승되어 있는 상태이며, 이차성은 본태성(또는 일차성) 고혈압과 달리 질병에 의하
여 발생하는 고혈압이다. 거의 대부분의 고혈압이 본태성 고혈압이며, 이차성 고혈압
을 유발하는 질환 또는 병적 상태는 다양하다.

(1) 일차성 고혈압

본태성 고혈압의 발생기전으로 연령, 성별, 인종, 유전, 성격, 비만 관련 질환(당뇨병 등), 나트륨 섭취량, 흡연, 음주, 정신적 스트레스, 약물 남용 등의 인자들이 관여한다고 알려져 있으나 구체적인 병인은 불분명하다.

(2) 이차성 고혈압

이차성 고혈압은 전체 고혈압 발생 빈도의 5~10%로 신장질환, 대동맥협착, 갈색종, 쿠싱증후군, 알도스테론증 및 수면무호흡증 등에 의해 발생한다.

5) 증 상

고혈압은 거의 증상을 느끼지 못한다. 혈압 상승 자체에 의한 증상 중 대표적인 것은 두통, 현기증, 코피 등이다. 고혈압에 의한 합병증으로는 심장의 문제로 오는 호흡 곤란, 협심증 통증, 부종 등이 있다. 혈압 상승으로 신장 기능이 저하되어 부종, 빈혈, 구토 등이 오기도 한다. 눈의 망막병변으로 시력장애, 뇌출혈, 뇌경색에 의한 신경계 증상 등도 나타날 수 있다.

　치료를 받지 않는 고혈압 환자 중 약 30~50%는 심장질환으로 사망하며 그 다음이 뇌졸중, 고혈압성 심장질환, 동맥경화성 동맥류와 같은 혈관의 합병증으로 사망한다.

6) 식사요법

고혈압의 치료는 약물치료와 비약물치료가 있다. 약물요법은 이뇨제나 교감신경억제제와 같은 약을 사용하는데 이뇨제는 물과 나트륨의 배설을 증가시킴으로써 체액의 양을 줄인다. 비약물요법은 규칙적인 운동, 체중조절, 스트레스 감소 및 식사요법을 하는 것으로 모든 고혈압 환자에게 필요하다.

　고혈압 영양관리의 목표는 혈압을 정상 범위로 유지하는 것이다. 이를 위해서는 체중 조절, 알코올 섭취의 제한, 염분 섭취 제한, 적절한 칼륨·마그네슘 및 칼슘의 섭취 등이 권장된다.

(1) 에너지

본태성 고혈압 환자는 흔히 비만인 경우가 많으므로 체중을 줄이기 위해 에너지 섭취를 제한한다. 비만하면 인슐린 저항성이 증가되어 고인슐린혈증을 유발한다. 이로 인해 신장에서 나트륨을 보유하여 자율신경계가 자극되고 전해질 운반 기능도 변화를 일으켜 고혈압이 된다. 체중을 1kg 감량하면 수축기 혈압과 이완기 혈압이 각각 1.6mmHg, 1.3mmHg 감소된다. 환자에게 무리가 가지 않도록 서서히 체중을 감소시키도록 관리한다.

(2) 당 질

총 에너지 섭취량의 55~60% 수준으로 권장한다.

(3) 지 질

총 지방의 섭취를 줄이고 에너지의 20~25% 정도 공급하며, 다가불포화지방산, 단일불포화지방산, 포화지방산의 비(P/M/S)를 1/1.0~1.5/1로 제공한다. 또한 오메가-6/오메가-3 지방산 비를 4~10/1로 한다. 이를 위해서는 동물성 지방을 제한하고 콩기름, 들기름 등의 식물성 지방을 이용하며 등 푸른 생선의 섭취도 권장한다.

(4) 단백질

신장 기능이 정상이면 단백질을 충분히 공급한다. 체중 kg당 1~1.5g으로 총 에너지 섭취량의 15~20%를 권한다. 양질의 단백질을 공급하되 포화지방산이나 콜레스테롤 함량이 적은 어육류를 이용한다.

(5) 나트륨

고혈압 환자는 정상인에 비해 신장에서의 나트륨 배설에 장애가 있다. 본태성 고혈압 환자는 비만인 경우가 많은데, 비만으로 인하여 세포에서의 인슐린 저항성이 커지고 고인슐린혈증이 되면 신세뇨관에서의 나트륨 재흡수가 촉진되기 때문이다. 1일 소금 섭취량이 5.85g(100mmol) 증가하면 수축기 혈압은 4~5mmHg 증가하고, 이완기 혈압은 2mmHg 정도 증가한다.

(6) 칼륨, 칼슘, 마그네슘

칼륨, 칼슘, 마그네슘을 많이 섭취하면 혈압을 낮추는 효과가 있다. 칼륨은 나트륨과 길항작용을 하는데 직접 세동맥을 확장시키고 수분과 나트륨의 배설을 촉진하며, 레닌과 앤지오텐신 분비를 억제하여 혈압을 낮춘다. 칼륨의 함량이 많은 과일과 채소를 증가시켜 나트륨과 칼륨의 비(Na/K)를 1 이하로 유지하는 것이 좋다. 마그네슘은 혈관 수축을 억제하고 레닌-앤지오텐신계와 아세틸콜린의 합성 및 방출에 영향을 미친다.

(7) 알코올

알코올 섭취는 혈압을 상승시킬 수 있다. 과음하는 사람은 소량의 알코올을 마시는 사람이나 전혀 마시지 않는 사람보다 일반적으로 혈압이 높다.

(8) 식이섬유

채소류, 과일류, 해조류, 잡곡 및 통곡식 등의 식이섬유가 풍부한 식품을 충분히 섭취하면 콜레스테롤의 흡수율을 낮추어 고혈압과 관련 있는 고지혈증이나 동맥경화증을 예방한다.

캠프너식

1944년 캠프너Kempner가 고안한 저나트륨, 저지방, 저단백질 식사로 고혈압성 혈관질환과 신장질환 환자의 치료식으로 사용된다. 주로 쌀과 과일로 구성되는데, 소금을 첨가하지 않고 조리된 약 200~300g의 쌀(700~1,050kcal)과 설탕과 생과일, 또는 통조림된 과일을 적당량(900~1,000kcal) 공급한다. 소금은 엄격히 금지되며, 액체는 과일주스 700~1,000mL 정도로 제한되고 토마토주스와 채소주스는 허용되지 않는다. 캠프너식은 장기간 실시하면 영양결핍이 나타나므로 단기간 시행할 것을 권장한다.

DASHdietary approaches to stop hypertention 식단

DASH 식사란 1997년 NHLBINational Heart, Lung and Blood Institute에서 제시한 것으로 풍부한 섬유소와 항산화 영양소를 많이 섭취할 수 있어 혈압을 낮추고, 총 지방량과 포화지방, 콜레스테롤의 섭취를 줄이며, 나트륨의 배설을 돕고, 칼슘, 칼륨, 마그네슘의 섭취를 높이기 위한 식사요법이다.

★ 신선한 과일, 채소, 저지방 유제품을 충분히 섭취한다.

★ 도정하지 않은 전곡류, 생선, 기름기가 없는 가금류를 적당히 먹는다.

★ 적색육류, 지방이 많은 식품, 단순 당류제품은 적게 섭취하도록 권장한다.

DASH의 식사구성

식품군	종류	영양소	권장 섭취
곡류군	도정하지 않은 곡류	복합 탄수화물, 섬유소	적당히
채소군	모든 신선한 채소	칼륨, 마그네슘, 섬유소	충분히
과일군	모든 신선한 과일	칼륨, 마그네슘, 섬유소	충분히
유제품	저지방, 무지방 우유	칼슘, 단백질	충분히
어육류군	껍질을 제거한 닭고기, 생선류	단백질, 마그네슘	적당히
	붉은 살코기(쇠고기, 돼지고기)	단백질, 마그네슘, 포화지방, 콜레스테롤	적 게
견과류, 종실류	땅콩, 호두, 잣, 아몬드	불포화지방, 마그네슘, 칼륨, 단백질, 에너지	적당히
지방군	식물성 기름, 마요네즈	불포화 또는 포화지방	적 게
당 류	설탕, 꿀, 젤리	단순 당류	적 게

출처: 국민고혈압사업단. 고혈압을 다스리는 식사요법 DASH, 2008

DASH 식단 작성 시 식품교환수 배분(섭취횟수/일)

에너지 (Kcal)	곡류군	채소군	과일군	저지방 또는 무지방 유제품	어육류군	견과류, 종실류 및 말린 콩류	지방과 기름	당류
1,600	6	3~4	4	2~3	1~2	이틀에 1회	2	0
2,000	7~8	4~5	4~5	2~3	2	일주일 4~5회	2~3	0
2,600	10	5~6	4~5	3	2	1	2	0

7) 나트륨 제한식사

우리나라 성인의 정상 식사에는 하루 평균 10~20g(4,000~8,000mgNa)의 많은 소금을 함유하고 있다. 이러한 식습관이 장기화되면 만성 퇴행성 질병을 유발하므로 건강한 상태에서도 나트륨 섭취량을 낮추는 식사를 권장한다.

1단계 고혈압일 경우 하루 5g 정도의 소금(나트륨 2000mg, 약 90mEq)을 섭취하도록 권장한다. 가공식품과 나트륨이 많이 들어있는 식품의 섭취를 제한하고 식탁에서 염분 사용을 하지 않는다. 2단계 고혈압에서는 3.5~5g의 소금 섭취로 제한한다. 나트륨 제한식에는 향신료와 기타 양념들을 이용하여 식사의 맛과 향을 증진하도록 한다. 저나트륨 우유, 무염 통조림 고기, 무염 통조림 채소, 무염 치즈, 무염 과자류 등 나트륨 소량 함유 식품들을 이용할 수 있다.

나트륨 제한 정도

★ 1단계 고혈압(140~159/90~99mmHg): 나트륨 90mEq/일(소금 5g/일)

★ 2단계 고혈압(≥160/≥100mmHg): 나트륨 60~90mEq/일(소금 3.5~5g 이하/일)

나트륨 함량과 소금 함량의 상호 환산법

식사에서 나트륨은 주로 소금의 형태로 섭취되는데 소금은 약 40%의 나트륨을 함유하고 있다. 그러므로 2,500mg의 소금은 2,500×0.4=1,000mg의 나트륨을 함유한다. 나트륨 함량은 밀리그램milligram, mg, 또는 밀리그램 당량milliequivalent, mEq으로 표시한다.

- **나트륨 함량으로부터 소금 함량을 구할 때**: 나트륨 함량을 g으로 바꾼 다음 2.5를 곱한다.
  예) 2,000mg의 나트륨: 2g×2.5=5g의 소금

- **소금 함량으로부터 나트륨 함량을 구할 때**: 소금 함량을 mg으로 바꾼 다음 0.4를 곱한다.
  예) 5g의 소금: 5,000mg×0.4=2,000mg의 나트륨

표 6-2 주요 패스트푸드와 가공식품의 나트륨 함량

	식품명	표시기준 단위	총 중량 (g)	나트륨(mg)	소금 (g)
햄버거 종류	햄버거(맥도날드)	1개	105	550	1.4
	햄버거(버거킹)	1개	121	513	1.3
	치즈버거(버거킹)	1개	133	752	1.9
	치즈버거(맥도날드)	1개	119	790	2.0
	치킨버거(버거킹)	1개	204	878	2.2
	치킨버거(맥도날드)	1개	230	1,221	3.1
	햄버거세트 (햄버거+콜라 1잔+감자튀김 1봉지)	1세트		1,048	2.7
피자 종류	불고기	1조각	160	320	0.8
	페퍼로니	1조각	191	718	1.8
	치즈	1조각	184	981	2.5
	치즈크러스트	1조각	220	1,276	3.2
	콤비네이션	1조각	255	1,550	3.9
	슈프림	1조각	255	1,693	4.3
라면 종류	짜파게티	1봉지	140	1,460	3.7
	신라면	1식 기준	120	2,050	5.2
	진라면(매운맛)	1봉지	120	2,320	5.9
	도시락	1봉지	86	2,450	6.2
	열라면	1식 기준	115	2,800	7.1
	김치왕뚜껑	1봉지	110	3,000	7.6
스낵 종류	사또밥	1봉지	60	126	0.3
	죠리퐁	100g	200	170	0.4
	오징어칩	1봉지	55	310	0.8
	양파링	1봉지	85	500	1.3
	새우깡	1봉지	90	630	1.6
레토르트 식품	3분 햄버그스테이크	1개	140	790	2.0
	3분 미트볼	1개	150	920	2.3
	쇠고기짜장	1개	200	940	2.4
	3분 카레	1개	200	1,000	2.5
	3분 쇠고기짜장	1개	200	1,290	3.3

출처: 식품의약품안전청, 2005

CHAPTER
06

고혈압을 예방하는 식사 및 생활습관 원칙

- 적정체중 유지: 식사조절과 운동
- 소금(나트륨) 섭취 제한: 고혈압의 경우 나트륨 섭취량을 하루에 2g(소금으로 5g)으로, 정상인의 경우 하루에 4g(소금으로 10g)으로 제한
- 콜레스테롤과 포화지방 감량
- 칼륨, 마그네슘, 칼슘, 섬유소 섭취 증가: 채소, 과일, 잡곡, 콩류, 해조류 섭취 증가
- 금주 또는 절주
- 적절한 수분 섭취

출처: 국민고혈압사업단, 혈압을 낮추는 식사가이드, 2008

표 6-3 고혈압식의 에너지별 식품교환의 예

식품군 에너지(kcal)	곡류군	어육류군		채소군	지방군	우유군	과일군
		저지방	중지방				
1,000	4	3	1	6	2	1	1
1,100	5	3	1	6	2	1	1
1,200	5	4	1	6	3	1	1
1,300	6	4	1	6	3	1	1
1,400	7	4	1	6	3	1	1
1,500	7	4	1	6	4	1	2
1,600	8	4	1	6	4	1	2
1,700	8	4	1	6	4	2	2
1,800	8	4	2	6	4	2	2
1,900	9	4	2	6	4	2	2
2,000	10	4	2	6	4	2	2
2,100	10	5	2	6	5	2	2
2,200	11	5	2	6	5	2	2
2,300	12	5	2	6	5	2	2
2,400	12	6	2	6	6	2	2
2,500	13	6	2	6	6	2	2

*어육류군 중 고지방군 식품은 제한함.

표 6-4 고혈압식의 끼니별 배분의 예

에너지 2,000kcal, 나트륨 350mg(NaCl 1g 이하)

끼니 \ 식품교환군	곡류군	어육류군			채소군	지방군	우유군	과일군
		저지방	중지방	고지방				
아침	3	1	1	–	2	1		
점심	3	1	–	–	2	2		
저녁	3	2	1	–	2	1		1
간식	1						2	1
계	10	4	2	–	6	4	2	2

표 6-5 고혈압 식단의 예

구분	식단	재료	분량 (g)	식품교환군						
				곡류	어육류 (저)	어육류 (중)	채소류	지방류	우유류	과일류
아침	보리밥	보리밥	210	3						
	시금치국	시금치	35				0.5			
	갈치구이	갈치	50		1					
		식용유	2.5					0.5		
	달걀찜	달걀	55			1				
	콩나물무침	콩나물	35				0.5			
		참기름	2.5					0.5		
	김치	배추김치	50				1			
간식	과일	참외	150							1
점심	콩밥	콩밥	210	3						
	뭇국	무, 파	35				0.5			
	북어구이	북어	15		1					
		참기름	5					1		
	버섯볶음	생표고	50				1			
		식용유	5					1		
	김치	배추김치	25				0.5			
간식	우유	흰 우유	200						1	
	찐 감자	감자	140	1						
저녁	현미밥	현미밥	210	3						
	동태찌개	동태	50		1					
		두부	80			1				

(계속)

구분	식단	재료	분량(g)	식품교환군						
				곡류	어육류(저)	어육류(중)	채소류	지방류	우유류	과일류
저녁	샐러드	게맛살	50		1					
		오이	70				1			
		사과	40							0.5
		바나나	25							0.5
		마요네즈	5					1		
	김치	깍두기	50				1			
간식	우유	두유	200						1	
계				10	4	2	6	4	2	2

3. 이상지질혈증

이상지질혈증dyslipidemia은 혈액 내 중성지방과 콜레스테롤이 비정상적으로 증가된 상태를 말하며, 고지단백혈증hyperlipoproteinemia은 혈액 내에 지단백질이 비정상적으로 증가된 상태를 말한다. 혈액 내 콜레스테롤과 중성지방의 농도 검사로 고지혈증을 진단하며 필요시 고지단백질을 분석하므로 고지혈증은 고지단백혈증과 동의어로 사용한다. 혈중의 지질에는 콜레스테롤, 중성지방, 인지질 및 유리지방산 등이 있으며, 이들은 혈액 속에서 단백질과 결합된 지단백질 상태로 존재한다.

1) 지단백질의 종류

지단백질lipoprotein은 중성지방, 콜레스테롤, 인지질 및 단백질의 혼합물로 혈장지질의 운반형태이다.

(1) 킬로미크론

킬로미크론chylomicron은 지질이 흡수될 때 소장벽에서 만들어지며 음식으로 섭취한 중성지방을 운반한다. 소장 점막에서 합성된 후 림프관을 통해 간으로 운반되는 밀도가 가장 낮은 지단백질이다.

표 6-6 한국인의 이상지질혈증 진단기준

LDL 콜레스테롤	(mg/dL)
매우 높음	≥190
높음	160∼189
경계	130∼159
정상	100∼129
적정	<100
총콜레스테롤	(mg/dL)
높음	≥240
경계	200∼239
적정	<200
HDL 콜레스테롤	(mg/dL)
낮음	≤40
높음	≤60
중성지방	(mg/dL)
매우 높음	≥500
높음	200∼499
경계	150∼199
적정	<150

(2) 초저밀도 지단백질

초저밀도 지단백질very low density liporotein, VLDL은 간에서 만들어지며 중성지방 함유율이 50%이다. 간에서 생성된 중성지방을 조직으로 운반하는 역할을 한다.

(3) 저밀도 지단백질

저밀도 지단백질low density lipoprotein, LDL은 간이나 장의 콜레스테롤을 조직으로 운반하는 지단백질의 한 부분으로 콜레스테롤을 가장 많이 함유하며 관상동맥경화증을 일으키는 데에 가장 위험한 지단백질이다.

(4) 고밀도 지단백질

고밀도 지단백질hight desity lipoproten, HDL은 간에서 만들어지며 단백질 함량이 50% 정도인 지단백으로 조직의 콜레스테롤을 간으로 운반하여 처리하므로 동맥경화증을 예방한다.

표 6-7 지단백질의 종류와 특성

특성·종류	킬로미크론	VLDL	IDL	LDL	HDL
밀도(g/mL)	<0.94	0.94~1.006	1.006~1.019	1.019~1.063	1.063~1.21
지름(mm)	80~500	40~80	24.5	20	7.5~12
지질의 양(%무게)	98	92	85	79	50
콜레스테롤	9	22	35	47	19
중성지방	82	52	20	9	3
인지질	7	18	20	23	28
아포단백(%)	2	8	15	21	50
아포단백의 종류	A-1, A-2 B-48 C-1,2,3 E	B-100 C-1,2,3 E	B-100 C-1,2,3 E	B-100	A-1, A-2 C-1,2,3 E
기능	식이지방을 체내조직으로 이동	간에서 생성된 중성지방을 지방조직으로 이동	VLDL이 LDL로 전환되는 중간단계	콜레스테롤을 말초조직으로 이동	콜레스테롤을 간으로 이동

2) 이상지질혈증의 분류

이상지질혈증은 미국예방위생연구소의 프레드릭슨Fredrickson에 의해 다섯 가지로 분류되었으며, 1970년에 세계보건기구에서는 II형을 a와 b로 나누어 여섯 가지로 분류하였다.

또한 혈액에 증가되는 지질의 종류에 따라 고콜레스테롤혈증, 고중성지방혈증, 복합형으로 분류된다.

고콜레스테롤혈증 Type IIa로 혈청 콜레스테롤과 LDL이 증가된 것으로 유전이나 고지방식사에 의해서 유발되며, 이외에도 당뇨병, 갑상선 기능 저하, 신증후군의 합병증에 의해 이차성으로 발생된다.

고중성지방혈증 Type I, type IV, type V가 해당되며 킬로미크론, VLDL 및 혈청중성지방 농도가 증가된 것으로 비만, 단순당과 열량의 과잉 섭취, 음주, 운동 부족, 당뇨병 등으로 유발된다.

복합형 Type IIb와 Type III가 해당되며 혈청 콜레스테롤과 중성지방이 모두 증가한 경우이다.

(1) 제 I 형(고킬로미크론혈증)

고킬로미크론chylomicron혈증으로 고중성지방혈증이 나타난다. 가족성이며 리파아제 활성이 감소되어 가수분해되지 않고, 혈중에 킬로미크론이 많이 남아 있게 된다.

선천성인 경우도 많으나 당뇨병, 췌장염, 만성 알코올중독증 등과 함께 후천적으로 나타나기도 한다. 고지방 식사 후에 많이 나타나므로 지방과 알코올 섭취를 제한한다.

(2) 제 II a형(고LDL혈증)

고LDL혈증으로 콜레스테롤이 높은 질환이다. LPL을 활성화시키는 LDL 수용체인 아포지단백 C-II의 결손으로 간에서 콜레스테롤 합성이 증가되거나 콜레스테롤의 제거 부족으로 콜레스테롤치가 220~1,000mg/dL 정도로 높게 나타난다. 포화지방산과 콜레스테롤이 높은 식사 후에 많이 발병되므로 이를 제한해야 하며, 비만일 때는 열량도 제한한다.

(3) 제 II b형(고LDL, 고VLDL혈증)

고LDL과 고VLDL혈증으로 콜레스테롤과 중성지방이 모두 증가하며, 아포지단백 B의 합성이 항진된 상태이다. 비만, 동맥경화증, 고요산혈증 등이 함께 나타나기도 하고, 허혈성 심장질환이 발생하기 쉽다. 열량, 설탕, 포화지방산, 콜레스테롤 등이 높은 식사에서 유발되기 쉬우므로 제한해야 한다.

(4) 제III형(고IDL혈증)

고IDL혈증으로 혈청 콜레스테롤과 중성지방이 증가한 것이다. 킬로미크론 잔여물이나 IDL은 아포지단백 E를 함유하고, 아포지단백 E가 부족한 경우에 킬로미크론 잔여물은 아포지단백 E 수용체에 결합되지 못하고 혈중에 많이 방출되어 VLDL이 과잉 생산된다. VLDL이 LDL로 대사되는 과정에 결함이 생긴 것이다.

제Ⅲ형은 고지방·고당질 식사로 인해서 유발되므로 주의해야 하고, 죽상동맥경화증과 고요산혈증을 유발하기 쉽다. 에너지, 지방, 당질, 알코올을 제한한다.

(5) 제Ⅳ형(고VLDL혈증)

고VLDL혈증으로 혈중 내인성 중성지방이 높다. 간에서 VLDL 합성이 증가되며 VLDL의 이화작용 저하로 인해 발생한다. 잦은 고당질 식사와 비만일 경우에 많이 발생한다. 그 외에도 당뇨, 지방간, 담석증, 간 기능장애, 고요산혈증, 동맥경화증 등과 관련이 많다. 당질과 알코올 과잉 섭취로 인해 발생하므로 열량, 당질, 알코올을 제한해야 한다.

(6) 제Ⅴ형(고킬로미크론혈증, 고VLDL혈증)

제Ⅴ형은 제Ⅰ형과 제Ⅳ형이 겹친 것으로 흔히 나타나지 않는다. 내인성과 외인성 중성지방이 증가하고, HDL의 부족으로 킬로미크론이 대사되지 못하여 킬로미크론과 중성지방이 혈중에 높아진 상태이다.

표 6-8 고지혈증 분류(Frederickson / WHO)

표현형	상승된 지단백	혈중 지질의 특성	원인	식사요법
I	킬로미크론	중성지방↑↑↑ 콜레스테롤 ~ 또는↑	지단백분해효소 결핍	에너지, 지질, 알코올 제한
IIa	LDL	중성지방 ~ 콜레스테롤↑↑	LDL 수용체에 이상	• 총지질, 포화지방산, 콜레스테롤 제한 • 불포화지방산 섭취
IIb	LDL + VLDL	중성지방↑↑ 콜레스테롤↑↑	LDL의 합성 증가 중성지방의 대사 저하	• 에너지, 당질, 총지질 제한 • 포화지방산, 콜레스테롤, 알코올 제한 • 불포화지방산 섭취
III	IDL	중성지방↑↑ 콜레스테롤↑↑	아포단백질 E의 이상	에너지, 당질, 지질, 알코올 제한
IV	VLDL	중성지방↑↑ 콜레스테롤↑	VLDL 합성 증가	에너지, 당질, 알코올 제한
V	킬로미크론 + VLDL	중성지방↑↑↑ 콜레스테롤↑	불명	에너지, 당질, 지질, 알코올 제한

당뇨병, 췌장염, 고요산증, 신장질환 등을 수반하기도 하며 고지방, 고당질 식이에 의해 발병하기 쉬우므로 열량, 지방, 알코올을 제한하는 것이 좋다.

3) 식사요법

이상지질혈증 치료의 기본은 식사요법으로, 3대 원칙은 다음과 같다.

첫째, 포화지방산, 콜레스테롤, 트랜스지방산의 섭취를 줄인다.

둘째, 적절한 식사량과 활동량의 증가를 통해서 에너지 소비의 균형을 유지하고 적정 체중을 유지한다.

셋째, 복합당질과 섬유질을 충분히 섭취한다.

정상인에서 고지혈증 식사요법의 실행 후 혈청 콜레스테롤은 3~14% 감소될 수 있다. 또한 섭취하는 에너지의 10% 이하로 포화지방산을 제공할 경우에는 혈청 콜레스테롤은 평균 5~7% 저하되고, 포화지방산을 7%로 줄이면 3~7% 더 줄일 수 있다.

표 6-9 고지혈증 식품선택

식품의 종류	선택 식품	피할 식품
어육류	쇠고기·돼지고기(기름을 완전히 제거한 살코기), 껍질 제거한 닭고기, 생선이나 조개류	삼겹살, 갈비, 내장육, 껍질째 튀긴 닭, 튀긴 생선이나 조개류, 가공식품(스팸, 소시지, 베이컨), 말린 오징어, 뱀장어, 새우류
난류	달걀흰자	달걀노른자, 메추리알, 생선알, 젓갈류
유제품	저지방 우유, 탈지분유, 저지방 요구르트	일반 우유, 연유, 치즈, 크림치즈, 아이스크림, 커피 프림(분말/액상)
지방	식물성 기름, 마가린	버터, 돼지기름, 쇼트닝, 쇠기름, 딱딱한 마가린, 코코넛기름, 야자유
곡류	밥, 빵, 국수	달걀이나 버터가 많이 들어간 케이크, 생크림 케이크, 버터로 튀긴 팝콘, 기름기 많은 크래커
채소 및 과일	신선한 모든 채소와 과일	버터, 치즈, 크림소스가 첨가된 채소
간식	과일주스, 이온음료	초콜릿, 파이, 도넛, 튀김류

4. 동맥경화증

동맥경화증arteriosclerosis은 동맥벽이 두꺼워지고 단단해지는 증상으로 허혈성 심장병의 중요한 원인이다. 정상적인 혈관은 부드러운 튜브인데 동맥경화증은 동맥의 내벽에 콜레스테롤, 인지질, 칼슘 등을 함유한 물질이 축적되어 굳어진 플라그plaque 또는 죽종atheroma 섬유상 덩어리가 생겨 동맥벽이 단단해지고 좁아져서 탄력성을 잃게 된다. 플라그는 쉽게 부서지기도 하는데 이것이 혈전을 형성하여 혈관을 막을 수 있으며, 더 작게 부서져서 혈액을 통해 돌아다니다가 좁은 혈관의 폐색을 일으킨다. 심장으로 혈액을 공급하는 관상동맥이 막히면 심근경색, 뇌에 혈액을 공급하는 동맥이 막히면 뇌졸중이 일어난다.

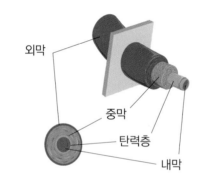

외막

중막

탄력층

내막

영양혈관

내막 ─┬─ 내피세포
     ├─ 내피하층
     └─ 탄력층

중막 : 탄력성 섬유소를 지닌 평활근

외막 : 영양혈관을 지닌 결합조직

그림 6-4 동맥의 구조

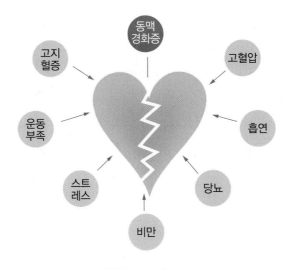

그림 6-5 동맥경화증의 요인

1) 분 류

동맥경화증에는 죽상동맥경화증, 중막동맥경화증, 세동맥경화증 등이 있다.

(1) 죽상동맥경화증

죽상동맥경화증atherosclerosis은 동맥경화증의 가장 일반적인 형태로 대부분 경제적으로 풍요한 나라에서 많이 발생한다.

주로 대동맥, 관상동맥, 뇌동맥에 발생하여 심근경색과 뇌경색을 일으킨다. 유발시키는 인자는 고지혈증(특히 LDL), 고혈압, 흡연, 당뇨병 등이다.

(2) 중막동맥경화증

중막동맥경화증medial arteriosclerosis은 대퇴동맥, 경골동맥 등의 말초동맥의 중막에 칼슘이 침착되어 석회화가 일어난 것으로 50세 이후의 노년층에서 많이 나타난다.

(3) 세동맥경화증

세동맥경화증arteriosclerosis은 소동맥, 특히 신장, 비장, 췌장, 간장 등의 내장의 세동맥에 경화가 일어난 것으로 내강이 좁아져 혈류가 나쁘며 고혈압을 일으킨다.

2) 원 인

정확한 원인은 불분명하나 동맥경화증을 일으키는 위험인자는 다음과 같다.

(1) 고혈압

고혈압은 동맥경화증을 촉진한다. 고혈압을 장기간 갖고 있을 때에는 동맥경화증으로 인한 허혈성 심장질환, 허혈성 뇌질환, 하지동맥경화성 질환의 발병률이 높기 때문에 현재 아무런 증상이 없어도 적극적인 치료를 해야 한다.

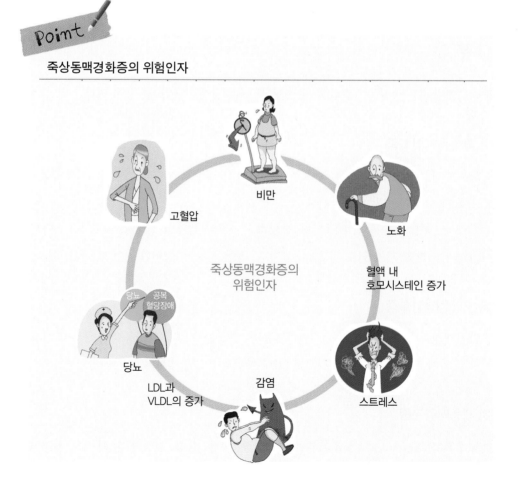

죽상동맥경화증의 위험인자

(2) 흡 연

흡연 중 흡입된 일산화탄소는 저산소증을 유발하고, 혈청 지질 농도의 증가를 초래하여 동맥경화증의 진행을 촉진한다. 흡연은 말초혈관을 수축시켜 혈류를 저하시킬 수 있고 혈소판의 응집력도 증대되며 혈액의 응고를 항진시켜 협착된 동맥 부위에 혈전을 유발할 수 있다.

(3) 고콜레스테롤혈증

고지방 식사, 다량의 당질 섭취 등의 식사에 의한 요인과 운동 부족, 성호르몬(특히 여성호르몬 보호인자), 감염, 피로, 스트레스, 비만 등의 비식사 요인이 고콜레스테롤혈증을 유발하여 동맥경화증을 유발한다.

3) 증 상

혈관의 폐쇄가 관상동맥으로 오면 협심증이나 심근경색이 나타나서 가슴, 등, 어깨, 팔에 심한 통증을 느끼게 된다. 뇌혈관에 폐쇄가 생기면 뇌졸중으로 인해 의식장애, 언어장애, 시력장애, 편마비가 나타난다. 말초동맥이 폐쇄되면 폐쇄된 부위의 아랫부분에 보행 시나 심하면 휴식 시에도 근육통을 느끼게 되고, 피부가 차게 느껴지며 창백하거나 청색을 보인다.

　피부가 건조해지거나 피부 표면에 궤양이 생기고 발톱이 약해지기도 하며, 복부의 장골동맥이 폐쇄되면 요통이나 엉덩이, 허벅지에 운동에 따른 통증 등을 느끼게 된다.

4) 식사요법

(1) 에너지

표준체중을 유지할 정도로 에너지 섭취량을 조절한다. 비만은 심장에 부담을 주며 동맥경화증을 일으키기 쉬우므로 과음, 과식에 의한 에너지 초과가 되지 않도록 한다. 특히 과잉의 당질 섭취는 비만을 일으키고 혈중 중성지방과 콜레스테롤을 증가시켜 동맥경화증을 촉진하므로 주의해야 한다. 당질의 섭취량은 총 에너지 섭취량의 50~60%로 한다.

(2) 지 질

동맥경화증의 주원인은 고지혈증이므로 지질 섭취 시에는 각별한 주의가 필요하다. 지질 섭취량은 총 열량의 20% 이하로 공급하고 다가불포화지방산PUFA, 단일불포화지방산MUFA, 포화지방산SFA의 비(P/M/S)는 1/1.0~1.5/1로 한다. 콜레스테롤은 1,000kcal당 100mg 이하로 공급하며 하루 200mg 이하로 제한한다. 혈중 콜레스테롤은 2/3 이상이 내인성이지만 식사를 변화시킴으로써 다소 감소시킬 수 있다.

(3) 단백질

체중 kg당 1.0~1.5g 정도로 총 열량의 15%가 되도록 공급하고 저지방 어육류군 식품을 선택하도록 한다.

하지정맥류

정맥류varix는 혈관내압이 장기간 증가되어 정맥이 비정상적으로 확장된 것이다. 정맥류에서는 혈전이 생길 수 있는데, 이 혈전이 '우심방 → 우심실 → 폐'로 가서 폐경색을 일으킬 수 있다. 인구 전체의 10~20%에서 하지에 정맥류가 생길 수 있고 50세 이후에 약 50%가 발생한다. 30세 이후에는 여자가 남자보다 4배나 많은데, 이것은 임신 중에 자궁이 하지로부터 오는 장골정맥을 압박하기 때문이다. 나이가 들어감에 따라 정맥류의 발생 빈도가 증가하는 것은 부분적으로 조직 긴장의 결여, 정맥벽 내의 근육의 위축, 노인성 변성 변화 때문이다.

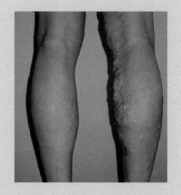

정맥압을 높이는 가장 큰 원인은 자세인데 사람이 장시간 서 있으면 정맥압이 10배까지 올라간다. 정맥류가 오래 지속되면 혈전이 생기므로 매일 뛰는 운동 또는 걷기를 하고 저녁에 하체를 위로 올리는 자세를 틈틈이 취하는 것이 정맥류의 악화를 막고 혈전을 막을 수 있다.

(4) 식이섬유

식이섬유가 많은 덜 도정된 곡류, 채소류, 두류, 감자류를 이용한다. 수용성 섬유소인 펙틴(과일에 다량 함유), 글루코만난(곤약, 마, 토란), 알긴산(다시마, 미역 등의 해조류) 등은 체내 콜레스테롤 흡수를 막아주므로 섭취를 늘린다.

(5) 무기질

나트륨 섭취량은 1,000kcal당 1g으로 하여 하루 총 섭취량이 3g(소금으로 7.5g)을 넘지 않도록 한다.

(6) 비타민

지질 대사에 관여하는 비타민 B_6, C, E를 충분히 공급한다.

5. 뇌졸중

1) 원 인

뇌졸중strokes은 뇌혈관에 순환장애가 일어나 뇌혈관이 막히거나 터져서 뇌조직에 손상이 일어나는 질환이다. 의식장애와 신체마비, 언어장애를 일으킨다. 고혈압과 뇌혈관 괴사에 의해 뇌혈관이 터져서 생기는 뇌출혈, 뇌혈관 밖에서 유입된 색전이 뇌혈관을 막아서 생기는 뇌경색, 혈관내막에 혈전이 생겨 발생하는 뇌혈전증이 있다.

2) 증 상

뇌경색brain infarction은 혈관에 협착 또는 혈전이 생겨 신경조직에 산소와 영양소가 공급되지 않아 괴사된 것이다. 뇌동맥의 죽상경화가 원인이며 비만, 고혈압, 내당능 장애가 있는 사람에게서 많이 일어난다.

　뇌출혈brain hemorrhage은 뇌혈관이 파열되어 출혈이 일어난 것으로 갑자기 시작되어 혼수상태에 빠지는 예가 많으며 출혈 부위에 따라 반신불수와 언어장애 등의 증상을 보이고 사망률이 높다.

3) 식사요법

일상생활에서 규칙적인 생활과 적당한 운동을 권하며 흡연, 음주, 스트레스를 피하고 기온차가 갑자기 생기지 않도록 주의한다.

뇌졸중의 치료 방법으로는 절대 안정, 약물, 수술, 식사요법, 물리치료 등이 있다. 뇌졸중으로 인해 혼수상태에 있는 경우에는 관급식을 통해 영양공급을 하고 뇌부종이나 뇌압항진이 발생하지 않도록 전해질과 수분 공급에 주의한다. 의식은 있으면서 연하곤란증이 있을 경우에는 유동식을 공급한다.

뇌졸중의 위험인자

6. 심장질환

1) 울혈성 심부전

(1) 원 인

울혈성 심부전congestive heart failure은 심장판막증, 부정맥, 관상동맥질환, 심근질환, 심내막염 등 심장 기능의 손상으로 인하여 심박출량의 저하와 정맥의 울혈이 발생되는 질환이다. 이로 인하여 조직이나 기관에서 요구하는 혈액의 양을 제대로 공급할 수 없게 된다.

심부전으로 혈액수송량이 감소하면 신장의 혈류량이 감소하여 나트륨과 물의 배설이 감소하고 순환 혈액량이 증가하여 정맥압이 상승한다. 부신에서는 혈류의 부족으로 카테콜아민이 분비되어 심장을 더욱 수축시킨다. 신사구체 부위에서 레닌renin 분비가 증가하여 레닌-앤지오텐신-알도스테론 시스템renin-angiotensin-aldosterone system의 활성으로 혈액량이 증가하고 혈압을 상승시키는 요인이 된다.

(2) 증 상

좌심부전 허혈성 심장질환, 고혈압, 대동맥판막과 승모판막의 질환, 기타 심근질환으로 발생한다.

좌심부전이 있으면 좌심방압의 상승, 폐정맥압 상승, 폐모세혈관압 상승, 폐동맥압 상승, 우심실압 상승 등의 연쇄반응으로 폐에 일차적인 이상이 온다. 폐의 모세혈관압 상승으로 폐간질액의 압이 올라가 폐포에 물이 차게 되어 폐수종이 온다. 결과적으로 호흡곤란, 발작성 야간 호흡곤란, 기침 등이 유발된다.

신장의 혈류 부족으로 레닌-앤지오텐신-알도스테론 시스템이 활성화되어 나트륨과 수분의 배설이 억제되고 혈액량의 증가와 혈압이 상승한다. 뇌에 저산소증이 생기면 자극과민, 불안증상 등이 생기고 심하면 혼수가 올 수도 있다.

우심부전 우심부전은 좌심부전과는 달리 폐울혈은 심하지 않으나, 전신과 문맥계의 울혈 및 전신의 정맥압이 높아져 폐를 제외한 모든 장기와 조직의 모세관압이 높아져서 부종과 기능장애가 온다.

울혈로 간의 크기와 무게가 증가하며 간의 중심소엽에 괴사와 파열이 생기고 섬유화되어 심장성 경화를 일으킨다. 피하 말초조직에 부종이 생기는데 먼저 발목 부위에 부종이 일어나고, 점차 전신으로 퍼진다. 문맥계의 압이 높아짐으로 인해 복수가 올 수 있다.

(3) 식사요법

부종을 제거하고 심장 기능에 부담을 주지 않기 위해 나트륨 제한, 수분 관리, 양질의 단백질 공급, 적당한 에너지 공급, 식이섬유 제한, 자극성 식품의 제한을 기본 방침으로 식사요법을 실시한다.

경 증 식욕증진을 위하여 적절한 운동이 필요하다. 식염은 5~7g/일, 단백질 1~1.5g/kg, 지방 30~35g/일로 제공한다. 이뇨제를 사용하는 경우 나트륨 배설량과 칼륨 배설량도 고려해서 공급한다.

중 증 1,500kcal/일 수준의 에너지 제한으로 식사량을 적게 하고 소화가 잘 되는 식품을 선택한다. 부종이 있으므로 식염은 1일 3~5g으로 제한하고, 수분은 1일 소변량에 따라 가감한다. 이뇨제를 사용하는 경우는 저나트륨혈증이 되지 않도록 주의한다. 양질의 단백질로 1일 1g/kg 이상, 지방은 20~30g을 공급하며 불포화지방산이 많은 식물성 기름을 사용한다.

악화기 부종, 결뇨, 호흡곤란 등으로 인하여 식사가 곤란한 악화기에는 절대 안정을 취해야 한다. 식염은 1일 1~3g으로 엄격히 제한해야 하며 조리 시에 식염을 함유한 조미료를 전혀 사용하지 않는다. 나트륨 함량이 높은 우유, 치즈, 달걀, 고기, 생선 등의 식품이나 베이킹파우더, MSG를 사용한 가공식품의 섭취도 제한한다. 수분은 1일 1,200mL 이하로 공급하며, 1,000kcal/일 정도의 저에너지식으로 가능한 한 심장에 부담이 되지 않도록 한다. 15~20g/일의 저지방식을 하도록 하고, 단백질은 양질의 단백질을 1g/kg 이상 공급한다. 소화관의 부종에 의한 구토와 설사 증세가 있으면 소화가 잘 되는 것을 소량씩 자주(5~6회/일) 공급한다. 증상이 점차 회복되면서 요량이 증가하면 식사량을 단계적으로 증가시킨다.

2) 허혈성 심장질환

(1) 원 인

허혈성 심장질환ischemic heart disease은 심근허혈이라고도 하는데 관상동맥 경화나 협착, 또는 확장기 저혈압으로 인해 심장 내 혈류가 불충분해지고 심근의 산소 요구량에 비하여 관상동맥으로부터 산소 공급량이 부족할 때 생긴다. 위험요인으로는 고령, 가족력, 흡연, 고혈압, HDL-콜레스테롤 감소, 당뇨병 등이 있다.

(2) 종류 및 증상

협심증angina pectoris 관상동맥의 경화로 협착이 생겨 혈류가 지장을 받아 심근에 산소 공급량이 감소되면서 일시적인 심근의 허혈로 갑작스런 통증을 느끼는 것이다.

심근경색증myocardial infarction   협심증과 달리 관상동맥이 막혀서 그 부위 혈관 지배 영역의 심근이 괴사하는 것이다. 심근경색증은 흉통이 30분 이상 계속되며, 식은땀을 흘리고 죽음이 다가오는 것 같은 공포를 느낀다.

(3) 식사요법

최소 1일은 금식하고 2~3일째부터 유동식, 연식, 정상식으로 이행하며, 심장이나 소화관의 부담을 피한다.

에너지 비만은 관상동맥질환의 유발 가능성을 증가시키므로 표준체중의 90% 정도의 에너지를 공급한다. 당질은 주로 복합당질로 제공한다.

식이섬유 콜레스테롤과 중성지방의 흡수를 방해하여 심장질환 예방에 중요한 역할을 하므로 충분히 공급한다.

단백질 쇠고기나 돼지고기보다는 닭고기나 어류 등을 이용하여 충분한 단백질을 공급한다.

지질 P/S비(PUFA/SFA비)가 1~1.5가 되도록 불포화지방산을 충분히 공급한다. 혈청 콜레스테롤치가 높은 경우에는 다가불포화지방산을 주로 공급하고, 중성지방이 높을 때에는 당질이나 알코올의 섭취를 제한한다. 콜레스테롤량은 1일 300mg 이하로 제한한다.

카페인 간혹 카페인으로 인하여 서맥, 빈맥, 부정맥 등이 발생할 수도 있으므로 커피, 홍차 등 카페인 함유 음료는 적게 섭취하도록 한다.

염 분 질병 정도에 따라 무염식salt free diet, 저염식low salt diet, 중염식mild salt diet으로 나눈다. 나트륨의 급원으로는 식품 조리 시 첨가되는 소금, 간장, 된장, 고추장 등이 있으며, 기타 나트륨 화합물인 베이킹파우더, MSG, 자연식품에 나트륨이 함유된 우유, 치즈, 달걀, 고기, 가금류, 콩, 푸른 콩, 셀러리, 케일, 당근, 무, 시금치 등이 있다. 또한 음료수 중에도 나트륨이 포함되어 있다.

나트륨 제한 정도

★ **무염식**: 하루에 나트륨 400mg(소금 1g) 이하로 엄격히 제한한다. 자연식품 중 나트륨 함량이 많은 우유, 어육류, 근대, 쑥갓, 시금치 등의 사용도 제한하며 조미료, 소금, 간장 등을 전혀 사용하지 못한다.
★ **저염식**: 하루에 나트륨 2,000mg(소금 5g)을 공급한다.
★ **중염식**: 가벼운 나트륨 제한 식이로 하루 3,000~4,000mg(소금 8~10g)을 제공하고, 식탁염의 사용을 금지한다.

Point 문제

1. 관상동맥경화나 협착으로 심근에 산소 공급이 부족할 때 발생되며, 협심증이나 심근경색을 일으키는 질환은?

2. 동맥경화증의 발생 요인은?

3. 고혈압의 판정기준은?

4. 고지혈증의 분류별 증가하는 지단백은?

제I형	제IIa형	제IIb형	제III형	제IV형	제V형

▶ 정답

1. 허혈성 심장질환

2. 노화, 스트레스, 운동 부족, 비만, 고LDL혈증, 저HDL혈증, 고혈압, 흡연, 당뇨병

3. 수축기 혈압 140mmHg 이상, 이완기 혈압 90mmHg 이상 중 1개 이상 해당

4.

제I형	제IIa형	제IIb형	제III형	제IV형	제V형
킬로미크론	LDL	LDL VLDL	IDL	VLDL	킬로미크론 VLDL

비만과
체중조절

1. 비 만
2. 저체중
3. 식사장애

07 비만과 체중조절

최근 식생활의 변화와 활동량의 감소로 인하여 비만이 증가하고 있다. 비만은 에너지의 섭취와 소비의 불균형으로 인하여 체지방이 과도하게 축적된 상태로 관리와 치료가 필요한 질병이다. 비만은 고혈압, 당뇨, 지방간, 심장병, 동맥경화증 등의 만성질환 발생률을 증가시키고, 생활의 불편함과 함께 업무의 능률을 저하시킨다. 비만을 치료하는 방법에는 식사요법, 운동요법, 행동수정요법 및 의학적인 처치법이 있다. 합리적인 식사요법과 건전한 식사행동은 체지방을 줄이고 고혈압, 당뇨, 고지혈증 등의 합병증을 예방할 수 있다. 한편 저체중은 신체 체지방조직의 감소뿐만 아니라 면역기능이 저하되면서 건강상 여러 가지 위험이 따른다.

💬 용어 설명

고정점이론set-point theory   신체가 항상 같은 상태를 유지하기 위하여 세팅된 체중의 기준점이 있다는 이론

과체중overweight   표준체중의 10% 이상 초과된 상태로 지방조직이 과도하게 증가한 상태(근육성 체중증가)

비만obesity   체지방이 과다하게 증가한 상태로 치료가 필요한 만성질환이며 임상적으로는 BMI 25 이상인 경우

신경성 식욕부진증anorexia nervosa   비만을 우려하여 음식 섭취를 거부하는 식사장애

신경성 폭식증bulimia nervosa   고열량 식품을 많이 섭취한 후 구토제나 하제 등을 이용하여 체중감량을 시도하는 식사장애

요요현상yoyo effect   운동이나 식사요법을 중지하였을 때 원래의 체중이나 그 이상으로 체중이 증가하는 현상

저체중underweight   표준체중의 90% 이하 또는 BMI가 18.5 이하인 경우로 체지방조직이 감소된 상태

체질량지수BMI   체중(kg)/신장(m²)의 값으로 25 이상이면 비만으로 분류

1. 비만

성인의 경우 섭취에너지와 소비에너지가 같으면 에너지 상태가 평형을 이루어 체중이 일정하게 유지된다. 소비에너지보다 섭취에너지가 많으면 초과된 에너지가 체내에서 지방으로 전환되어 체중과 체지방이 증가한다. 반대로 섭취에너지보다 소비에너지가 많으면 체내에 저장되었던 지방이 에너지로 충당되기 위하여 소모되고 체중이 감소한다. 일반적으로 체중이 성인의 표준체중에서 10% 초과하면 과체중overweight이라 하고, 20% 이상 초과하면 비만obesity이라 한다. 그러나 비만은 실제로 지방이 과잉 축적된 지방축적증adiposity을 의미한다.

신체는 체지방adipose tissue과 제지방lean body mass, LBM으로 구성되어 있고 체지방은 조직지방과 저장지방으로 나눌 수 있다. 성인의 체중이 증가하였다는 것은 제지방조직과 비교하여 체지방량이 늘어나는 것을 의미한다. 신체의 구성요소는 **그림 7-1**과 같다.

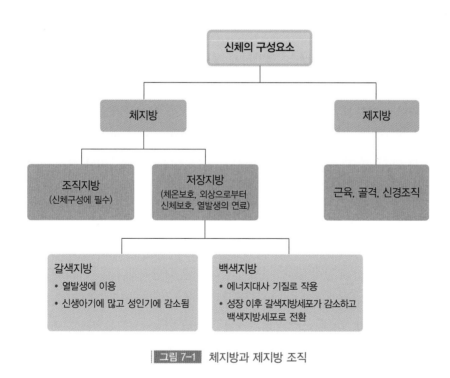

|그림 7-1| 체지방과 제지방 조직

1) 원 인

(1) 유 전

비만 발생은 가족력과 관련이 있다. 부모 중 한쪽이 비만이면 그 자녀가 비만이 될 확률이 40~50%이며 부모 양쪽이 모두 비만일 경우에는 60~80%에 달한다. 특히 어머니가 비만일 경우에 더 높은 확률을 보인다. 가족구성원은 유전적 요인 외에도 식습관, 문화적 배경, 행동양식 등이 비슷하므로 비만 발생에 영향을 받는다.

(2) 기초대사의 저하

근육이 줄어들고 체지방이 증가하면 기초대사량이 감소한다. 중년 여성은 폐경 후 신체기능이 저하되면서 기초대사량이 더욱 감소한다. 비만인은 유전적으로 기초대사가 낮은 특징이 있다.

(3) 열발생의 저하

우리의 신체는 외부의 스트레스, 영양상태 등에 따라 이에 적응하기 위하여 열을 발생한다. 과식을 하면 교감신경계의 작용이 활발해져서 에너지 소모가 많아진다. 그러나 비만인은 교감신경이 둔화되어 에너지 소모가 잘 일어나지 않는다. 대개 외부의 환경 변화에 적응하기 위하여 갈색지방세포가 산화되어 열이 발생된다. 그러나 비만인은 갈색지방세포의 기능 저하로 과식 시에 열로 소모하는 에너지가 적은 편이다.

(4) 식사행동

비만과 관련된 식사행동 요인에는 불규칙한 식사, 과식, 폭식, 야식, 칼로리가 높은 외식 및 패스트푸드 섭취 등이 있다. 정상인은 식사 후 혈당치가 120~130mg/dL 정도에서 포만감을 느낀다. 음식을 빨리 먹으면 포만감을 느끼기 전에 많은 양의 음식을 섭취하여 과식을 하게 된다. 식사를 하루에 1~2회에 걸쳐 다량 섭취하는 것보다 같은 양의 식사를 여러 번에 나누어 먹는 것이 저장되는 에너지가 더 적다. 또한 공복시간이 길어지면 기초대사가 저하되고 사용하는 에너지가 적어져 여분의 에너지가 저장된다. 야식은 식사 후 운동량이 적고 먹은 만큼 소화·흡수가 잘되어 저장 에너지가 증가한다.

(5) 활동량 감소

활동량 감소는 대사 상태를 변화시켜서 저장 에너지를 증가시킨다. 과거에 비하여 식사의 양과 섭취 에너지가 감소하였음에도 비만이 증가한 것은 가사노동의 자동화와 기계화 그리고 교통수단의 발달로 활동량이 감소하였기 때문이다.

(6) 내분비 대사장애

갑상선 기능저하증은 기초대사율을 낮추고 잉여 에너지를 지방으로 전환시켜 비만을 유발한다. 부신피질호르몬의 분비 과잉으로 인한 쿠싱증후군Cushing's syndrome은 체단백질을 분해하고 몸통 부위에 지방을 축적한다. 시상하부에 질환이 있는 경우에도 대뇌의 섭식중추와 포만중추 간의 균형에 장애가 생겨 과식으로 비만이 된다. 폐경기 여성은 에스트로겐의 분비가 감소하면서 기초대사량이 낮아져서 폐경 이전과 같은 양의 식사를 하여도 비만이 된다.

(7) 정신적, 심리적 요인

정신적인 스트레스와 심리적인 불안을 음식 섭취로 해결하려고 과식을 하게 된다. 과보호 어린이, 외동아이 및 홀로된 노인은 고독과 스트레스 해소를 위한 보상행위로 과식을 하여 비만이 되기도 한다.

(8) 기 타

사회적 요인, 인종적 요인, 약물의 사용 등도 비만의 원인이 될 수 있다.

비만 조절 호르몬 렙틴과 고정점이론

★ **렙틴**leptin : 지방세포에서 나오는 호르몬으로 뇌의 포만중추를 자극하여 식욕을 저하시키고 교 감신경을 통하여 소비에너지를 늘린다. 지방이 증가되었다는 신호를 뇌에 전달하여 식욕을 억제하고 대사율을 증가시켜서 체중을 감소시킨다. 렙틴은 남자보다 여자에게 더 많이 분비 되고 새벽 2시경에 최고 수준에 달한다고 한다.

★ **고정점이론**set-point theory : 고정점은 체중을 일정하게 유지해주는 체중조절점을 말한다. 평소보 다 식사량이 많아지면 체온을 높이거나 대사량을 증가시켜 남는 에너지를 소모한다. 식사량 이 부족하면 대사량을 줄여 에너지를 비축하거나 공복감을 더 느끼게 하여 식욕을 증가시켜 서 원래의 체중으로 복구한다. 그러나 세트포인트도 바뀔 수 있다. 과잉의 에너지를 지속적으 로 섭취하거나 운동량이 부족하면 에너지 사용이 감소하고 체내 균형이 깨져 이에 맞는 세트 포인트가 이동하여 올라가 비만이 된다. 세트포인트를 낮추는 효과적인 방법은 꾸준한 신체 활동뿐이다. 운동은 기초대사를 증가시키고 렙틴 저항성을 줄인다. 운동을 하면 뇌가 공복감 신호를 잘 조절할 수 있게 되고 세트포인트를 낮추어 체지방이 감소한다.

2) 분 류

(1) 원인에 의한 분류

단순성 비만 과식이나 운동 부족에 의한 비만으로 전체의 90% 이상을 차지한다. 유 전적 요인이 크게 관여하며 신체의 에너지 소모량에 영향을 미칠 수 있다. 기초대사 율이 낮은 것도 체중을 증가시키는 위험요소이다.

증후성 비만 시상하부 장애로 인한 포만중추 장애, 대사성 장애 및 염색체 이상 외에 도 쿠싱증후군, 갑상선 기능저하증, 성선 기능저하증, 성장호르몬 결핍증 및 고인슐 린혈증 등의 호르몬 분비 이상으로 비만이 유발되기도 한다.

(2) 지방조직의 형태에 의한 분류

지방세포 증식형 비만 지방세포의 수가 증가한 상태로 소아 비만이라고도 하며 성장기에 과잉의 에너지 공급으로 발생한다. 최근 다양하고 풍요로운 식생활로 소아 비만이 증가하고 있다. 대부분 부모로부터 비만 유전자를 가지고 태어나거나 호르몬 대사 이상 및 식습관과 관련 있다. 지방세포의 수도 많고 크기도 커서 체중조절을 하여도 세포의 수를 감소시키기 어렵고 고도 비만이 되기 쉽다 그림 7-2.

지방세포 비대형 비만 지방세포의 크기가 증가한 상태로 비만의 60% 이상이 이에 해당하며 지방세포의 수는 정상이나 크기가 커지는 성인 비만이다. 복부 비만과 관련이 있으며 고혈압, 당뇨, 고지혈증, 관상동맥질환과 같은 대사성 질환의 원인이 된다. 비대형 비만은 식사요법과 운동으로 조절이 가능하다.

소아 비만
- 소아 비만은 지방세포의 수가 증가하여 비만이 된다.
- 한번 생긴 지방세포의 수는 줄지 않고 성장하면서 과잉 영양소가 지방세포에 저장되어 크기도 커지면서 초고도 비만이 되고 치료하기 어렵다.

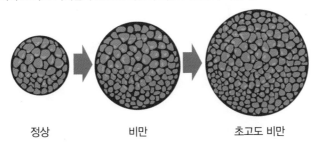

정상   비만   초고도 비만

성인 비만
- 성인 비만은 이미 정해진 지방세포 수에 크기가 커져서 비만해진다.
- 운동 및 생활습관 조절로 치료할 수 있다.

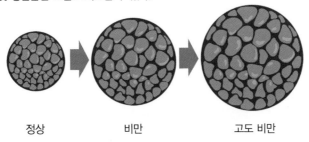

정상   비만   고도 비만

그림 7-2 소아 비만과 성인 비만의 지방세포

(3) 지방조직의 분포에 의한 분류

상체 비만 허리ᵥₐᵢₛₜ와 엉덩이ₕᵢₚ 둘레의 비율(W/H)로 판정하여 0.9 이상이면 상체 비만으로 본다. 동양인의 경우 서구인과 체형이 다르므로 남성은 0.95 이상, 여성은 0.85 이상을 기준으로 한다. 상체 비만은 남성이나 폐경기 이후의 여성에서 나타나며 장간막에 지방이 축적되는 내장지방형으로 복부 비만이다. 과식, 스트레스, 노화, 운동부족 및 흡연 등의 원인으로 발생하며 당 대사이상, 고지혈증, 고혈압 등의 합병증이 발생하기 쉽다.

하체 비만 피하지방형 비만으로 W/H의 비율이 0.9 이하이고 특히 폐경기 이전의 여성에서 엉덩이, 허벅지 등의 하체에 지방이 축적된다. 여성호르몬이 지방의 체내 분포에 영향을 미치기 때문이다. 미용상의 문제 외에도 정맥류의 위험이 높다.

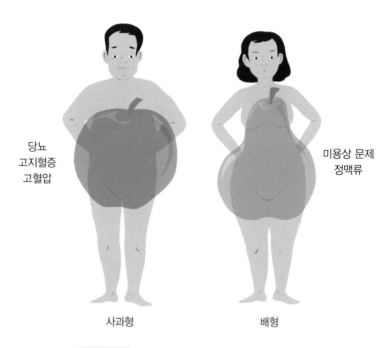

당뇨
고지혈증
고혈압

미용상 문제
정맥류

사과형

배형

| 그림 7-3 | 상체 비만(남성형)과 하체 비만(여성형)

3) 판정법

(1) 신체계측

허리둘레 허리둘레는 마지막 갈비뼈의 제일 아래선과 골반 뼈의 제일 윗선의 중간 부분을 측정하며 복부 비만의 정도를 잘 반영한다 그림 7-4. 대한비만학회에서는 허리둘레가 남성은 90cm 이상, 여성은 85cm 이상일 때 복부 비만으로 정의하고 있다.

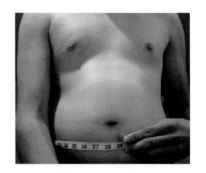

| 그림 7-4 | 허리둘레를 재는 방법

피하지방 두께 신체 지방의 50% 정도는 피하에 위치하고 있다. 캘리퍼caliper를 이용하여 체내에 축적된 체지방을 간접적으로 추정할 수 있다. 그림 7-5와 같이 상완(어깨와 팔꿈치의 중간부분)의 뒤쪽과 견갑골(어깨뼈의 옆쪽)의 하부를 측정하여 두 부위의 합계가 남성은 35mm 이상, 여성은 45mm 이상일 때 비만으로 판정한다. 측정법이 비교적 간단하고 비용이 적게 들지만 훈련된 측정자가 아닐 경우 측정오차가 나타날 수 있다.

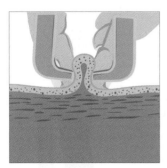 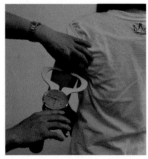 

| 그림 7-5 | 캘리퍼로 피하지방을 측정하는 방법

(2) 체격지수

체질량지수body mass index, BMI 신장과 체중만으로 평가하는 방법이며 BMI=체중(kg)/신장 (m)^{2}로 계산한다. 그러나 BMI는 근육이 발달한 운동선수도 비만으로 평가될 수 있는 제한점이 있다. 한국인을 포함한 아시아인의 비만 판정기준은 표 7-1과 같다.

| 표 7-1 | 아시아인(한국인 포함)의 비만 기준

구분	체질량지수(kg/m^2)	심혈관계 질환 등 비만 관련 질환의 위험도
저체중	< 18.5	낮음
정상	18.5~22.9	보통
위험체중	23~24.9	위험 증가
비만 1단계	25~29.9	중등도 위험
비만 2단계	≥ 30	고도 위험

브로카broca **지수** 자신의 신장에 맞는 표준체중을 구하고 실제체중과 비교하여 비만도를 산정하는 방법이다.

    표준체중 = {신장(cm)−100} × 0.9
    비만도 = 실제체중/표준체중 × 100

80 이하는 허약, 81~89는 저체중, 90~110은 정상, 111~119는 과체중이며, 120 이상을 비만으로 판정한다.

(3) 체지방량의 측정

생체에 일정하게 낮은 전류를 흘려보내 신체의 전기저항을 측정한다. 지방조직은 전류가 잘 흐르지 않고 지방을 제외한 기타 조직에 전류가 잘 흐르기 때문에 전기 저항과 체지방량 사이에 높은 양의 상관관계가 나타나는 원리를 이용한 것이다 그림 7-6. 체지방량을 쉽고 빠르게 측정할 수 있으며 남녀별 체지방량에 따른 비만도는 표 7-2와 같다.

| 그림 7-6 체지방측정기를 이용한 체지방측정

표 7-2 성인의 체지방률(fat %) 판정 기준

구분	남성	여성
저체중	< 8	< 13
정상	8 ≤ fat < 15	13 ≤ fat < 23
체중과다	15 ≤ fat < 25	23 ≤ fat < 33
비만	≥ 25	≥ 33

　　같은 신장과 체중을 지닌 사람이라도 체지방량에 따라 비만의 정도가 다르다. 그림 7-7과 같이 신장 175cm, 체중 83kg인 2명의 BMI는 27.1로 가벼운 비만으로 볼 수 있으나 체지방량과 체지방률로 보면 비만을 명확히 구별할 수 있다.

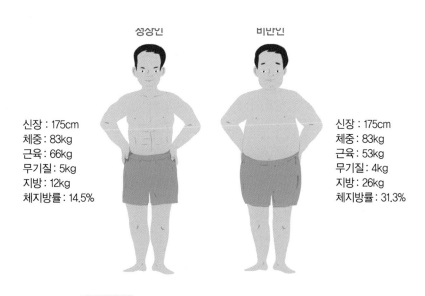

성상인

비만인

신장 : 175cm
체중 : 83kg
근육 : 66kg
무기질 : 5kg
지방 : 12kg
체지방률 : 14.5%

신장 : 175cm
체중 : 83kg
근육 : 53kg
무기질 : 4kg
지방 : 26kg
체지방률 : 31.3%

그림 7-7　같은 신장과 체중의 정상인과 비만인의 체구성

(4) 복부지방 CT 촬영법

건강 위험도가 높은 내장지방을 직접 측정하기 위하여 개발된 검사법으로 전문적인 비만 클리닉에서 매우 유용성이 크다. 내장지방의 양이 $100cm^2$ 이상이거나 내장지방의 면적이 피하지방 면적의 40% 이상일 때는 적극적인 치료가 필요하다. 그림 7-8은 피하지방과 내장지방의 CT 단층촬영 결과이다.

피하지방   내장지방

지방   지방

그림 7-8 복부 CT 단층촬영 사진의 피하지방과 내장지방

4) 합병증

(1) 대사증후군

대사증후군metabolic syndrome이란 비만과 인슐린 저항성, 고혈압, 이상지질혈증 등이 상호 연관되어 나타나는 임상증상이다. 대사증후군인 경우 심혈관계 질환의 위험이 2~3배 증가하므로 집중적인 관리가 필요하다. 비만인 경우 지방조직에서 중성지방 합성이 항진되고 인슐린 분비가 증가되어 말초조직에서 인슐린 저항성을 보여 공복 시에도 고인슐린혈증을 보인다. 인슐린의 과잉 분비는 지방합성을 더욱 촉진한다. 복부 비만은 내장지방이 장기 사이에 쌓여 지방이 축적된 것이며 고지혈증, 내당능 장애, 고혈압, 고인슐린혈증 등과 복합 발생하면 동맥경화성 질환이 증가한다.

대사증후군의 진단 기준

- **복부 비만**: 허리둘레가 남자 90cm, 여자 85cm 이상
- **혈압**: 130/85mmHg 이상
- **공복 시 혈당**: 100mg/dL 이상
- **중성지방**: 150mg/dL 이상
- **HDL-콜레스테롤**: 남자 40mg/dL 미만, 여자 50mg/dL 미만

위의 진단 기준 중 3개 이상에 해당되면 대사증후군으로 판정한다.

(2) 당뇨병

과식을 하면 혈당이 상승하고 인슐린 수치도 높아진다. 비만인은 세포의 인슐린 수용체의 수가 적으며 인슐린 저항성이 증가되어 포도당이 세포로 이동하기 어려워진다. 비만인은 정상인에 비하여 당뇨병에 걸릴 확률이 8배 정도 높다.

(3) 심장순환계 질환

비만인은 피하뿐만 아니라 장기의 내부와 혈관까지 지방이 축적되어 있다. 특히 심장과 대동맥 주변에 지방이 축적되면 심장박동에 부담을 주며 숨이 가쁘고 가슴이 두근거리는 심장병 증상이 나타나게 된다. 고혈압, 고지혈증, 동맥경화증, 심근경색, 심부전 등의 혈액순환계 질환은 대부분이 2~3가지가 동시에 발생하는 경우가 많다.

(4) 간 · 담낭 질환

지방간의 주원인은 알코올이지만 최근에는 비만과 당뇨에 의한 지방간이 증가하고 있다. 지나친 체지방은 콜레스테롤의 합성을 촉진하며 담즙의 분비도 증가하고 담즙 내 콜레스테롤의 농도가 높아져서 담석이 형성된다.

(5) 통풍 및 관절염

통풍은 관절 부위에 요산이 다량 축적되어 발생하는 대사질환으로 비만인에게 많이 발생한다. 체중이 증가하면 허리, 무릎, 발목, 발바닥 등에 과도한 무게가 가해져서 통증을 유발하고 심한 경우에는 관절이나 관절 주위의 인대에 충격을 주어 관절염의 원인이 된다.

(6) 암

유방암과 자궁암의 발생률은 마른 여성보다 비만 여성에서 2~3배 더 높은데 이는 지방의 과잉 섭취와 관련이 있다. 비만인 경우 여성은 담낭과 담즙계통의 암 발생률이 높고 남성은 전립선암, 대장암 및 췌장암의 발생 위험이 높다.

(7) 생식기 장애

비만으로 내분비 대사에 불균형이 초래되며 생식기 기능에 이상이 생긴다. 여성은 월경불순, 불임이 되기 쉽다. 임신이 되어도 자궁과 난소의 기능이 약해져서 정상적인 여성보다 임신중독증, 난산, 요통 등의 부작용을 일으킬 확률이 높아진다. 남성은 정자 감소 증세를 보인다.

(8) 기 타

과도한 지방 축적은 호흡기의 운동능력까지 제한하여 조금만 움직여도 숨이 차게 된다. 지방 축적으로 기도가 좁아지면서 수면 중에 호흡이 멈추기도 하는 수면무호흡증이 나타날 수 있고 심하면 수면 중 돌연사를 일으킨다. 또한 살이 찌면서 피부가 트고 지나친 땀 분비와 걸을 때 피부가 서로 마찰되어 피부염을 유발하기도 한다. 그 밖에도 비만으로 피로, 무기력 및 작업능률의 저하를 초래한다. 비만으로 인한 합병증은 **그림 7-9**와 같다.

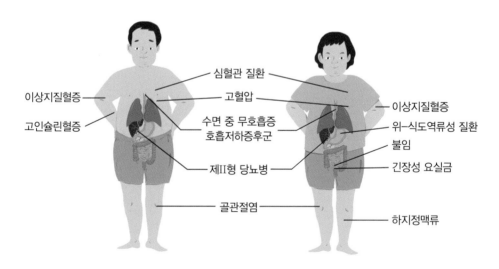

심혈관 질환
고혈압
수면 중 무호흡증
호흡저하증후군
제II형 당뇨병
이상지질혈증
고인슐린혈증
골관절염

이상지질혈증
위-식도역류성 질환
불임
긴장성 요실금
하지정맥류

그림 7-9 비만과 관련된 합병증

5) 치료법

(1) 식사요법

비만 치료의 기본은 에너지 섭취를 제한하여 체내에 저장된 지방에서 에너지를 공급받아 이를 이용하여 체중을 감소시키는 것이다.

에너지 체중을 감소시키기 위하여 저에너지식을 제공할 때 체단백질이 감소하지 않도록 한다. 에너지를 제한하는 처음 며칠 동안은 체중이 급격히 감소하는데 이는 체내 수분과 나트륨의 손실로 인한 것이다. 장기간의 심한 식사제한은 바람직하지 못한데, 기초대사를 저하시키고 공복감에 따른 폭식으로 오히려 체중이 증가하기 때문이다.

1주일에 0.5~1.0kg의 체중을 감소시킬 수 있는 식사요법이 가장 바람직하며 하루에 최소한 1,000kcal 이상의 에너지가 공급되도록 식사계획을 세운다. 1일 800kcal 이하의 초저열량식은 탈수, 현기증, 탈모, 두통, 피로, 변비, 근육경련, 부정맥 등의 의학적 문제를 초래한다.

체지방조직에는 85%의 지방이 함유되어 있으므로 1kg당 약 7,700kcal의 에너지를 지니고 있다. 체지방 1kg을 줄이기 위하여 소비에너지는 유지하면서 하루에 500kcal의 섭취에너지를 감소시킬 경우 약 15일이 소요된다. 즉 1일 500kcal의 섭취에너지를 줄이면 1주일 후에 약 1Lb(453g)의 체중이 감소할 것으로 예상할 수 있다.

다이어트에 의한 체중감량 예상치

1일 감소된 섭취에너지(kcal) ÷ 7.7 = 체중감량(g)/일

당 질 과잉의 당질 섭취는 에너지 섭취량을 증가시키고 혈액 내 중성지방을 증가시킨다. 그러나 당질을 지나치게 제한하면 지방이 불완전하게 산화되어 케톤증ketosis을 유발하게 된다. 당질은 1일 총 에너지의 50~60% 정도를 권장하며 단백질 절약작용과 케톤증을 방지하기 위하여 최소한 1일 100g 이상을 공급한다. 가공식품과 당지수

GI가 높은 음식은 피하고 가능하면 자연식품을 섭취한다. 당지수가 낮은 식품은 혈당을 서서히 올리고 인슐린의 분비를 자극하지 않아 체지방을 합성하지 않는다.

식이섬유 식이섬유는 에너지밀도가 낮을 뿐 아니라 위에서 음식물의 정체시간을 지연시키고 공복감을 줄여준다. 또한 포도당과 콜레스테롤의 흡수를 저하시켜 혈중 지질과 혈당까지 개선한다. 변의 용적을 증가시키고 수분보유량을 높여서 식사제한으로 인한 변비를 예방할 수 있다. 지나친 식이섬유는 미량영양소의 흡수를 방해하므로 1일 20~25g 수준을 섭취하는 것이 바람직하다.

단백질과 지질 저에너지식을 실시할 때 체조직의 과다한 손실을 방지하기 위하여 양질의 단백질로 표준체중 kg당 0.8~1.2g을 권장한다. 특히 에너지 제한 정도가 클수록 단백질 섭취에 주의를 기울여야 하는데 일반적으로 100kcal 감소당 1.75g 정도의 단백질을 증가시켜야 한다.

지질은 칼로리가 높기 때문에 과잉 섭취를 피한다. 그러나 공복감을 덜어주고 지용성 비타민의 흡수를 도우며 필수지방산의 공급에 필요하기 때문에 1일 총 에너지 섭취량의 20% 정도 수준으로 권장한다. 콜레스테롤은 1일 300mg을 초과하지 않도록 한다.

비타민과 무기질 체중을 줄이기 위하여 에너지 섭취량을 제한할 경우 식사 내 비타민과 무기질이 부족하기 쉽다. 특히 수용성 비타민과 칼슘 및 철이 결핍되기 쉽다. 따라서 칼로리는 낮아도 비타민과 무기질이 풍부하고 부피가 많아 만복감을 주는 채소와 해조류 등을 많이 섭취하도록 한다.

식품교환단위를 이용한 식품구성의 예는 표 7-3과 같으며 식단의 예는 표 7-4와 같다.

표 7-3 식품교환단위를 이용한 식품구성의 예

에너지 / 식품군	곡류군	어육류군		채소군	지방군	저지방 우유군	과일군
		저지방	중지방				
800kcal	3	1	1	8	2	1	1
1,000kcal	4	1	2	9	2	1	1
1,200kcal	5	1	3	10	2	1	1
1,400kcal	6	2	3	10	2	1	2
1,600kcal	8	2	3	10	2	1	2
1,800kcal	9	3	3	11	2	1	2

표 7-4 비만 치료를 위한 식단의 예(1,400kcal)

구분	음식명	재료명	분량(g)	구분	음식명	재료명	분량(g)
아침	콩밥	콩밥	140	간식	우유	저지방 우유	200
	조갯살 미역국	조갯살	35		과일	사과	80
		마른 미역	2	저녁	현미밥	현미밥	140
	두부조림	두부	80		생선찌개	동태	50
		파, 마늘	5			무, 쑥갓	20
		식용유, 간장	3		묵무침	도토리묵	200
	오이나물	오이, 도라지, 파	50			쑥갓, 파, 마늘	10
		식초, 설탕, 마늘	5			참기름	3
	김치	배추김치	50		콩나물무침	콩나물, 파, 마늘	70
점심	보리밥	보리밥	140			참기름	3
	된장찌개	호박, 양파, 풋고추	20		김치	배추김치	50
		두부, 된장	40				
	불고기	쇠고기	60	영양소	에너지 1,390kcal		
		양파, 파, 마늘	10		당질 205g		
		참기름	3		단백질 70g		
	버섯볶음	표고버섯, 마늘	70		지질 31g		
		참기름	3				
	김치	깍두기	50				

(2) 운동요법

운동은 체중조절의 성공 여부를 예견해주며 체중조절 프로그램에서 필수적인 역할을 한다. 운동만으로는 체중감량을 충분히 성취할 수 없으나 체지방을 감소시키고 기초대사율을 높여서 효과적으로 체중조절을 이룰 수 있다. 운동은 체지방의 산화를 촉진하고 조직의 인슐린 저항성을 감소시키며 민감도를 높여 당뇨병의 유발을 막는다. HDL-콜레스테롤을 증가시키고 LDL-콜레스테롤은 감소시켜서 심혈관계 질환을 예방한다. 체중조절을 위하여 식사요법만 실시하면 체지방과 제지방이 동시에 감소하지만 운동과 더불어 식사요법을 실시하면 원하는 체지방은 줄이고 근육량은 늘릴 수 있다. 근육량이 증가하면 기초대사량도 증가하여 체중감량 효과가 더욱 크게 된다.

운동의 종류와 효과

유산소 운동　유산소 운동은 중간 정도의 강도에서 큰 근육을 사용하여 몸 전체를 움직이는 운동으로 유산소 대사과정을 이용한다. 지속적인 유산소 운동은 지방 소비를 증가시키므로 체지방의 연소에 효과적이다. 유산소 운동은 산소를 소비하면서 장시

테니스　　　　　수영　　　　　걷기

장거리달리기　　　등산　　　　자전거타기

그림 7-10 유산소 운동 종목

간 실시하는 운동으로 당질과 지방을 에너지로 이용한다. 체지방을 효과적으로 소비하는 운동에는 조깅, 수영, 자전거타기, 테니스, 스키, 볼링 등이 있다. 체지방을 단시간에 소모할 수 없으므로 1주일에 3회 이상의 운동과 일상생활에서 활동을 증가시키는 노력으로 체지방을 조금씩 줄여나가야 한다.

무산소 운동 순발력을 필요로 하는 운동으로 단거리달리기, 역기들기, 근력 트레이닝 등이 있다. 근육 속에 있는 글리코겐이 에너지원이 되므로 체지방을 사용하지 않는다. 또한 근육 속의 글리코겐의 양은 적기 때문에 장시간 운동에는 부적합하다. 그러나 무산소 운동은 근력을 키우면서 기초대사율을 높이므로 체중감량을 위해서는 꼭 필요하다. 또한 자세도 바르게 되고 요통의 예방에도 효과적이다. 그러므로 유산소 운동과 무산소 운동을 함께 실시하여 운동효율을 높이도록 한다.

역기들기

팔굽혀펴기

윗몸일으키기

아령들기

단거리달리기

|그림 7-11| 무산소 운동 종목

운동의 목적에 따른 종목과 강도

격렬한 운동은 당질을 에너지로 사용하며 지방은 별로 연소시키지 않는다. 근력을 키우기 위해서는 무거운 부하를 더한 운동이 필요하다. 체지방을 줄이기 위해서는 편안한 수준으로 운동을 시작하여 차츰 힘든 정도로 운동시간을 늘리는 방법이 가장 좋다. 비만 치료를 위한 적절한 운동의 빈도, 강도, 지속시간은 다음과 같다.

운동빈도   매일 운동을 하는 것이 바람직하며 1주일에 3~5회 이상 실시하도록 한다. 체지방을 연소시키려면 1주일에 3회 이상, 1회에 30분 이상의 운동이 필수적이다.

운동강도   등에 땀이 날 정도이고 숨은 차지만 옆사람과 대화를 할 수 있는 정도의 운동이 적당하다. 이는 최대 최대심박수의 60~80% 수준이며 운동을 하면서 노래를 부를 수 있는 정도는 운동강도가 약하다. 운동을 하면서 대화도 할 수 없는 정도는 운동강도가 너무 높다.

최대심박수(회/분) = 220 － 자신의 만 나이

운동지속시간   최소한 30분 이상 운동을 지속하도록 한다. 운동을 하지 않고 식사요법만으로 비만을 치료하려면 많은 시간과 노력이 필요하고 요요현상이 뒤따른다. 그러나 운동만으로 소비되는 에너지는 적기 때문에 식사요법과 병행해야 한다. 운동에 따른 에너지 소모량은 표 7-5와 같다.

조깅 14분   수영 18분   자전거타기 28분

계단 오르기 32분   속보로 걷기 36분   앉아 있기 132분

그림 7-12 200kcal를 소모하는 운동시간

표 7-5 200kcal를 소모하는 운동의 소요에너지와 소요시간

운동종류	소요에너지 (kcal/분)	소요시간(분)	운동종류	소요에너지 (kcal/분)	소요시간(분)
조깅	14	14	계단 오르기	6.2	32
수영	11	18	속보로 걷기	5.5	36
자전거타기	7	28	앉아 있기	1.5	132

(3) 행동수정요법

행동수정은 비만해지기 쉬운 잘못된 생활양식을 수정하고 습관을 고쳐나가는 방법이다. 그림 7-13과 같이 식습관을 개선하여 식사섭취량을 자연스럽게 스스로 조절할 수 있도록 하며 잘못된 생활습관을 고치고 신체활동량을 늘리는 것이 최종목표이다. 행동수정은 저열량식과 운동요법을 잘 실천하게 하여 체중감소를 도우며 일단 습관이 되면 감량된 체중을 유지하는 데 효과가 크다.

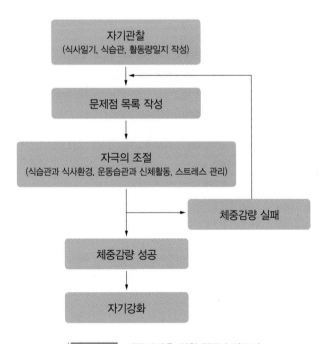

그림 7-13 체중감량을 위한 행동수정요법

표 7-6 식사일기 기록의 예

시간	장소	음식과 양	상황	목적	동반 행동	배고픈 정도	개선점
오전 10시	집	아이스크림 1통	TV 시청	휴식	없음	배고프지 않음	TV를 보면서 훌라후프를 한다.
오후 3시	카페	생맥주 500cc 소시지 3개 감자튀김 1/2접시	친구와 만남	친교	대화	약간 배고픔	친구와 만날 때는 야외나 공원에서 자전거를 타기로 한다.

식사일기 기록의 예는 표 7-6과 같다. 자신의 식행동과 관련된 잘못된 점을 깨달을 수 있는 중요한 계기가 되므로 반드시 그날 중에 기입하며 결과에 관한 자기평가도 그날 중에 작성하도록 한다.

잘못된 체중감량법

단식
• 단식을 하는 동안에 우리의 신체는 들어오는 영양소를 최대한 흡수하고 소비하지 않으려 한다.
• 단식 후 식욕이 항진되고 지방 축적을 촉진하여 식사를 많이 하지 않아도 체중이 쉽게 증가한다.
• 단식이나 초저열량 식사를 계속하면 체지방의 감소뿐만 아니라 전해질 불균형과 탈수 및 탈모가 진행되며 심하면 부정맥을 유발하여 위험하게 된다.

원푸드 다이어트 one-food diet
사과, 포도, 요구르트, 감자 등 여러 가지 음식 중에서 한 가지만 먹으면서 살을 빼는 방법으로 제한된 범위에서 1주일 정도 실시하면 공복감 없이 2~3kg 정도 감량효과를 볼 수 있다. 1주일 이상 실시하면 저열량과 영양불균형 상태를 초래하여 단식을 하는 것과 같은 상태가 된다.

화학적 식이섬유의 복용
화학적 식이섬유는 장내에서 팽창하여 변비와 숙변을 제거하는 데 큰 효과를 나타내어 체중감량 효과를 보게 된다. 그러나 화학적 식이섬유를 장기 복용하면 장의 운동기능이 저하되며 또 다른 합병증을 유발할 수 있다.

체중조절 시 행동수정을 통한 생활습관의 수정

- 섭취한 음식을 매일 기록한다.
- 규칙적으로 식사하고 끼니를 거르지 않는다.
- 쇼핑을 할 때는 목록을 미리 작성하고 꼭 필요한 것만 구입한다.
- 식사 후 배가 부를 때 장을 본다.
- 인스턴트 식품은 구입하지 않는다.
- 충동적으로 먹지 않도록 음식을 보이지 않는 곳에 둔다.
- TV를 보거나 대화하면서 간식 먹는 습관을 고친다.
- 식사는 일정한 장소에서만 한다.
- 식사 후에 조금 남은 음식을 아깝다고 다 먹지 않는다.
- 천천히 먹고, 작은 그릇을 이용한다.
- 30분 일찍 일어나서 아침식사 전에 가벼운 운동을 한다.
- 편안한 옷보다는 몸에 꼭 맞는 옷을 입는다.
- 간식이 생각나는 시간을 줄이기 위하여 취미활동을 한다.
- 한가한 시간에 TV를 보는 대신에 운동을 한다.
- 가사노동은 남을 시키지 않고 스스로 한다.
- 멀리 떨어진 주차장을 이용하고 엘리베이터 대신에 계단을 이용한다.
- 쉬는 시간에 잡담을 하는 대신 산책을 한다.
- 결과가 아닌 과정을 중시하며 늘 긍정적으로 생각한다.

행동수정의 3단계

★ 1단계: 좋지 못한 음식섭취 습관의 원인을 스스로 찾아내는 단계

★ 2단계: 과식을 피하기 위하여 자극을 조절하는 단계

★ 3단계: 바람직한 행동을 할 경우 보상을 주는 단계

(4) 의학적 처치법

약물요법 비만 치료제로 이용되는 약물에는 중추성 식욕억제제, 소화·흡수억제제, 열생성물질, 대사촉진제, 지질합성저해제, 이화촉진제, 호르몬분비 조절약과 같은 것이 있다.

외과적 치료 초고도 비만으로 내과적 치료효과를 기대할 수 없을 때 외과적 치료가 필요하다. 표준체중의 200% 이상 또는 표준체중보다 45kg 이상 초과한 경우, 고혈압, 당뇨병 등의 합병증이 있는 경우에는 외과적 치료로 수술을 시행한다. 방법에는 위밴드수술, 지방흡입술, 전기적 지방분해술, 초음파 지방분해술, 위장관 수술 및 소장절제술 등이 있다.

요요현상

요요현상yo-yo effect은 운동이나 식사요법을 중지하였을 때 원래의 체중이나 그 이상으로 체중이 증가하는 리바운드rebound 현상이다. 특히 단기간에 급하게 체중을 줄인 경우에 생기며 그 원인은 다음과 같다.

★ **기초대사의 저하**: 급격하게 체중이 감소하는 것은 대부분 수분과 근육의 감소로 인한 것으로 이때 기초대사율이 저하된다.
★ **열량 흡수율의 증가**: 갑자기 체중이 감소하면 신체는 몸을 보호하는 본능으로 감소된 섭취량을 회복하려고 열량 흡수율을 높인다. 즉 신체에 필요한 양보다 더 많은 열량이 흡수된다.
★ **식습관의 불변성**: 식생활과 관련된 생활습관을 단기간 내에 고치기는 힘들다. 식사방법, 섭취량, 좋아하는 식재료 등은 쉽게 변하지 않는다. 체중감량에 성공하여도 식습관을 고치지 않으면 다시 체중이 증가할 수밖에 없다. 즉 체중감량과 체중증가를 반복하면서 체중감량에 소요되는 시간이 점점 더 길어지고 원래의 체중으로 복구되는 기간은 짧아져서 비만 치료를 더욱 어렵게 한다.

요요현상을 예방하기 위하여 극단적인 다이어트 방법을 피하고 규칙적인 식생활과 소식하는 습관을 들인다. 또한 꾸준한 운동으로 에너지 소비량을 증가시키고 신체근육을 키우며 평소에도 활동량을 늘리도록 노력하는 것이 필요하다.

2. 저체중

저체중underweight은 표준체중의 90% 이하 또는 BMI가 18.5 이하인 경우로 체지방조직의 감소뿐만 아니라 건강상 여러 가지 위험이 따른다. BMI가 정상치보다 높으면 질병 발생률이 급격히 증가하는데 저체중도 사망률을 급격히 높인다. BMI와 사망률과의 상관관계는 그림 7-14와 같으며 BMI 23~25 사이에서 사망률이 가장 낮다.

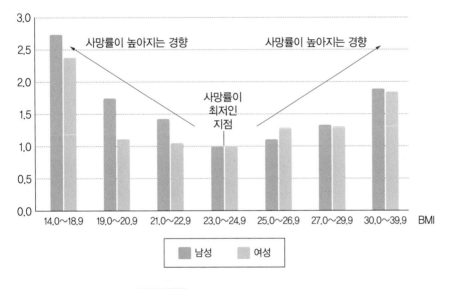

그림 7-14 BMI와 사망률과의 상관관계

1) 원 인

저체중의 원인에는 섭취하는 식사의 양과 질의 부족, 영양소의 소화·흡수 장애, 이용장애, 배설증가, 대사항진에 따른 소모성 질환, 만성질병, 정서적 스트레스 등이 있다.

2) 증 상

심한 저체중은 영양실조로 갑상선이나 부신 등의 기능이 저하되고 내분비 장애를 유발할 수 있다. 신체의 면역기능도 저하되어 감염성 질환에 잘 걸리게 된다. 기초대사가 낮아지며 피부가 건조해지고, 체온이 낮아지며 쉽게 피로감을 느낀다. 체중 부족이 심한 여성들은 골다공증, 생리불순, 불임 및 유산이 발생할 위험성도 높다.

3) 식사요법

체중 부족의 근본원인을 우선 치료하여야 한다. 심리적 원인이 있다면 근본적인 근심과 불안 등을 줄이도록 한다. 1주일에 0.5~1kg 정도의 체중증가를 목표로 하고 체중 부족이 심하면 영양보충제나 정맥주사로 영양을 공급한다.

(1) 에너지

1일 총 에너지 필요량에서 500~1,000kcal 정도를 더하여 책정하되 너무 많은 음식을 섭취하면 양으로 압도되므로 농축에너지 식품을 이용한다. 가능하면 좋아하는 음식을 많이 먹도록 한다. 에너지를 높이는 음식의 예는 표 7-7과 같다.

표 7-7 에너지를 높이는 음식의 조리 예

식품군	음식의 조리 예
곡류	볶음밥, 버터 바른 빵, 프렌치토스트, 케이크, 잼과 크림을 이용한 빵, 샌드위치
어육류	어육류를 이용한 국이나 찌개, 튀김류, 전
채소류	마요네즈를 이용한 샐러드, 볶은 음식, 기름을 이용한 튀김
우유류	우유, 치즈, 아이스크림
과자류	캐러멜, 쿠키, 과자
견과류	잣, 호두, 땅콩

(2) 단백질

양질의 단백질로 1일 100g 이상 권장하며 체중 부족이 심한 경우 위장관에서 단백질의 소화능력이 저하되어 있으므로 정맥으로 결정형 아미노산을 공급한다.

(3) 당질과 지질

당질은 쉽게 소화되며 적당량의 지질은 식욕을 촉진한다. 급격한 과잉의 당질 섭취는 혈당을 상승시키므로 주의한다. 당질 공급원으로는 어패류죽, 버터토스트, 치즈크래커, 감자 등이 좋고 식물성 기름을 이용한 나물, 김구이, 견과류 등도 좋은 지질공급원이다.

3. 식사장애

1) 신경성 식욕부진증

신경성 식욕부진증anorexia nervosa은 10대 후반의 소녀에게 흔히 나타나는 식이장애로 비만을 두려워하여 음식섭취를 극도로 거부하는 증세이다. 이들은 그림 7-15와 같이 왜곡된 신체상을 가지고 있으며 비만과 체중증가에 대한 공포심을 지니고 있어 지나친 식사제한과 심한 육체활동으로 체중을 감소시키려고 한다. 신경성 식욕부진증이 지속될 경우 호르몬의 불균형과 면역기능의 저하, 위장장애 등이 나타난다. 기초대사도 저하되고 피부가 건조해지면서 저혈압, 서맥, 수면장애, 월경불순 등이 나타나며 한 경우 사망에 이른다.

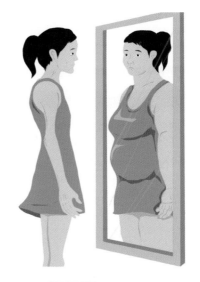

그림 7-15 왜곡된 신체상

2) 신경성 대식증

신경성 대식증bulimia nervosa은 고열량 식품을 많이 섭취한 후 구토제나 하제 등을 이용하거나 구토를 유발시켜 체중감량을 시도하는 식사장애이다. 하제와 구토로 인하여 체액과 전해질 평형에 문제가 있으며 심장박동이 불규칙해진다. 또한 잦은 구토로 위산에 의해 치아가 부식되기도 하고 후두, 식도, 타액선에 자극을 주어 염증이 생기기도 한다. 신경성 식욕부진증과 신경성 대식증의 진단기준은 표 7-8과 같다.

3) 식사요법

신경성 식욕부진증과 신경성 대식증은 식사요법만으로는 치료가 어려운 심리적, 정신적 질환이다. 정신과적인 치료를 병행하면서 규칙적인 식습관이 확립되도록 한다. 영양관리의 목적은 정상적인 식습관으로 회복시켜서 체중감소를 멈추게 하고 영양요구를 충족시켜 준다. 식사장애 초기에 영양주사와 경관급식을 이용하여 영양을 보충하고 서서히 위장관의 부담을 최소로 하는 식품을 선택하여 점차 정상식으로 회복시킨다.

표 7-8 신경성 식욕부진증과 신경성 대식증의 진단기준

신경성 식욕부진증	신경성 대식증
• 적정한 체중의 유지를 거부한다. • 저체중임에도 비만과 체중증가에 강한 두려움을 지닌다. • 체중감소를 위하여 심하게 육체적인 활동을 한다. • 계속하여 3회 이상의 무월경이 나타난다.	• 체형과 체중에 과도한 관심을 가지고 있다. • 뚱뚱해지는 것에 강한 두려움을 지닌다. • 최소한 1일에 1회 정도 고에너지 식품을 많이 먹는다. • 체중증가를 방지하기 위하여 구토나 이뇨제 등을 자주 사용한다.

CHAPTER
07

1. 비만으로 판정할 수 있는 BMI의 기준은?

2. 1일 500kcal로 에너지 제한을 하는 저열량식을 할 경우 1주일 후에 예상되는 체중 감소량은?

3. 어린이 비만이 성인 비만과 다른 점은?

4. 비만 치료 시 저열량식에 양질의 고단백식이 필요한 이유는?

5. 단식 초기에 체중이 감소하는 주된 성분은?

6. 요요현상의 원인은?

7. 신경성 식욕부진이 지속될 때의 문제점은?

▶ 정 답

1. 25 이상일 때 비만으로 판정

2. 0.5kg

3. 지방세포의 수가 증가

4. 체단백질이 이화작용으로 분해되어 이를 보충하기 위하여

5. 탈수에 의한 수분손실

6. 기초대사의 저하, 근육량의 저하, 식습관의 불변, 에너지 흡수량의 증가

7. 월경불순, 무월경, 기초대사 저하, 피부건조, 저혈압, 서맥, 사망

8 chapter

당뇨병

08 당뇨병

당뇨병은 인슐린이 분비되지 않거나 인슐린의 작용이 정상적으로 이루어지지 않아 고혈당과 당뇨가 나타나는 만성 대사질환이다. 최근 우리나라 당뇨병 유병률은 해마다 증가하고 있으며, 사망원인 중 당뇨병이 차지하는 비율도 점점 높아져 사망원인 5위 질환에 이르고 있다. 당뇨병은 조기 진단과 치료에 의해서 발병률과 합병증을 감소시킬 수 있으므로 환자와 가족에 대한 적극적인 교육과 관리가 매우 중요하다.

 용어 설명

공복혈당장애impaired fasting glucose, IFG   8시간 이상 공복 상태의 혈장 혈당치가 100~125mg/dL인 상태

내당능장애impaired glucose tolerance, IGT   혈당이 정상보다는 높으나 당뇨병으로 진단할 만큼 높지는 않은 상태. 75g 경구 포도당부하검사 2시간 후 혈장 혈당이 140~199mg/dL이며 비만, 노화, 운동 부족 및 특정 약물 복용과 관련이 있고 제2형 당뇨병으로 진행할 수 있음

당뇨병diabetes mellitus, D.M   인슐린의 분비와 작용의 결함으로 인하여 부적절하게 고혈당이 초래되는 대사질환

당지수glycemic index, GI   섭취한 식품의 혈당 상승 정도와 인슐린 반응을 유도하는 정도를 순수 포도당을 100으로 비교하여 수치로 표시한 지수

신장역치renal threshold   혈당이 170~180mg/dL 이상 되면 신장 세뇨관의 최대 재흡수량을 넘어 소변으로 당이 배설되는 한계점

저혈당증insulin shock   인슐린 과다 사용, 심한 운동, 구토, 경구 혈당강하제의 과다 복용 등에 의해 혈당이 50mg/dL 이하로 저하되어 쇼크를 일으킨 상태

제1형 당뇨병   소아 당뇨라고도 하며 인슐린 분비량 부족으로 인슐린주사가 절대적으로 필요한 당뇨병

제2형 당뇨병   성인기 당뇨병의 대부분으로 비만자에게서 많이 발생하며 인슐린 주사가 꼭 필요하지 않은 당뇨병

케톤증ketosis   당질 대사가 되지 않음에 따라 지방의 다량 산화로 케톤체가 많이 생성되어 산독증이 나타나며 혼수가 초래됨

1. 당뇨병의 개요

1) 췌장과 내분비

췌장은 위장 아래쪽 후면에 위치하고 있으며 소화효소를 분비하는 외분비 기능과 호르몬을 분비하는 내분비 기능이 있다 그림 8-1. 췌장의 랑게르한스섬의 α-세포에서는 글루카곤glucagon, β-세포에서는 인슐린insulin, δ-세포에서는 소마토스타틴somatostatin 이 분비된다. 글루카곤은 저혈당 시 혈당을 상승시키는 작용을 하며, 인슐린은 혈액 속의 포도당을 여러 기관에서 이용할 수 있도록 하여 혈당을 일정하게 유지시킬 뿐 아니라 지질과 단백질 대사에도 중요한 역할을 수행한다. 소마토스타틴은 α-세포와 β-세포의 호르몬 분비를 조절한다.

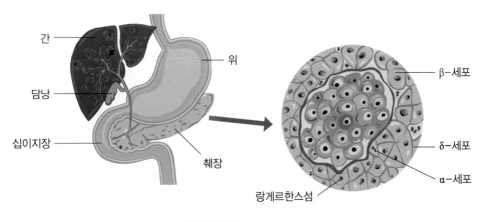

그림 8-1 췌장의 위치

2) 원 인

유 전 당뇨병diabetes mellitus, DM은 유전적인 요인과 환경적인 요인의 복합작용에 의해서 발생된다. 부모가 모두 당뇨병일 경우 자녀가 당뇨병일 확률은 60%, 한쪽 부모가 당뇨병일 경우 30% 정도가 당뇨병이 발병하는 것으로 나타나고 있다.

성 별 25세 이후 여성에게서 유병률이 높으나 우리나라는 남자가 여자보다 3배 정도 높다.

연 령 연령 증가와 함께 인슐린 합성이 감소되고 인슐린 수용체의 수가 감소되어 당 내성이 감소하므로 중년 이후 유병률이 높다.

스트레스 스트레스에 의해 부신수질호르몬 분비가 촉진되어 당내성이 저하된다.

비 만 비만하면 인슐린 저항성이 나타나고 인슐린 수용체 수가 감소하며 세포 내 당 의 이동이 저하되어 고인슐린혈증과 고혈당이 나타나고 제2형 당뇨병의 발병률이 높 아진다.

영양불량 단백질, 아연 및 크롬의 부족은 췌장의 β-세포 기능을 저하시켜 인슐린 분 비에 장애를 초래한다.

운동 부족 비만으로 인하여 인슐린 민감도가 저하되어 당뇨가 발생한다.

약 물 고혈압 치료제, 이뇨제, 부신피질호르몬제 등은 당내성을 손상시킨다.

3) 병리와 대사

당뇨병은 인슐린이 절대적 또는 상대적으로 부족하거나 조직에서 적절하게 이용되 지 못하여 고혈당과 여러 가지 대사장애가 초래되는 질병이다. 인슐린은 혈액으로부 터 세포 내로 포도당을 수송할 뿐 아니라 세포 내에서 포도당의 연소와 글리코겐 합 성을 촉진한다. 인슐린의 감소는 포도당이 세포 내로 이동하지 못해 고혈당이 유발된 다. 비만 등에 의해 인슐린 수용체 수가 감소하면 인슐린 저항성이 나타난다. 에피네 프린, 글루카곤, 코르티솔, 성장호르몬, 노르에피네프린 등의 호르몬 분비 증가로 당 뇨병성 케톤산증도 나타난다.

(1) 당질 대사

인슐린의 부족 또는 작용 부족으로 포도당이 조직세포로 이동되어 대사되지 못하고 글리코겐으로 저장되지도 못하여 혈액 속에 포도당이 그대로 남아 혈당이 상승하게 된다. 혈당량이 170~180mg/dL(신장 역치renal threshold) 이상 되면 신장 세뇨관의 최대 재흡수량을 넘어 소변으로 포도당이 배설된다.

(2) 단백질 대사

포도당이 에너지원으로 이용되지 못하면 간과 근육에서 단백질 분해가 촉진된다. 인슐린은 단백질 합성을 촉진하고 아미노산 분해에 의한 당합성을 억제한다. 그러나 인슐린의 부족은 근육으로 측쇄아미노산(발린, 루신, 이소루신)이 유입되지 못하고 혈중 농도를 상승시킨다. 단백질이 탈아미노 작용에 의하여 당신생이 되면 소변 중 질소 배설물이 증가하고 체중감소, 성장저하, 감염에 대한 면역력 및 저항력이 감소되어 각종 감염증이 유발될 수 있다.

(3) 지질 대사

포도당의 이용 감소, 글리코겐 합성 저하로 당 대사에 의한 에너지 공급이 부족하게 되면 지방이 에너지원으로 이용되기 위하여 분해가 촉진된다. 따라서 혈중 지단백질의 농도가 높아지고 지방조직에 저장되었던 중성지방이 분해되어 혈중 유리지방산의 농도가 증가하며, 간에서 아세틸-CoA로부터 콜레스테롤의 합성이 증가하여 혈중 콜레스테롤도 상승된다. 이와 같은 지질 대사 이상은 고지혈증, 동맥경화증 유발 가능성을 증가시킨다. 또한 증가된 유리지방산은 여러 조직에서 에너지원으로 쓰이면서 케톤체ketone bodies를 형성하여 혈액 중에 증가하게 되어 케톤산증ketoacidosis을 유발한다.

(4) 전해질 대사

혈당이 상승하면 혈액의 삼투압이 증가되어 수분이 세포에서 혈액으로 이동하게 되고, 포도당과 케톤체가 배설될 때 다량의 수분이 배설되어 요량이 증가하고 탈수현상과 함께 갈증이 유발된다. 또한 체단백의 분해로 인하여 세포 내 칼륨이 유출되고 나트륨, 칼륨 등의 전해질이 소변으로 배설되어 전해질 대사에 이상이 생기게 된다.

2. 진 단

1) 공복 혈당 검사

식후 12시간이 지나서 혈당을 측정하여 공복혈당치가 126mg/dL 이상이 적어도 2회 이상이면 당뇨병으로 진단한다. 공복 시 정상혈당은 70~100mg/dL이다. 혈청이나 혈장이 전혈보다 혈당치에 안정성이 있어 주로 사용되는데, 전혈에 비해 혈청이나 혈장의 포도당치가 10~15% 정도 더 높다.

2) 경구당부하 검사

경구당부하 검사oral glucose tolerance test, OGTT는 공복 시 혈당치가 100~126mg/dL이거나, 당부하 후 2시간 혈당이 140mg/dL 이상일 때 시행한다. 10~12시간 금식 후 공복에 성인의 경우 75g의 포도당을, 어린이는 체중 kg당 1.75g, 최대 75g의 포도당을 섭취하고 30분 간격으로 2시간 동안의 혈장 중 포도당을 검사하여 200mg/dL가 넘으면 당뇨로 판정한다.

■ 그림 8-2 ■ 공복혈당과 당부하 2시간 혈당을 기준으로 한 당 대사 이상의 분류

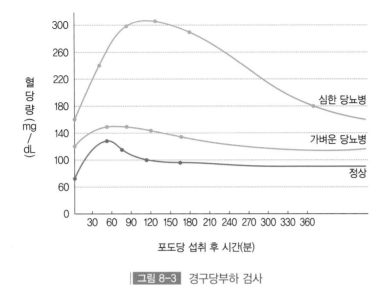

그림 8-3 경구당부하 검사

3) 당화혈색소 측정

당화혈색소glycosylated hemoglobin(HbA_1c)는 헤모글로빈과 혈중 포도당이 비효소적으로 결합하여 생성되며 혈당 증가 시에 양이 증가한다. 공복 여부와 상관없이 검사가 가능하고 혈당상태를 판단하는 데 널리 이용된다. 당화혈색소는 과거 2~3개월의 평균 혈당치를 반영하는 수치로 비교적 장기간에 걸친 혈당 수준을 평가할 수 있으며 6.5% 이상이면 당뇨병으로 진단한다.

4) 소변 검사

신장의 포도당 재흡수 역치 180mg 이상인 경우 신세뇨관에서 포도당 재흡수가 불가능하게 되어 당뇨가 나타난다. 소변 중 포도당과 케톤체 유무 검사, 요단백, 요비중, 침강되는 잔사 등을 조사한다.

소변 검사의 정상치 범위는 다음과 같으며 그 이상이면 당뇨병이다.

- 비중: 1.008~1.030
- 요량: 1.2~2(L/일)
- 요당: 1일 5~10(g/일)
- 요 중 케톤체: 1일 3~15(mg/일)

당뇨병의 진단 기준

대한당뇨병학회KDA에서는 다음과 같은 당뇨병의 진단 기준 중 어느 한 기준만 충족하면 당뇨병으로 진단을 내릴 수 있다고 하였다.

- 물을 많이 마시고 소변을 많이 보며, 다른 특별한 이유 없이 체중이 감소하고 임의 혈장 혈당이 200mg/dL 이상인 경우
- 8시간 이상 동안 열량 섭취가 없는 공복 상태에서 측정한 혈당이 126mg/dL 이상인 경우
- 75g의 경구당부하 검사 후 2시간 혈장 혈당이 200mg/dL 이상인 경우
- 당화혈색소 6.5% 이상인 경우

3. 분류

1) 제1형 당뇨병

제1형 당뇨병type 1 diabetes은 당뇨병 환자의 10% 정도이며, 대부분은 30세 이하에서 발병된다. 췌장 내 랑게르한스섬의 β-세포가 파괴되어 인슐린의 분비 부족으로 발병되며 인슐린의 투여가 필요하다.

가족력이 있으면 당뇨병 유발 확률이 높다. 또한 자기 몸에서 생성된 항체와 면역세포가 외부의 항원과 구별하지 못하고 공격하는 자가면역기전에 의해 일어나는 경우가 있다. 이때 항체와 면역세포가 췌장의 β-세포를 파괴하는 경우 인슐린을 생성할 수 없게 되어 당뇨를 초래하게 된다. 증상은 다갈, 다뇨, 다식, 케톤산증, 체중감소 등이 나타난다.

2) 제2형 당뇨병

성인기 당뇨병 환자의 90~95%가 제2형 당뇨병type II diabetes이며, 환자의 90%가 비만과 관련이 있다. 인슐린 분비의 결함 및 세포가 인슐린에 대하여 반응하지 못하는 인슐린 저항성insulin resistance에 의해 발생한다.

가족력이 있으면 발병 위험률이 증가하며 환경요인으로 운동 부족, 스트레스, 각종 약물 남용 등이 있다. 증상은 당뇨, 고혈당, 케톤산증, 피로감 등이다.

표 8-1 제1형 당뇨병과 제2형 당뇨병의 일반적인 특징

구분	제1형 당뇨병	제2형 당뇨병
발병 시기	30세 이전, 아동기	성인기
발병 형태	췌장 β-세포 파괴, 인슐린 결핍	비만, 노화, 유전적 요인
체중	마른 체형	과체중, 비만
임상 증상	다갈증, 다뇨증, 다식증	별로 없다.
인슐린	생산되지 않는다.	소량 분비 또는 작용이 제대로 되지 않는다.
인슐린 치료	반드시 필요하다.	경우에 따라 필요하다(20~30%).
경구약	효과가 적다.	효과가 있다.
케토시스	잦다	드물다
혈관 합병증	드물다	잦다
식사요법	모든 환자에게 필수	모든 환자에게 필수

3) 임신성 당뇨병

임신기간 중에 최초로 진단된 당뇨병을 말하며 임신으로 인한 호르몬 대사의 변동이 원인이 된다. 임신을 유지시키는 호르몬인 에스트로겐estrogen, 황체호르몬progesterone, 태반 락토겐placental lactogen이 인슐린 내성을 증가시켜 발병한다. 주로 인슐린 저항성이 원인이 되는 경우가 많다. 임신성 당뇨병은 태아에게 거체구증, 선천성 기형, 심한 저혈당, 호흡 곤란 등의 증세가 나타날 수 있으며 임산부에게도 저혈당, 고혈당, 고혈압 및 유산 등이 발생될 수 있다.

4) 이차성 당뇨병

췌장질환이나 간질환, 인슐린 분비와 작용을 방해하는 약물, 질병에 따른 합병증 등 이차적 요인으로 발생하는 당뇨병이다. 이러한 당뇨병은 당뇨병 치료와 함께 원인 질환 치료가 이루어져야 한다.

4. 합병증

1) 급성 합병증

(1) 저혈당증(인슐린 쇼크)

저혈당증hypoglycemia은 인슐린 사용량이 지나치게 많거나 인슐린 사용 중 식사시간이 지연될 때, 혹은 식전의 지나친 운동으로 혈당이 급격히 저하되어 일어난다.

혈당이 50~70mg/dL 미만으로 급격히 떨어져서 탈력감, 불안, 공복감, 발한, 의식장애, 경련 등의 증세가 나타나고 어지러움, 식은땀 등 저혈당 증상이 나타난다. 자율신경 기능이 저하되면 에피네프린과 관련된 증상이 둔감해져서 혈당이 떨어져도 저혈당 증상을 느끼지 못할 수도 있다. 뇌세포는 에너지원을 포도당에서만 얻는데, 장기간 혹은 심한 저혈당증이 있었다면 뇌세포의 기능 장애가 초래되어 행동의 변화가 일어나거나, 발작 혹은 혼수가 나타날 수 있다. 따라서 뇌순환이 잘 안 되는 뇌졸중 환자의 경우 특히 주의해야 한다.

저혈당증을 응급처치하는 데 과즙, 꿀물, 사탕, 음료수 등 당질을 공급하며 의식이 없으면 포도당 주사를 투여한다. 15g의 포도당은 20분 안에 약 65mg/dL의 혈당을 올릴 수 있다. 그러나 음식에 지방이 같이 포함되어 있으면 혈당을 올리는 작용이 지연될 수 있다. 야간 저혈당을 예방하기 위해 잠자기 전 혈당을 100~140mg/dL 정도로 유지하는 것이 필요하다. 밤에 저혈당이 자주 나타나는 경우에는 저녁의 인슐린을 줄이거나 저녁 간식을 늘린다.

저혈당을 일으키는 원인

- 인슐린 투여량이 너무 많은 경우
- 식사량이 너무 적거나 굶은 경우
- 구토나 설사가 있는 경우
- 평소보다 운동량이 많은 경우
- 인슐린이 투여된 부위의 근육을 투여 직후 과도하게 사용한 경우

표 8-2 단순당질 15~20g에 해당하는 음식의 예

음식	눈대중	중량
설탕	1큰술	15g
꿀	1큰술	15mL
쥬스, 청량음료	3/4컵	175mL
요구르트	1병	65mL
사탕	3~4개	

(2) 당뇨병성 케톤산증(당뇨병 혼수)

당뇨병성 케톤산증diabetic ketoacidosis, DKA은 포도당이 에너지원으로 쓰이지 못하고 지방이 분해되면서 케톤체가 다량으로 생성되어 나타나는 현상으로 과식, 인슐린 투여의 중지, 감염, 수술, 상처 등의 자극으로 올 수 있다.

두통, 갈증, 구토, 복통, 호흡곤란 등이 나타나고 호흡 시에 아세톤 냄새가 나며, 심할 경우 혼수상태에 빠지고 사망에 이를 수 있다.

인슐린을 투여하고 전해질과 수분을 공급한다.

(3) 고삼투압 고혈당 비케톤성 증후군

고삼투압 고혈당 비케톤성 증후군hyperosmolar hyperglycemic nonketotic symptom, HHNS은 제2형 당뇨병 환자에게 발생할 수 있는 급성 대사성 합병증이다. 감염, 췌장염, 신부전, 화상, 심근경색 등의 질환이 있는 경우나 스테로이드성 약물의 투여, 이뇨제의 사용으로 발생한다.

케톤산증은 보이지 않으나 혈당이 600~2000mg/dL 이상 상승한다. 심한 고혈당으로 인한 삼투압의 상승에 따라 탈수, 다음, 다식, 다뇨 증상이 나타나며, 혼수상태에 이르기도 한다.

식사요법으로 우선 수분을 공급하고 적정량의 인슐린을 투여하며, 칼륨과 저삼투압성 용액을 보충한다. 환자가 혼수상태에 빠지면 사망률이 매우 높아지므로 초기 치료가 중요하다. 그러나 회복 후에는 대부분의 환자가 혈당을 조절하는 데 거의 문제가 없다.

2) 만성 합병증

(1) 대혈관 합병증

당뇨병의 만성 합병증으로 고지혈증과 고혈압이 동반되어 혈중 중성지질과 콜레스테롤 농도가 증가하고 대혈관에서 동맥경화증이 시작되어 관상동맥질환, 뇌졸중이 유발된다.

(2) 미세혈관 합병증

당뇨병성 망막증, 당뇨병성 신증, 당뇨병성 신경장애의 3대 합병증을 보인다.

당뇨병성 망막증은 망막 모세혈관이 약해져 늘어나는 미세 동맥류가 나타나고 조직 괴사와 망막 부위의 혈관 손상으로 백내장, 각막염, 시력장애가 일어나는 것이다.

당뇨병성 신증diabetic nephropathy으로는 신장의 모세혈관 손상으로 단백뇨, 사구체경화, 만성 신부전이 나타난다. 당뇨병성 신증을 예방 또는 지연시키기 위해서는 혈당과 혈압을 정상으로 유지하는 것이 중요하다. 단백질 섭취는 표준체중을 기준으로 1일 체중 kg당 0.6~0.8g으로 제한하고 부족한 에너지는 당질이나 지방으로 보충한다. 이때 당질 급원으로 설탕, 꿀, 잼 같은 단순당질을 사용하는데 단순당질 섭취 시에는 혈당에 대한 영향이 최소화되도록 골고루 배분하고 혈당 측정을 철저히 해야 한다. 당뇨병성 신증에 의해 신장 기능이 더욱 손상되면 식사 내의 단백질, 나트륨, 칼륨, 수분 등을 조정하는 것이 필요한데 이때는 신장질환식에 준해야 한다.

당뇨병성 신경장애는 말초신경 손상으로 신경자극의 전달이 저하되어 감각을 잃거나 신경장애로 사지마비, 신경통 등이 유발된다.

5. 치 료

1) 약물요법

(1) 경구혈당강하제

식사요법만으로 조절되지 않는 제2형 당뇨병 환자에게 사용한다. 설포닐요소제 sulfonylurea, 비구아니드제biguanide 및 알파글루코시다아제 억제제α-glucosidase inhibitor 등이 있다. 설포닐요소제는 인슐린의 분비 개선과 세포 내로 포도당의 진입을 도와 인슐린 역할을 개선하는 효과가 있다. 비구아니드제는 간에서 포도당 생성을 억제하며 인슐린의 역할을 개선한다. 알파글루코시다아제 억제제는 최근에 개발된 약제로 장에서 포도당 흡수를 지연시켜 혈당이 급격히 올라가는 것을 막아 준다.

(2) 인슐린

초속효성 인슐린 식후 고혈당 조절을 용이하게 할 수 있으며 응급 시에 사용한다. 그러나 초속효성으로 인한 저혈당의 위험도 크므로 철저한 교육이 필요하다.

속효성 인슐린 속효형 인슐린은 빠른 작용시간과 짧은 지속시간을 특징으로 한다. 식전에 주사하여 식후 혈당의 상승을 교정할 수 있다. 즉각적인 혈당 강하를 처치해야 할 때 사용한다.

중간형 인슐린 속효성과 지속성의 중간 정도의 지속시간을 갖고 있으며 속효성 인슐린에 비해 서서히 작용하므로 오전에 맞을 경우 오후에 최고에 달한다. 1일 1회 또는 2회 처방한다.

혼합형 인슐린 중간형과 속효형 인슐린이 일정한 비율(70 : 30)로 섞여 있으며 가장 많이 사용된다. 1회 주사로 2회의 최고 작용 시간을 갖는다.

지속형 인슐린 주사 6시간 후부터 효과가 18~24시간 지속되며, 주사 후 10~16시간 사이에 최대 효과가 나타난다. 위급할 때 빨리 효과를 내지 못하는 결점이 있다.

표 8-3 국내 시판 인슐린 제품 및 특성

분류	상품명	효과 발현시간	최대 효과시간	지속시간
초속효성 인슐린	리스포	5~15분	0.5~1.5시간	5시간
속효성 인슐린	레귤라	0.5~1시간	2~3시간	5~8시간
중간형 인슐린	NPH, 렌테	2~4시간	4~12시간	10~18시간
지속형 인슐린	울트라렌테	6~10시간	10~16시간	18~24시간
장기간 지속형 인슐린	글라진	2~4시간	지속시간과 동일함 (flat)	20~24시간
혼합형 인슐린	70% NPH 30% 레귤라	0.5~1시간	최대 효과 시간이 두 번 나타남	10~16시간

인슐린펌프continuous subcutaneous insulin infusion

당뇨병의 지속적 피하 인슐린 주입법으로 휴대용의 소형 인슐린 주입펌프를 사용하여 지속적으로, 또 필요에 따라서 양을 증감하여 인슐린을 주입할 수 있다. 혈당조절을 엄격히 할 수 있는 이점이 있으나, 펌프의 고장이나 카테터가 응혈로 닫히는 등의 부작용에 주의해야 한다.

2) 운동요법

(1) 제1형 당뇨병 환자를 위한 운동요법

운동은 인슐린 필요량을 감소시킨다. 혈당 조절이 잘될 경우 운동은 혈당을 낮출 수 있다. 그러나 혈당이 250mg/dL 이상일 때는 혈당, 유리지방산, 케톤체를 더 증가시킬 수 있으므로 운동 시 세심한 주의가 요구된다. 인슐린 투여 후 1시간 이후나 식사 후 1~2시간 후에 운동하는 것이 좋다.

(2) 제2형 당뇨병 환자를 위한 운동요법

적당한 운동은 혈당의 항상성 유지, 혈압의 개선, 체중감소, 혈중 지방 수준의 저하 효과를 가지며, 인슐린 감수성을 높이고 콜레스테롤과 LDL을 감소시킨다.

제2형 당뇨병 환자의 경우는 운동의 강도를 개인에 맞게 조절하고 운동시간을 서서히 증가시키는 것이 좋다.

표 8-4 운동 시 당질 섭취의 지침

운동 형태	운동의 예	운동 전 혈당 (mg/100mL)	추가로 필요한 당질량	이용식품(교환단위)
가벼운 단시간 운동	걷기(1km), 천천히 자전거 타기(30분 이하)	100	시간당 10~15g	과일 1단위(또는 곡류 0.5단위)
		>100	추가 당질 필요 없음	
보통 정도의 운동	1시간 정도의 청소, 테니스, 수영, 골프, 자전거, 정원 손질	100	운동 전 25~50g 후에 운동 시간당 10~15g	우유 1단위(또는 과일 1단위)에 곡류 0.5단위 추가 가능
		100~180	시간당 10~15g	과일 1단위(또는 곡류 0.5단위)
		180~300	추가 당질 필요 없음	
		>300	운동은 위험	
심한 운동	1~2시간 이상의 축구, 농구, 자전거, 수영, 라켓볼	<100	운동 전 50g 정도 혈당을 자주 측정	우유 1단위(또는 과일 1단위)와 곡류 1단위
		100~180	운동 정도와 시간에 따라 25~50g 정도	우유 1단위(또는 과일 1단위)에 곡류 0.5단위 추가 가능
		180~300	운동 시간당 10~15g 정도	곡류 0.5단위
		>300	운동은 위험	

3) 식사요법

(1) 에너지

체중을 감소시키면 인슐린 저항성을 개선하여 혈당을 낮추고 혈중 지방을 감소시켜 동맥경화증의 위험성을 낮춘다. 그러므로 표준체중에 따른 적절한 에너지를 섭취한다. 영양소의 적정 배분은 당질 55~60%, 단백질 15~20%, 지방질 20~25% 수준으로 한다. 이때 비타민과 무기질의 섭취가 부족하지 않도록 유의한다. 정상체중 환자의 에너지 필요량은 아래와 같이 활동 정도에 따라 계산한다.

1일 필요 에너지(kcal) = 표준체중(kg) × 활동별 에너지(kcal/kg)

활동별 에너지

- 신체적 활동이 거의 없는 사람: 25~30kcal
- 보통의 활동을 하는 사람: 30~35kcal
- 심한 신체활동을 하는 사람: 35~40kcal

현재체중이 비만도 130% 이상인 경우는 조정체중을 이용하여 에너지를 계산한다.

조정체중(kg) = 표준체중 + (실제체중 − 표준체중) × 0.25

(2) 당 질

단순당질은 빨리 흡수되어 혈당을 상승시키므로 제한하고 케톤산증을 막기 위하여 규칙적인 식사와 복합당질을 최소 100g/일 공급한다.

섬유질의 섭취를 증가시키고 당지수glycemic index가 낮은 음식을 선택한다.

(3) 지 질

동맥경화증 예방을 위하여 총 에너지의 25% 이내로 제한하며 콜레스테롤은 1일 200mg 이하로 공급한다.

(4) 단백질

총 에너지의 15~20% 수준으로 충분히 공급한다. 임신, 수유, 수술 등의 환자에게는 단백질의 추가공급이 필요하며, 당뇨병성 신증이 있을 경우에는 단백질 섭취량을 제한한다.

당지수 glycemic index, GI

섭취한 식품의 혈당 상승 정도와 인슐린 반응을 유도하는 정도를 순수 포도당을 100으로 했을 때와 비교하여 수치로 표시한 지수이다.

높은 당지수의 식품은 낮은 당지수의 식품보다 혈당을 더 빨리 상승시킨다.

당지수 범위		식 품
고GI식품	70 이상	포도당(100), 꿀(87), 구운감자(90), 떡(80~87), 백미(70~90), 콘 플레이크(72~92), 호박(75), 수박(72), 옥수수(70~75), 흰 식빵(70), 크로와상(70)
중GI식품	56~69	보리빵(67), 요구르트(64), 초콜릿(60), 바나나(58), 현미(56)
저GI식품	55 이하	전곡빵(51), 오렌지주스(46~53), 오트밀(42), 우유(31~34), 사과(34), 대두(15), 채소(10~15), 초콜릿 바(14~23)

(5) 식이섬유

수용성 섬유는 혈당 및 혈중 콜레스테롤 농도를 낮추므로 채소 및 해조류, 생과일, 잡곡 등을 충분히 공급한다.

(6) 비타민 및 무기질

1일 1,200kcal 이하의 극심한 저에너지식에는 비타민 및 무기질을 충분히 제공한다. 나트륨은 고혈압과 관상동맥경화증 예방을 위해 1일 2,400~3,000mg 정도로 제한한다.

4) 당뇨병 식사요법의 실제

당뇨병 환자의 식단을 식품교환표를 이용하여 다음과 같이 작성할 수 있다.

1단계 총 에너지와 당질, 단백질, 지방의 필요량을 충족시킬 수 있는 에너지별 식품 교환단위 배분표를 활용한다.

표 8-5 에너지별 식품교환단위 배분

| 열량(kcal) | 곡류군 | 어육류군 | | 채소군 | 지방군 | 우유군 | | 과일군 |
		저지방	중지방			일반	저지방	
1,000	4	2	1	6	2	1		1
1,200	5	2	2	6	3	1		1
1,400	7	2	2	6	3	1		1
1,600	8	2	3	7	4	1		2
1,800	9	2	3	7	4	1		2
2,000	10	2	3	7	4	1	1	2
2,200	11	2	4	7	4	1	1	2

2단계 에너지별 식품교환단위를 결정하여 끼니별로 교환단위를 분배한다. 하루 세 끼와 간식으로 분배한다.

표 8-6 1,800kcal의 끼니별 배분의 예

| 구분 | 곡류군 | 어육류군 | | 채소군 | 지방군 | 우유군 | | 과일군 | (kcal) |
		저지방	중지방			일반	저지방		
아침	3		1	2	1				460
간식						1			125
점심	3	1	1	2	2				555
간식								1	50
저녁	3		2	3	1				555
밤참								1	50
계	9	2	3	7	4	1		2	1,795

3단계 메뉴와 식품을 선택하여 식단을 완성한다.

| 표 8-7 | 1,800kcal의 식단

구분	음식명	재료명	분량(g)	구분	음식명	재료명	분량(g)
아침	보리밥		210	간식	과일	딸기	75
	아욱국	아욱	35	저녁	쌀밥		210
		된장	10		콩나물국	콩나물	35
	달걀찜	달걀	55		제육볶음	돼지고기	80
	김구이	김	1			식용유	약간
		들기름	약간		상추쌈	상추	105
	오이초무침	오이	35		꽈리풋고추찜	꽈리고추	35
		고추장	5			참기름	약간
	김치	배추김치	25		배추김치	배추김치	25
간식	우유	우유	200mL	밤참	사과	사과	80
점심	현미밥	현미밥	210	영양소 섭취량	에너지	1,795kcal	
	육개장	고사리	15		당질	258g	
		무	20		단백질	78g	
		숙주	15		지방	55g	
		느타리버섯	15				
		소고기	40				
	갈치구이	갈치	50				
		식용유	약간				
	도라지생채	도라지	25				
		고추장	5				
	취나물	취나물	20				
		참기름	약간				
	김치	깍두기	25				

5) 외식할 때의 고려사항

외식할 때에는 각 식품군이 골고루 들어있는 식사를 선택하고 지방과 단순당이 적게 들어있는 저칼로리의 음식을 선택하도록 한다.

표 8-8 외식 1인분의 영양성분

음식	에너지(kcal)	탄수화물(g)	단백질(g)	지질(g)	나트륨(mg)
된장찌개(400g)	145	13.5	11.5	5.0	2021.01
갈비탕(600g)	237	7.6	27.4	10.8	1717.54
청국장찌개(400g)	272	10.4	22.4	15.6	1794.84
김밥(200g)	318	57.6	7.3	6.5	833.29
소고기육개장 (700g)	340	20.8	21.9	18.8	2853.09
만둣국(700g)	434	47.8	21.4	17.4	2367.99
호박죽(600g)	443	89.4	7.1	6.3	929.20
생선초밥 (광어, 약 10개)	454	77.5	27.1	3.9	808.75
곰탕(700g)	580	7.3	70.1	30.0	822.77
비빔냉면(550g)	623	122.4	19.5	6.1	1663.87
카레라이스(500g)	672	126.0	13.5	12.7	1089.16
짬뽕(1000g)	688	100.6	28.2	19.2	4000.09
제육덮밥(500g)	782	115.5	30.1	22.2	1538.06
자장면(650g)	797	133.6	19.8	20.3	2391.58
간자장(650g)	825	134.2	22.3	22.0	2716.2
잡채밥(650g)	885	159.5	19.5	18.8	1908.24
삼계탕(1000g)	918	40.9	115.3	32.5	1310.98

출처: 농촌진흥청, 2011

당뇨병성 고혈압의 식사요법

★ 소금을 1일 5~10g으로 제한한다.

★ 정상체중 유지를 위한 에너지 조절이 필요하다.

★ 알코올을 제한한다.

당뇨병성 고지혈증의 식사요법

★ 지방산의 균형 있는 섭취가 필요하다. P : M : S 의 비는 1 : 1 : 1로 유지한다.

★ 콜레스테롤은 1일 200mg 이하로 섭취한다.

★ 식이섬유소의 섭취를 증가시킨다.

★ 적절한 체중 유지 및 규칙적인 운동을 한다.

당뇨병성 신증의 식사요법

★ 단백질 섭취를 제한하여 말기 신부전의 진행을 억제한다.

★ 혈당을 철저하게 조절한다.

★ 미세 알부민뇨와 단백뇨의 증가를 방지한다.

★ 고혈압을 예방한다.

★ 목표체중을 유지한다.

★ 부종을 예방한다.

1. 당뇨병의 종류는?

2. 당뇨병의 일반적 증상은?

3. 당뇨병의 자각증상은?

4. 당뇨병의 합병증은?

▶ 정 답

1. 제1형 당뇨병, 제2형 당뇨병, 2차성 당뇨병, 임신성 당뇨병

2. 고혈당, 당뇨

3. 갈증, 다뇨, 공복감, 체중감소, 피로감

4. 혈관장애, 신장질환, 망막증, 신경장애

chapter

신장질환

09 신장질환

신장은 노폐물의 배설, 체액량의 조절, 전해질 및 산-알칼리 평형에 관여하며 혈압조절, 칼슘흡수, 조혈작용 등 신체의 항상성 유지에 중요한 역할을 한다.

신장의 기능이 저하되면 혈액 중 노폐물이 쌓이고 수분과 전해질의 균형이 깨지면서 부종이나 고혈압 등의 증상이 나타난다. 신장질환은 신장 자체가 손상되어 오는 경우도 있으나 당뇨병의 합병증으로 발병되기도 한다. 신장질환에는 사구체질환, 세뇨관질환, 네프로제 증후군, 신부전 및 신결석 등이 있다. 신장질환의 특성 및 임상 증상에 따른 철저한 식사요법이 요구된다.

💬 용어 설명

네프론nephron   신장의 구조상 및 기능상의 단위로 신소체와 그것에 연결되는 세뇨관을 합친 명칭, 신원이라고도 함

단백뇨proteinuria   사구체에 이상이 있을 때 단백질이 신장에서 걸러지지 않고 소변을 통해 체외로 배설되는 증상

사구체여과율glomerular filteration rate, GFR   일정 시간 동안 특정 물질을 제거할 수 있는 혈장량으로 신장 기능을 가장 잘 반영하는 지표이며 남자는 평균 분당 125mL, 여자는 110mL임

신성 골이영양증renal osteodystrophy   요독증에서 초래되는 골질환을 총칭하며 고인산혈증 및 저칼슘혈증이 원인

요독증uremia   신장의 배설, 분비, 조절기능의 장애로 인해 노폐물이 배설되지 못하고 체내에 축적되어 나타나는 증상

저단백혈증hypoproteinemia   영양결핍이나 신장장애 시 혈장 속의 단백질량이 정상보다 낮은 증상

투석요법dialysis   반투막을 사이에 두고 용질분자가 확산하는 현상으로 요독증을 해소하기 위해 신장 기능을 대신해 주는 치료법

항이뇨호르몬antidiuretic hormone, ADH   뇌하수체 후엽에서 분비되며 신장에서 수분 재흡수와 혈관수축 기능을 함

혈액 요소질소blood urea nitrogen, BUN   단백질 대사의 최종 산물로 주로 신장에서 배설되므로 신장 기능이 저하되면 혈중 농도가 상승하여 신장 기능의 지표로 이용됨

1. 신장의 개요

1) 신장의 구조

신장은 척추 좌우에 1개씩, 길이 10cm 정도의 강낭콩 모양을 하고 있으며, 내부는 피질과 수질, 신우로 구분되는데 바깥 부분을 피질, 안쪽을 수질이라고 한다. 피질에는 신소체가 밀집해 있고 주로 소변을 생산한다. 신소체는 사구체와 보우먼 주머니를 일컬으며, 세뇨관이 포함되어 신장의 기능 단위인 네프론nephron을 이룬다. 신장은 약 2백만 개의 네프론으로 이루어져 있다. 네프론의 87%는 피질 안에 있고, 13%는 수질에 있다. 수질은 세뇨관의 집합체이다. 매분 약 1,200mL의 혈액이 네프론을 통과하는데, 이것은 전체 신장 배출량의 1/3 정도가 된다.

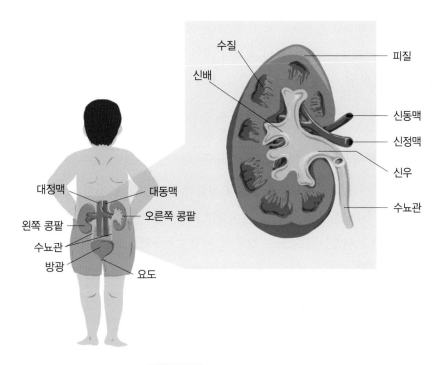

| 그림 9-1 | 신장의 위치와 구조

2) 신장의 기능

(1) 체내 수분 항상성 유지

사구체를 흐르는 혈액의 양은 매분 1,200mL이나 그중 적혈구와 단백질은 여과되지 않기 때문에 혈장으로 여과가 이루어진다. 혈장의 양은 혈액의 반 정도로 약 600mL 이며 원뇨의 양은 성인의 경우 매분 100~120mL 정도이다. 따라서 사구체로 들어온 혈장량의 20%가 여과된다.

정상인의 소변 배설량은 하루 1,500~2,000mL 내외이며 요소, 요산, 암모니아, 크레아티닌, 나트륨, 수산 등이 소변으로 배설된다.

(2) 혈압 조절

신장에서 분비되는 레닌renin은 간에서 만들어진 앤지오텐시노겐angiotensinogen을 앤지오텐신angiotensin I, II로 활성화하여 알도스테론 분비를 촉진하고, 혈관을 수축함으로써 혈압을 상승시킨다. 신혈류량의 저하나 저염식을 하는 상태에서는 레닌의 분비가 항진되고, 혈류의 증가, 혈압상승, 고염식, 체액량 증가 상태에서는 레닌의 분비가 억제된다.

(3) 삼투압 평형 유지

신장은 나트륨 이온의 재흡수와 배설을 조절하며 체내 일정 농도의 나트륨과 혈장량을 유지한다. 체내대사 산물인 산을 처리하여 체액의 pH를 일정하게 유지한다. 삼투압 평형 유지에 관여하는 인자로는 신경계, 뇌하수체후엽호르몬, 부신피질호르몬, 부갑상선호르몬 등이 있다.

(4) 칼슘 항상성 유지

부갑상선호르몬은 신장을 자극하여 비타민 D를 활성형인 $1,25(OH)_2D_3$로 만든다. 이것은 장내 칼슘의 흡수와 세뇨관의 재흡수를 촉진하고 뼈에서 칼슘을 용출하여 혈중 칼슘 농도를 높인다. 칼슘의 항상성은 부갑상선호르몬parathyroid hormone, PTH과 갑상선의 칼시토닌calcitonin, 활성 비타민 D에 의해 유지된다.

(5) 조혈 작용

조혈 인자인 에리트로포이에틴erythropoietin, EPO을 생산하여, 골수를 자극하고 적혈구의 성숙을 돕는다.

(6) 배설 기능

과잉의 산과 염기, 신진대사에서 생성된 노폐물, 독물질 및 약물 등을 배설한다.

신장질환의 일반 증상

- **단백뇨**: 정상적인 사구체는 혈중 단백질을 여과시키지 않는다. 그러나 사구체에 염증이 생기면 다량의 단백질이 여과되어 세뇨관에서 모두 재흡수되기 어려우므로 소변 중에 단백질이 배출된다.
- **부종**: 신장의 사구체 장애로 신혈류량과 사구체 여과량이 저하되어 나트륨과 수분이 체내에 보유되어 나타난다. 보통 체액이 세포에 4L 정도 모이면 부종이 나타나는데 단백뇨로 인한 저 알부민혈증일 때도 삼투압이 저하되어 수분이 모세혈관에서 조직 사이로 이동하여 부종이 나타난다.
- **고혈압**: 사구체 여과량과 신혈류량의 감소로 혈압이 상승하는데 혈압이 계속 상승하면 신경화증이나 신부전을 동반하기도 한다.
- **혈뇨**: 소변 중에 적혈구가 다량 배설되는 증세로 신장염, 신결석 및 요로장애 시 나타난다.
- **빈혈**: 신장의 조혈인자 부족으로 적혈구와 헤모글로빈이 감소하여 생긴다.
- **핍뇨와 다뇨**: 소변 배설량이 1일 500mL 이하일 때 핍뇨라고 한다. 요농축력이 떨어져 세뇨관의 재흡수 능력이 저하되면 소변의 색깔이 엷어지면서 요 배설량이 증가하는데, 이를 다뇨라고 한다.
- **고질소혈증**: 질소성분을 배설하는 능력이 저하되어 혈중의 질소화합물이 증가된다.
- **요독증**: 신부전 말기에 요소질소, 크레아티닌이 정상의 5배 이상 축적되고 산성증을 유발하며 전신에 독증세를 나타낸다.

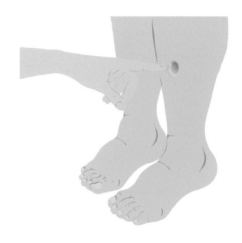

그림 9-2 부종의 진단

2. 사구체신염

1) 급성 사구체신염

(1) 원 인

급성 사구체신염acute glomerulonephritis은 감기나 폐렴 등을 앓고 난 후 갑자기 발병한다. 주로 세균이나 바이러스 감염에 의해서 일어나며 이 중 연쇄상구균이 가장 많다.

(2) 증 상

고혈압, 혈뇨, 부종의 증상이 나타난다. 연쇄상구균에 의한 신염인 경우 발열과 권태감을 동반하는 인두염이 발생한다. 식욕저하와 부종이 나타나고 소변량 감소로 소변의 색이 짙어진다.

(3) 식사요법

급성 사구체신염의 원인이 연쇄상구균 감염일 경우에는 항생제를 사용해야 한다. 급성기에는 절대 안정을 취하고 보온에도 유의한다. 식사요법은 고에너지식, 저단백식, 저염식을 한다. 에너지는 1일 2,000kcal 이상, 단백질은 체중 kg당 0.5g 이하, 나트륨은 1일 1,000~2,000mg, 수분은 전날 소변량에 500mL를 더해 준다.

2) 만성 사구체신염

(1) 원 인

만성 사구체신염chronicglomerulonephritis은 급성 사구체신염에서 이행하거나 처음부터 만성으로 진행하는 경우가 있다. 따라서 본인의 자각 증상 없이 우연한 검사에서 단백뇨, 혈뇨 또는 고혈압으로 진단되어 알게 되기도 한다.

(2) 증 상

환자 중에는 부종이 보이지 않으면서 말기로 진행되는 경우가 많다. 피로, 빈혈, 호흡곤란, 고혈압, 단백뇨, 혈뇨가 나타난다.

(3) 식사요법

에너지는 충분히 공급하고 신장에 부담이 적은 당질 위주로 제공한다. 단백질은 체중 kg당 0.8~1g 정도가 적당하나 단백뇨가 심하면 고단백식을 공급한다. 지질은 적당량 공급한다. 만성 신염으로 다뇨를 보일 때에는 나트륨과 수분 섭취량을 크게 제한하지 않는다. 그러나 고혈압이 심할 때는 나트륨의 양을 하루 1,000~2,000mg으로 제한한다. 부종이 심하면 무염식을 제공한다.

3. 신증후군

1) 원 인

신증후군nephrotic syndrome은 네프로제 증후군이라고도 하며 사구체 기저막에서 단백질 투과성이 비정상적으로 항진되어 하루 3.5g 이상의 단백질이 소변으로 배출되는 상태를 말한다. 신증후군 환자의 80%는 15세 미만이며, 특히 18~48개월의 유아에게 흔히 발생한다.

2) 증 상

다량의 단백뇨가 특징이며 저단백혈증과 저알부민혈증을 수반하여 심한 부종이 나타난다. 혈중 지질의 양이 증가되어 고콜레스테롤혈증을 나타내기도 한다. 기초대사율이 저하되고 오심, 구토, 복통이 생기기도 한다.

3) 식사요법

혈장에서 상실된 알부민을 우선 보충하여야 하므로 생물가가 높은 양질의 단백질 위주로 1일 체중 kg당 0.8~1g을 공급한다. 에너지는 체단백질 분해를 막기 위해 충분히 공급하고 지방과 콜레스테롤은 제한한다. 나트륨은 1일 1,200~2,000mg(소금 3~5g)으로 엄격한 저염식을 한다.

4. 신부전

1) 급성 신부전

급성 신부전acute renal failure은 갑작스런 세뇨관 손상이나 사구체 여과율 감소로 신기능이 급격하게 저하되어 생체의 항상성을 유지할 수 없는 상태이다. 급성 신부전의 주된 원인은 신장의 허혈ischemia이다.

(1) 원 인

신전성 신부전 급성 신부전 환자의 대부분이 신전성이다. 대량의 출혈, 화상, 심한 탈수, 쇼크 및 혈압강하제 복용 등으로 인해 순환 혈액량이 부족할 때 발생한다.

신장성 신부전 급성 사구체신염이나 독성 물질에 의해 신장 자체의 사구체 여과율이 감소된다.

신후성 신부전 신장의 혈류는 충분해서 신장 기능은 정상이나 신장을 지나는 요로의 폐색, 신결석 및 전립선 종양 등으로 신혈관이 압박되어 발생한다.

(2) 증 상

신전성, 신장성, 신후성 증후에 따라 증상이 다르나 핍뇨기, 이뇨기, 회복기를 거친다.

핍뇨기 사구체 여과율의 감소로 1일 소변 배설량이 400~500mL 이하로 감소되는 시기로 대개 1~2주간 계속된다. 이때는 혈중 요소, 크레아티닌, 칼륨 및 인산 농도가 상승하고 산독증, 고칼륨혈증, 부종 및 고혈압의 증상들이 나타난다. 핍뇨기가 1주 이상 계속될 때는 요독증이 나타나므로 투석이 필요하다.

이뇨기 핍뇨기가 지나면 이뇨기가 시작되는데 세뇨관의 재흡수 능력의 저하로 인해 1일 소변 배설량이 3,000mL까지 증가하며 약 1주간 계속된다. 이 시기에는 다량의 수분과 전해질을 상실하므로 이의 보충이 필요하다.

회복기 이뇨기 후 서서히 단계적으로 회복되어 1일 소변 배설량이 정상으로 되돌아오고 신장 기능도 완전히 정상화되는 시기이다. 급성 신부전 환자의 50~60% 정도는 회복이 가능하다.

(3) 식사요법

핍뇨기 수분과 질소 대사산물의 배설이 저하되므로 엄격한 수분제한이 필요하며, 전일 요량에 500mL를 더하여 줄 수 있다. 고질소혈증의 개선을 위하여 1일 1,800kcal 이상의 고에너지식을 하고, 단백질은 투석 시행 여부에 따라 조절하며 나트륨도 1일 1,000~2,000mg으로 제한한다 표 9-1.

이뇨기 소변량이 정상으로 회복되고, 고질소혈증이 개선되면 보통식으로 공급한다.

표 9-1 급성 신부전 시의 영양소별 고려사항

구분	내용
에너지	35~50kcal/kg 기초소모에너지 × 1.5
단백질	투석 시행 여부에 따라 조절 • 투석을 하지 않을 경우: 0.6~0.8g/kg • 투석을 할 경우: 1~1.5g/kg
나트륨	1,000~2,000mg/일 단, 이뇨 시기에는 나트륨 배설량, 부종, 투석 빈도수에 따라 보충이 필요함
칼륨	고칼륨혈증이 있는 경우 2,000mg/일 이하 단, 이뇨 시기에는 소변량, 칼륨 배설량, 혈액 내 칼륨치, 투석 빈도수, 사용하는 약제의 종류에 따라 보충이 필요함
수분	1일 소변 배설량 + 500mL 이뇨 시기에는 충분한 물 섭취가 필요함

출처: (사)대한영양사협회, 임상영양관리지침서, 2010

다뇨가 심한 경우는 수분 및 전해질 공급이 필요한 경구급식이 바람직하나 이것이 불가능하면 경관영양을 실시한다.

2) 만성 신부전

(1) 원인

만성 신부전chronic renal failure은 네프론의 계속적인 손실에 의해 지속적이고 비가역적으로 신기능이 감소되는 것이 특징이며 당뇨병, 사구체신염, 고혈압 등이 주된 원인이다. 크레아티닌과 요소제거율의 감소로 혈청 내 크레아티닌 농도와 요소질소 농도가 증가한다.

(2) 증상

사구체 여과율이 분당 15mL까지 감소하여도 신기능의 저하로 인한 증상이 나타나지 않는 사람도 있다. 고질소혈증은 질소 대사물질인 요소와 크레아티닌 등이 정상보다 높은 것으로 사구체 여과율이 정상의 20~35%까지 감소하면 나타난다 표 9-2.

수분, 전해질, 산염기 장애 요 농축력 장애로 다뇨, 야뇨, 갈증을 수반하며 회석기능 장애로 인해 탈수, 저혈압, 그리고 수분 과잉으로 저나트륨혈증, 의식장애, 경련 등이 초래될 수 있다. 말기 신부전에서는 나트륨 및 수분 과잉으로 고혈압, 부종 등을 초래하고 일부에서는 나트륨 및 수분 소실로 혈압이 정상이거나 저하되고 저혈압이 초래될 수 있다. 사구체 여과율이 분당 10mL 이하로 감소하면 유기산의 체내 축적으로 대사성 산증이 나타난다.

심혈관계 장애 고혈압, 고지혈증, 당불내성, 심박출량의 증가 등으로 죽상경화증이 발생한다.

혈액학적 장애 적혈구 조혈인자의 생성 저하로 빈혈이 나타나고, 혈소판 기능장애로 지혈이 지연될 수 있다.

위장관 장애 식욕감퇴, 오심, 구토 등을 동반하며 이러한 증상은 투석으로 회복될 수 있다.

신경학적 장애 중추신경장애로 불면증, 집중력 장애, 기억력 장애, 졸음, 피로감, 우울증, 경련, 혼수 등이 나타나는데 투석하지 않으면 근무력증과 사지마비를 초래할 수 있다.

기 타 면역기능 저하로 감염이 일어날 수 있으며 고인산혈증과 저칼슘혈증으로 인한 신성 골이영양증, 에리트로포이에틴의 감소로 인한 빈혈, 레닌 분비 증가로 인한 고혈압증, 혈청 중 인의 증가와 칼슘 감소로 인한 대사성 산증을 유발한다.

| 표 9-2 | 만성 신부전의 단계

단계	정의	GFR(mL/분)
1	신장 손상(GFR 정상 또는 증가)	≥ 90
2	신장 손상(경한 GFR 감소)	60~89
3	신장 손상(중등도 GFR 감소)	30~59
4	신장 손상(중한 GFR 감소)	15~29
5	신부전	≤ 15(또는 투석)

출처: (사)대한영양사협회, 임상영양관리지침서, 2010

표 9-3 만성 신부전 환자의 단백질과 에너지의 권장섭취량

GFR(mL/분)	단백질(g/kg/일)	에너지(kcal/kg/일)
>60	일반적으로 제한하지 않음	≥35
25~60	0.6g/kg/일(≥0.35g/kg/일, 생물가가 높은 식품)	≥35
5~25	0.6g/kg/일(≥0.35g/kg/일, 생물가가 높은 식품)	≥35
	0.3g/kg/일(필수아미노산 또는 케토아미노산으로 보충)	

출처: (사)대한영양사협회, 임상영양관리지침서, 2010

(3) 식사요법

에너지 단백질이 제한된 식사를 하는 환자는 섭취한 단백질이 에너지로 분해되어 사용되는 것을 방지하고 이상체중을 유지하기 위하여 충분한 에너지가 공급되어야 한다. 체중 유지를 위한 에너지 공급은 표준체중 kg당 35kcal 이상이 권장된다 표 9-3.

단백질 혈액 내 요소를 감소시켜 요독증의 증상을 막고 잔여 신장 기능 유지를 위해 단백질 제한이 필요하다.

일반적인 단백질의 권장량은 사구체 여과율에 따라 체중 kg당 0.3~0.6g이다. 단백질의 60% 이상은 생물가가 높은 단백질인 달걀, 우유, 육류, 가금류 및 생선류 등으로 공급한다.

에너지를 증가시키기 위한 식사요령

- 사탕, 젤리, 꿀 등을 자연스럽게 자주 먹는다.
- 음료수에 설탕이나 전분, 에너지 보충물을 첨가하여 마신다.
- 조리된 음식에도 에너지 보충물을 첨가한다.
- 빵, 떡, 비스킷 등에는 꿀, 버터, 마가린 등을 듬뿍 발라 먹는다.
- 조리할 때는 볶음이나 튀김요리를 주로 한다.
- 물 대신에 사이다 등의 단 음료수를 마신다.

나트륨 사구체 여과율이 저하되면 신장을 통한 나트륨 배설 능력이 감소되어 부종, 고혈압, 심장울혈 등의 합병증이 올 수 있다. 이 경우 나트륨을 1일 1,500~3,000mg 으로 제한한다.

칼 륨 칼륨의 배설은 거의 전적으로 신장을 통하여 이루어지므로 신부전 환자에서는 고칼륨혈증이 흔히 나타난다. 단시간에 칼륨 농도가 급격히 상승하는 경우에는 신체 근육 및 심장근육에 영향을 미쳐 사지마비, 부정맥, 심장마비 등을 초래하여 위험해 질 수 있다.

고칼륨혈증을 예방하기 위하여 칼륨제한식이 권장된다. 일반적으로 1일 2,800mg 이하의 칼륨 섭취를 권장하나 때로는 1,600mg(40mEq)까지 제한하기도 한다. 1,600mg 이하의 식사를 하면서도 고칼륨혈증이 계속된다면 투석을 고려하여야 한다. 칼륨 섭취를 줄이기 위해서 칼륨 함량이 많은 채소, 과일, 잡곡, 두유 등을 제한한다.

칼륨을 조절하기 위한 식사요령

- 체조직 분해로 인한 칼륨의 유출을 막기 위하여 적절한 에너지를 섭취한다.
- 칼륨이 많은 식품을 알고 알맞은 식품을 선택한다.
- 칼륨이 많이 포함된 식품을 먹을 경우에는 소량씩 간격을 두고 먹는다.
- 과일의 껍질을 제거하고 잘게 썰어 물에 담갔다가 먹거나 채소를 많은 양의 물에 삶아 그 물은 버리고 조리한다.

칼슘과 인 인이 많이 함유된 식품은 주로 고단백식품이므로 저단백식사가 인 조절에 도움이 된다. 그러나 신부전증이 진행하여 사구체 여과율이 15mL/분 이하로 떨어지 면 대부분 인의 농도가 상승하게 되므로 인결합제의 복용이 불가피하다. 신부전 환자 에서 인을 조절하기 위해서는 표준체중 kg당 8~12mg이 권장된다. 사구체 여과율이 하루 50mL/분 이하로 감소하면 인을 하루 800mg 이하로 제한하며 필요 시 인결합제 제나 탄산칼슘을 복용한다.

신장 기능의 저하는 비타민 D의 결핍증을 초래하여 칼슘 흡수가 저하될 뿐만 아니

인을 조절하기 위한 식사요령

- 우유, 요구르트, 아이스크림 등의 유제품과 탄산음료를 제한한다.
- 단백질식품은 필요량에 맞추어 제한된 량을 사용한다.
- 전곡류, 잡곡, 견과류를 피한다.

라 저단백식, 저인식으로 칼슘의 섭취 자체도 감소된다. 투석하지 않는 신부전 환자의 1일 칼슘요구량은 1,200mg이며, 요구량의 약 40%는 식사로부터 공급받도록 하는 것이 바람직하다. 나머지는 보충제로 공급한다.

수 분 신부전 환자의 수분 요구량은 개인에 따른 차이가 많다. 신장에서의 소변 농축 기능이 상실되어 소변량이 증가하는 환자에게는 수분을 충분히 공급한다.

나트륨 평형이 유지되는 환자에서는 갈증을 통한 수분 섭취의 조절로 수분평형이 정상적으로 유지되나 사구체 여과율이 5mL/분 이내로 저하되면 수분 섭취를 제한해야 한다. 부종이 없고 혈압, 혈청 나트륨이 정상인 상태에서는 24시간 소변량에 불감 손실량인 500~750mL를 더하고 여기에 구토로 인한 수분 손실량을 더하여 1일 수분량을 정한다.

수분조절 및 갈증을 해소하기 위한 식사요령

- 신맛이 나는 레몬 조각을 씹어 침샘을 자극한다.
- 새콤하고 딱딱한 캔디를 먹거나 껌을 씹는다.
- 입안을 물로 헹구되 삼키지는 않는다.
- 얼음조각을 물고 있다.
- 갈증이 심할 때는 허용된 한도 내에서 음식을 먹는다.
- 가능하면 작은 컵을 사용한다.
- 짠 음식을 피한다.

5. 투석요법

1) 혈액투석

혈액투석hemodialysis은 신장이 제 기능을 할 수 없을 때 신장을 대신해서 몸속에 쌓인 노폐물을 반투과성 인공막을 이용하여 기계적으로 혈액을 직접 걸러 제거하는 치료방법이다. 투석의 목적은 신장 기능의 일부를 대신하여 체내 과잉의 수분과 염분을 제거하고 전해질의 이상을 교정하는 것이다. 일반적으로 사구체 여과율이 정상의 5~8% 이내로 떨어지거나, 혈중 크레아티닌치가 10mg/dL가 되면 투석이 필요하다. 투석 전에 동정맥 문합술이나 동정맥 이식을 통해 혈관 접근장치를 만들어야 한다.

투석 시 식사요법은 에너지를 충분히 공급하며 투석 중 손실되는 아미노산과 질소를 보충하기 위해 단백질도 충분히 공급한다. 만성 신부전과 비슷하나 투석 시 수용성 비타민 손실이 있을 수 있으므로 엽산과 철이 함유된 종합비타민의 보충이 필요하다. 고칼륨혈증은 부정맥을 초래하므로 칼륨 섭취를 제한한다.

2) 복막투석

복막투석peritoneal dialysis은 고삼투압의 덱스트로오스 용액을 복강 내로 주입하여 체내에 있는 과다한 수분과 노폐물을 인위적으로 제거하는 과정이다. 노폐물 제거와 전해질, 체액, 혈압 조절이 쉬운 장점이 있다. 복막투석의 종류에는 지속성 외래 복막투석과 지속성 주기 복막투석이 있다. 후자는 주로 어린 환자들에게 사용된다.

복막투석은 지속적으로 이루어지므로 식사요법이 비교적 자유롭다. 그러나 투석액을 통하여 하루 4~15g의 단백질과 비타민이 배출되고 투석액의 일부 당이 흡수되어 비만과 고중성지방혈증을 초래할 수 있다. 고지혈증, 고인산혈증 및 신성골이영양증 등을 예방해야 한다. 영양소별 고려사항은 표 9-4와 같다.

표 9-4 복막투석 시의 영양소별 고려사항

구분	내용
에너지	식사를 통한 에너지 섭취량 = 총 에너지 요구량 – 투석액으로부터 얻는 에너지량 • 총 에너지 요구량 = 25~35kcal/kg 표준체중 • 투석액으로부터 얻는 에너지량 = 덱스트로오스 농도(g/L) × 3.4(kcal/g) × 투석액 용량(L)
단백질	1.3~1.5g/kg 표준 체중 복막염 시 단백질량 증가
나트륨	2,000~4,000mg/일 단, 체중과 혈압에 따라 개별적으로 적용
칼륨	칼륨 함량이 높은 식품은 중 정도로 사용 단, 고칼륨혈증이 유발될 경우 칼륨 섭취량은 2,340~2,730mg 정도로 제한
수분	2,000mL 이상/일 또는 24시간 투석배액 + 24시간 소변량
인	≤17mg/kg 표준체중
칼슘	혈액 내 칼슘치에 따라 조절
단순당질	고지혈증이 있거나 체중이 표준체중 이상일 경우 섭취량을 제한
알코올	고지혈증이 있을 경우 제한 단, 식욕 촉진을 위해 의사의 처방이 있을 경우는 제외
포화지방	고콜레스테롤혈증이 있을 경우 포화지방 대신 불포화지방을 사용
콜레스테롤	고콜레스테롤혈증이 있을 경우 저콜레스테롤식품으로 적절한 단백질 섭취가 가능하다면 콜레스테롤을 제한

출처: (사)대한영양사협회, 임상영양관리지침서, 2010

6. 신결석

신결석nephrolithiasis은 여성보다 남성에게 더 많으며 소변 성분이 농축되어 결정이 형성되어 발생한다. 정확한 원인은 밝혀져 있지 않으나 부갑상선호르몬의 증가, 비타민 A 결핍증, 감염성 질병, 신진대사 장애, 수분 섭취 부족, 비뇨기 질병 등이 원인으로 알려져 있다. 결석의 크기는 모래알만큼 작은 것부터 매실 정도로 큰 것도 있다.

결석은 신장에서 주로 발생하여 비뇨기관으로 이동해서 각종 병변을 나타내므로 장소와 결석의 크기에 따라 증상도 다르다. 만일 결석이 신우에 있으면 잦은 소변과 배뇨 시 통증이 있고, 신우의 출구 및 요도로 이동하면 심한 통증이 일어나서 신장, 허리, 방광까지 아프며 혈뇨가 나온다. 요관이 막히면 소변이 정체되어서 발작을 일으켜 위험한 상태가 된다.

신결석의 종류는 주로 칼슘염 · 요산 · 시스틴 결석이다. 결석의 종류에 따라 영양소별 고려사항은 표 9-5와 같다. 결석이 있는 경우 임상적인 특징은 비슷하나 원인과 치료법은 다르다. 또한 결석의 형태 및 원인과 관계없이 많은 양의 수분을 섭취하는 것이 필수적이다. 수분 공급은 요를 희석하므로 결석을 형성하는 무기질의 결정화를 막는다.

표 9-5 신결석의 영양소별 고려사항

구분		내용
수산칼슘결석, 인산칼슘결석	단백질	동물성 단백질을 많이 섭취하면 칼슘의 배설이 증가하므로 과잉의 생선, 육류, 가금류, 달걀 등을 피함
	칼슘	600~800mg 정도 권장
	나트륨	중 정도(2,000~3,500mg)로 제한
	수산	수산은 제한(1일 50mg 이하) 아스코르빈산 보충제는 1일 1g 미만으로 함
	인	저인식, 인결합약제 사용
	수분	시간당 약 250~300mL 정도 증가
	섬유소	고섬유소식 권장
시스틴결석		저단백식, 1일 수분 4L 이상 섭취, 알칼리성 음식 삼가
요산결석		퓨린 함유 식품 감소, 알칼리성 음식 증가

출처: (사)대한영양사협회, 임상영양관리지침서, 2010

1) 칼슘결석

(1) 원 인

대부분의 신결석은 칼슘을 함유하는 수산칼슘결석과 인산칼슘결석이며, 중년 남성에게 가장 흔히 발생한다.

성인의 하루 칼슘 권장량인 700~800mg 이상을 함유하는 식사를 하는 경우에 칼슘 배설량이 증가하게 된다. 칼슘 배설량은 섭취량에 비례하는데, 이는 칼슘 배설량이 칼슘 항상성 기전에 의해 조절되기 때문이다. 그러나 어떤 사람에 있어서는 칼슘 섭취량에 따라 칼슘 배설량이 조절되지 못하고 저칼슘식 섭취 후에도 과잉의 칼슘이 배설되는데, 이 경우를 특발성 고칼슘뇨증이라고 하며, 결석 환자의 약 40%를 차지한다.

칼슘결석의 원인

★ 칼슘 과잉 섭취   ★ 비타민 D 과잉 섭취
★ 운동 부족   ★ 부갑상선 기능항진증
★ 세뇨관의 산독증

(2) 식사요법

칼슘결석 환자는 하루 600~800mg의 칼슘식을 권장한다. 이는 환자의 고칼슘혈증을 치료하고 고수산증과 음(−)의 칼슘평형을 방지하기 위해서이다. 수산칼슘결석인 경우에는 아스파라거스, 초콜릿, 코코아, 시금치, 커피, 녹색채소, 무화과, 자두, 후추, 홍차, 젤라틴 등 수산 함유량이 높은 식품의 섭취를 금한다. 칼슘을 심하게 제한하면 수산의 흡수를 높여 소변으로 수산 배설을 증가시킬 수 있다. 비타민 C도 약 1/2 정도가 수산으로 전환되므로 비타민 C 보충제 섭취를 제한한다. 동물성 단백질의 섭취가 증가하면 칼슘의 배설이 증가한다.

비타민 B_6 결핍이 수산염 생성을 증가시키므로 비타민 B_6가 충분한 음식은 수산염

형성을 감소시킬 수 있다고 한다. 인산칼슘결석인 경우 인 함유량이 높은 식품인 우유와 유제품, 달걀, 내장, 근대, 시금치, 갓, 멸치, 정어리, 전곡, 견과류 등의 섭취를 제한한다.

2) 요산결석

신결석 발생률의 약 4%를 차지하는 요산결석은 통풍과 같이 퓨린의 중간대사물로부터 요산의 생성을 통하여 형성된다. 식사 중 퓨린 함량을 조절하기 위해 육류, 전곡, 두류의 섭취량에 주의해야 하며, 요의 pH를 올리기 위해 알칼리성 식품의 섭취가 필요하다.

3) 시스틴결석

황을 함유하는 아미노산인 시스틴이 체내에서 분해되지 않으면 신장 세뇨관 재흡수에 결함이 생겨 시스틴이 요에 축적되어 시스틴뇨증이 된다. 선천적인 아미노산 대사장애이므로 저단백 식사가 사용되나, 거의 모든 단백질이 시스틴을 함유하고 있기 때문에 별로 큰 효과는 없다. 황 함량이 적은 아미노산으로 구성된 식사와 하루 4L 이상의 수분 섭취가 권장된다.

1. 신장의 배설, 분비, 조절 기능의 장애로 인해 발생되는 증상으로 신부전의 말기에 나타나는 것은?

2. 신증후군의 주요 증상은?

3. 사구체 여과 기능을 알 수 있는 지표는?

4. 기계를 이용하여 혈액 속의 과잉 수분과 노폐물을 반투과막을 통해 투석액으로 제거하는 방법은?

5. 신장에서 만들어지는 호르몬으로 골수를 자극하고 적혈구의 성숙을 돕는 조혈인자는?

▶ 정 답

1. 요독증
2. 단백뇨, 부종, 고지혈증
3. 사구체 여과율
4. 혈액투석요법
5. 에리트로포이에틴

chapter

감염 및
호흡기 질환

1. 감염성 질환
2. 호흡기질환

10 감염 및 호흡기 질환

감염성 질환은 바이러스나 세균, 원충 등 병원체가 인체에 침입하여 발생한다. 병원체에 의한 감염은 음식물 섭취나 호흡에 의한 흡입, 다른 사람과의 접촉 등 다양한 경로를 통해 일어난다. 그러나 병원체와 접촉되었다고 해서 언제나 감염성 질환이 발생하는 것은 아니고, 인체의 면역기능이 저하되어 있거나 병원체의 독성이 강한 경우, 또는 대량의 병원체에 노출되었을 때 걸리게 된다.

호흡기질환은 비강, 기관지, 폐 등의 호흡기계에 발생하는 질환으로 감염이나 영양을 비롯한 환경요인의 영향을 받는다.

용어 설명

감염성 질환 infectious diseases   바이러스나 세균, 원충 등의 병원체가 침입하여 발생하는 질병

류머티즘열 rheumatic fever   연쇄구균 감염에 의해 관절과 심장에 염증이 나타나는 질환

만성 폐쇄성 폐질환 chronic obstructive pulmonary disease, COPD   기도가 폐쇄되어 폐를 통한 공기의 흐름에 장애가 나타나는 질환으로 만성 기관지염과 폐기종이 있음

피토케미컬 phytochemical   식물이 생존을 위해 만들어낸 각종 화학물질로서 식물생리 활성영양소 혹은 식물내재 영양소라고 함. 인체 내에서는 항산화작용, 암 예방, 심혈관질환 예방 등 유익한 기능을 함

1. 감염성 질환

1) 감염 시의 체내 대사

감염성 질환infectious diseases의 대표적 증상은 발열로서 신체 수분과 에너지를 비롯한 여러 영양소의 손실이 따른다. 발열 전에 오한이 있고 해열될 때에는 흔히 땀이 난다. 또한 식욕부진으로 음식 섭취량이 감소하고, 호흡수 증가, 발한량 증가, 구토 및 설사로 인해 각종 영양소와 수분, 나트륨이 손실된다. 이에 따라 알도스테론과 항이뇨호르몬 분비가 증가하고 수분과 나트륨이 체내에 축적되며 소변량이 감소한다. 그러나 회복기에는 탈수, 발열, 발한 증세가 멈추게 되고 소변량이 증가한다.

장에 감염성 질환이 발생했을 때에는 흡수 불량이 초래되고, 조직 단백질 분해가 증가하여 요소 배설량이 많아져 신장에 부담을 주게 된다.

감염 시의 대사변화

★ **발열**: 체온 1℃ 상승 시 기초대사량 약 13% 증가

★ 탈수, 발한, 호흡수 및 심박수 증가

★ 간 글리코겐 분해, 혈당 상승, 체지방 및 체단백 분해

★ 수분과 나트륨 체내 저류, 소변량 감소

2) 감염 시의 영양관리

감염성 질환의 식사는 고에너지, 고단백질, 고비타민식을 기본으로 한다. 급성기에는 식욕과 소화기능이 저하되어 있으므로, 당질과 소화가 잘되는 양질의 단백질을 함유한 유동식이나 반유동식을 제공한다. 증상이 회복되면 에너지와 단백질을 증가시키고, 고열, 설사, 구토가 심하면 수분, 나트륨, 칼륨을 보충해 준다.

CHAPTER 10

에너지 에너지를 체중 kg당 40~50kcal로 충분히 공급하는데, 발열, 감염, 활동 정도에 따라 조절한다.

당 질 발열 환자는 대사가 항진되므로 체내에 저장된 글리코겐이 감소한다. 따라서 당질을 하루 300~450g으로 충분히 공급하여 체단백질이 에너지로 소모되는 것을 방지해야 한다.

단백질 체단백질 분해에 따른 보수와 면역체 형성에 양질의 단백질이 다량 필요하다. 체중 kg당 2g 정도로 하루 100~120g의 단백질을 공급한다.

지 질 고에너지 식사를 위해 지질을 충분히 공급하는데, 소화하기 쉬운 우유, 크림, 버터 등 유화지방을 이용한다.

비타민 에너지와 3대 영양소의 대사가 항진되므로 이에 관여하는 비타민 B 복합체를 충분히 공급하고, 인체 저항력과 면역기능에 관여하는 비타민 A와 비타민 C도 보충해준다.

무기질 나트륨과 칼륨의 손실이 일어나기 쉬우므로 소금을 첨가한 고기 국물 등을 공급하여 무기질을 보충한다. 과일과 채소는 칼륨의 좋은 급원식품이다.

3) 장티푸스

(1) 원 인

장티푸스typhoid fever는 살모넬라 티피균Salmonella typhi의 감염으로 발생하는 전염성 질병이다. 환자나 보균자의 대소변에 의해 오염된 음식이나 물을 통해 감염되며 잠복기는 약 1~2주일이다.

(2) 증 상

고열이 심하고 오한, 두통, 권태감, 복통, 설사, 피부발진이 나타나고, 심하면 장궤양과 장출혈이 일어난다.

(3) 식사요법

발열에 의해 대사율이 증가하고 체단백질 분해도 증가한다. 따라서 이를 보충하기 위하여 고에너지와 고단백식이 필요하다. 특히 체단백질 소모를 막기 위해 당질을 충분히 공급하고, 장에 자극을 주지 않도록 섬유소가 적은 식품을 선택한다. 증세가 심할 때에는 유동식을 공급하다가 회복기에 들어서면 점차 정상식으로 이행한다. 그러나 장출혈이 있을 때에는 금식하도록 한다.

4) 콜레라

(1) 원 인

콜레라cholera는 콜레라균*Vibrio cholerae*의 감염으로 발생하는 전염성 질병이다. 콜레라균은 환자의 분변이나 구토물로 오염된 음식과 물을 통해 전염되는데, 날것이나 덜익은 해산물이 감염원이 되는 경우도 있다. 잠복기는 수 시간에서 5일까지이며 보통 2~3일이다. 콜레라는 국내에 토착하고 있는 감염증은 아니며, 특히 동남아 지역에서 들어오는 유행성 전염병이다. 해외 여행객과 근로자의 증가에 의해 해외 유행지역에서 콜레라균의 국내 유입이 증가하고 있는 추세이다.

(2) 증 상

복통을 동반하지 않는 급성 수양성(물 같은) 설사, 메스꺼움과 구토가 나타난다. 콜레라는 몇 차례 설사하는 정도의 경증 환자로부터 설사를 시작한 지 4~12시간 만에 쇼크 상태에 빠지고, 18시간~수일 내에 사망할 정도로 심한 설사를 하는 중증 환자도 있다. 설사가 시작되면 물 같은 대변이 계속 쏟아져 나오는데, 대개는 쌀뜨물 같은 모습이다. 극심한 설사로 심한 탈수증세를 보이고, 호흡이 빨라지며 소변량은 감소한다.

(3) 식사요법

탈수가 심하거나 물을 마시지 못하는 환자에게는 손실된 수분과 전해질을 정맥영양으로 공급하여 체내 전해질 불균형을 교정해 준다. 구토가 없고 탈수가 심하지 않으면 경구적으로 물과 전해질을 공급한다. 설사가 멈출 때까지는 유동식이나 반유동식을 주고 점차 정상식으로 이행한다.

5) 세균성 이질

(1) 원 인

세균성 이질shigellosis은 시겔라균Shigella의 감염으로 발생하는 전염성 질병이다. 환자나 보균자의 대변으로 배출된 이질균에 오염된 음식과 물을 통해 전염되는데, 집단적으로 발생하기 쉽다. 세균성 이질은 매우 적은 양의 세균으로도 감염되므로 선진국에서도 감소하지 않고 있다.

(2) 증 상

심한 복통과 경련이 일어나고 고열, 메스꺼움, 구토 증세와 함께 하루에 20～30회 정도의 설사를 한다. 심한 경우 변에 혈액이나 점액, 농 등이 섞여 나온다.

(3) 식사요법

물을 마시지 못하고 탈수가 심하면 정맥주사로 보충해 주고, 탈수가 심하지 않으면 경구적으로 물과 전해질을 공급한다. 설사가 멈출 때까지는 유동식이나 반유동식을 주고 점차 정상식으로 이행한다.

6) 류머티즘열

(1) 원 인

류머티즘열rheumatic fever은 연쇄상구균Streptococcus 감염에 의해 관절과 심장에 염증이 나타나는 질환이다. 연쇄구균을 공격하기 위해 생성되는 항체가 자가면역질환으로 발전하여 관절이나 심장 조직을 공격함으로써 발생한다. 위생과 영양이 불량한 지역의 4～18세의 어린이와 청소년에게 발병률이 높다.

(2) 증 상

주요 증상은 류머티즘성 관절염의 초기증세와 같으며, 조기에 발견하여 치료하지 않으면 심장판막에 영구적인 손상이 남게 된다.

(3) 식사요법

발병 초기에는 유동식이나 연식으로 부드러운 식사를 하고, 점차 에너지, 단백질, 비타민의 공급을 증가시킨다. 영양소 증가량은 환자의 체중과 체온, 건강 상태에 따라 결정한다. 급성 환자에게는 염증 치료를 위해 스테로이드제를 처방하는데, 이들 약제는 나트륨과 수분을 체내에 보유하게 하므로 나트륨 제한식사를 해야 한다.

2. 호흡기질환

1) 감 기

(1) 원 인

바이러스 감염에 의해 발생하는 감기common cold는 코와 목 부분이 포함된 상부 호흡기계의 감염증으로서 사람에게 나타나는 가장 흔한 급성 질환 중 하나이다. 200여 종 이상의 서로 다른 바이러스가 감기를 일으키는데, 그중 30~50%가 리노바이러스Rhinovirus이고 10~15%는 코로나바이러스Coronavirus이다. 회복된 후에는 면역이 생기지만 예방효과가 강하지 않아 오래 지속되지 않고, 서로 다른 병원체가 존재하므로 재감염될 수 있다. 잠복기는 보통 1~3일이다.

(2) 증 상

감기는 바이러스의 종류에 따라 증상이 약간씩 다른데, 흔히 콧물, 코 막힘, 목 부위의 통증, 기침과 근육통이 나타난다. 열이 나는 경우는 드물거나 미열에 그치지만, 소아에서는 발열 증상이 자주 나타난다. 결막염이 동반되어 눈물이 나기도 한다. 대개 1주일 내에 치유되지만 심한 경우에는 부비동염(축농증), 중이염, 기관지염 등의 합병증이 발생할 수 있다.

(3) 치료와 예방

감기는 병원체인 바이러스에 대한 치료법이 없기 때문에 증세를 완화시키는 치료를 한다. 두통이나 열이 있으면 해열진통제, 콧물에는 항히스타민제, 기침에는 진해제를 투여한다. 세균 합병증이 있을 때에는 항생제를 사용한다.

감기를 예방하기 위해서는 감기 바이러스와 접촉할 수 있는 기회를 차단하여야 한다. 손을 자주 씻고 손으로 눈이나 코, 입을 만지지 말고, 다른 사람과 수건 등을 함께 쓰지 말아야 한다.

(4) 식사요법

감기는 대개 1주일 정도면 치유되지만 심한 경우에는 한 달 이상 지속되어 합병증을 유발할 수 있으므로, 안정을 취하면서 영양을 충분히 공급해야 한다. 기침이 심할 때에는 공기가 건조하지 않도록 습도를 조절하고 물을 많이 마시도록 한다. 대사량이 증가하고, 에너지 소모를 보충하기 위해 체조직 단백질이 분해되므로 고에너지, 고단백, 고비타민식을 계획한다. 비타민 A는 코와 목의 점막 저항력을 강화하여 바이러스의 침입을 막아주고, 비타민 B 복합체는 에너지 대사에 필요하므로 충분히 공급한다. 비타민 C는 항산화 작용에 의해 면역기능을 강화하므로 충분히 보충해 준다.

2) 급성 폐렴

(1) 원 인

폐렴pneumonia은 폐에 염증이 생겨 폐가 충혈되고 심장에 부담을 주는 질환이다. 항생제 사용으로 급성 폐렴의 사망률이 많이 감소하였지만 노인과 영유아의 경우에는 아직도 위험성이 크며, 특히 노인은 혈액순환 장애로 인하여 사망하기도 한다.

폐렴 병원체는 세균, 바이러스, 곰팡이 등이 있지만 폐렴구균*Streptococcus pneumonia*에 의한 세균성 폐렴이 흔히 발생한다. 그 밖에도 화학물질이나 방사선 치료 등에 의해 비감염성 폐렴이 발생할 수 있다.

비타민 C와 감기 예방

면역기능을 담당하는 백혈구에는 비타민 C 농도가 매우 높다. 비타민 C는 항산화기능이 있으므로 면역작용 중 생성된 활성산소를 제거하여 면역세포가 손상되는 것을 방지한다. 따라서 비타민 C는 감염성 질환인 감기의 예방에 도움이 될 수 있다. 귤이나 오렌지, 레몬 등 감귤류 식품에는 비타민 C가 풍부하게 들어 있으며, 비타민 C 보충제에는 들어있지 않은 피토케미컬phytochemical이 들어 있어 건강 증진에 도움이 된다.

인플루엔자influenza(독감)

독감은 주로 겨울철에 인플루엔자 바이러스에 의해 일어나는 급성 호흡기질환이다. 공기를 통해 호흡기로 감염되어 갑작스런 고열과 두통, 근육통, 전신 쇠약감 같은 전반적인 신체 증상이 나타난다. 독감은 전염성이 강하고, 노인이나 소아, 질병을 앓고 있는 사람이 걸리면 사망률과 합병증 발생이 증가한다. 독감은 일반 감기와는 원인균과 병의 경과가 다르기 때문에 서로 다른 질병이다.

신종 인플루엔자 AH1N1

신종 인플루엔자 A는 A형 인플루엔자 바이러스가 변이를 일으켜 생긴 새로운 바이러스로서 2009년에 전 세계적으로 사람에게 감염을 일으킨 호흡기질환이다. 신형 바이러스는 면역력이 없는 사람들에게 인플루엔자의 대유행을 일으키고 수많은 사망자를 발생시켰다. 갑작스런 고열(38~40℃)과 근육통, 두통, 오한 등의 전신 증상과 마른기침, 인후통 등의 호흡기 증상이 나타난다. 예방을 위해 손을 자주 씻고, 손으로 눈이나 코, 입을 만지지 말아야 한다.

(2) 증 상

일반적인 증상으로는 오한과 발열(38℃ 이상)로 시작하여 기침, 가래, 식욕부진, 빈번한 호흡과 호흡곤란이 오고 때때로 흉통이 나타난다. 열이 나므로 대사가 항진되어 에너지 소모가 많아지고, 체단백질이 분해되어 체중이 감소한다. 폐에 염증이 광범위하게 발생하여 산소 교환에 심각한 장애가 생기며 호흡부전으로 사망할 수 있다.

(3) 식사요법

폐렴에 걸리면 감염과 호흡량 증가에 의해 기초대사량이 증가하고, 고열로 인해 수분과 전해질이 손실된다. 그러나 식욕부진으로 음식물 섭취가 어려워지므로 영양불량이 발생할 위험이 크다. 에너지와 단백질을 충분히 공급하되 폐의 부담을 줄이기 위해 소량씩 자주 공급하는 것이 좋다. 수분을 충분히 섭취하면 기침할 때 폐 분비물을 배출하는 데 도움이 된다. 우유 섭취는 갈증 해소와 필수영양소 공급을 위한 좋은 방법이다. 커피와 탄산음료, 자극적인 음식, 찬 음식은 피하는 것이 좋다.

3) 폐결핵

(1) 원 인

폐결핵pulmonary tuberculosis은 결핵균*Mycobacterium tuberculosis*이 폐에 침범하여 만성 염증을 일으켜 폐가 파괴되는 질병이다. 발병요인으로는 과로, 영양실조에 의한 저항력 저하, 대도시의 인구 집중 및 대기오염 등이 있다.

폐결핵은 결핵균을 가지고 있는 환자가 주 감염원으로서 환자가 재채기나 기침 또는 말을 할 때 호흡기로부터 나온 작은 수포로 전파된다. 성인의 경우 다른 사람에게서 전염되어 걸리는 것보다는 자신의 몸속에 있던 균이 저항력이 약해지거나 영양상태가 좋지 못하면 활동을 시작하여 발병되는 경우가 많다.

(2) 증 상

호흡기 증상으로는 기침이 가장 흔하며, 가래나 혈담(피 섞인 가래)이 동반되기도 한다. 혈담은 초기보다는 병이 진행된 경우에 나타난다. 또한 병이 진행되어 폐의 손상이 심해지면 호흡곤란이 생기고 흉통을 호소하기도 한다. 전신 증상으로는 발열, 발한, 쇠약감, 신경과민, 식욕부진, 소화불량과 집중력 감소 등이 나타나고, 특히 식욕부진으로 체중이 감소한다.

(3) 식사요법

결핵은 체조직 소모가 심한 질환이므로 에너지와 단백질을 충분히 공급한다. 그러나 장기간의 고에너지, 고지방식은 비만, 당뇨, 심혈관질환을 유발할 수 있으므로 주의해야 한다.

체단백질 소모로 인한 질소 배설량을 보충하기 위하여 고단백 식사를 계획하는데, 단백질을 체중 kg당 1.5g 정도로 하루에 75~100g 충분히 공급한다. 단백질은 양질의 동물성 단백질을 총 단백질의 1/3~1/2 정도 공급하는데, 육류나 어패류, 알류, 유제품과 콩류 등을 이용한다. 칼슘은 결핵 병소를 석회화하여 세균의 활동을 억제하는데 도움이 되므로 우유 및 유제품으로 보충해 준다. 폐결핵으로 인한 객혈과 소화관 점막 궤양으로 인해 빈혈이 나타나므로 조혈작용에 필요한 철과 구리를 보충한다. 철은 간, 육류, 굴, 달걀, 콩, 엽채류 등에 많이 들어있고, 구리는 어패류와 김에 많다. 비타민 A와 C는 결핵에 대한 저항력을 증가시키므로 신선한 채소와 과일을 충분히 공급하고, 에너지 대사에 필요한 비타민 B 복합체도 보충해 준다.

결핵치료제인 이소니아지드isoniazid, INH는 비타민 B_6의 길항제로 작용하여 불활성화시키므로 이 약물을 복용할 경우에는 비타민 B_6를 보충해 주어야 한다.

| 표 10-1 | 폐결핵 식단의 예

구분	음식명	재료명	분량(g)	구분	음식명	재료명	분량(g)
아침	검정콩밥	쌀	90	간식	과일주스	오렌지주스	150
		검정콩	10	저녁	쌀밥	쌀	120
	호박잎들깨국	호박잎	20		버섯두부된장국	느타리버섯	10
		쇠고기	20			팽이버섯	10
		들깻가루	2			두부	40
		된장	5			된장	10
	갈치튀김	갈치	100		닭고기감자조림	닭고기	100
		식용유	10			감자	40
	오이도라지무침	오이	50			당근	10
		도라지	30			양파	10
		고추장	5			식용유	5
	김치	배추김치	50		애호박볶음	애호박	70
간식	호상요구르트	요구르트	100			양파	20
	과일	바나나	100			식용유	3
점심	채소밥	쌀	105		김치	배추김치	50
		고구마	50	간식	우유	우유	200
		당근	10		과일	참외	150
		완두콩	15	영양소 섭취량	에너지 2,610kcal 당질 382g 단백질 115g 지방 70g		
	달걀실파국	달걀	30				
		실파	10				
	불고기	쇠고기	100				
		느타리버섯	10				
		양배추	20				
		양파	20				
		참기름	2				
	가지나물	가지	80				
		참기름	1				
	깍두기	깍두기	50				

4) 만성 폐쇄성 폐질환

만성 폐쇄성 폐질환chronic obstructive pulmonary disease, COPD은 폐를 통한 공기 흐름의 지속적인 장애로 호흡곤란이 나타나는 질환이다. 만성 기관지염과 폐기종의 주요 두 가지 형태가 있다.

(1) 원 인

만성 폐쇄성 폐질환의 주된 원인은 흡연이고, 이외에 석탄분진 같은 직업성 분진, 증기, 자극성 물질, 연기 등의 화학물질이 있고, 실내 외 대기오염도 관련이 있다.

(2) 증 상

만성 기관지염chronic bronchitis은 과량의 점액물질이 기도를 막아 발생하는데, 주요 증상은 만성적인 기침과 가래, 운동 시의 호흡곤란이다. 병이 진행되면 점차 호흡곤란이 심해져 약간의 활동에도 호흡곤란을 겪게 된다.

폐기종emphysema은 기관지 말단 및 폐포 사이의 벽들이 파괴되어 탄력을 잃고 이로 인하여 비정상적이며 영구적으로 폐포가 확장되는 상태이다. 초기에는 운동 시에만 호흡곤란이 발생하나 질병이 진행되면 안정 시에도 호흡곤란이 온다. 그 외에 호흡할 때 쌕쌕거리는 천명음과 흉부 압박감도 나타난다.

(3) 식사요법

증세가 심할 때에는 식사 섭취량이 감소하고, 호흡곤란으로 씹거나 삼키기가 어려우며 약물치료로 인해 식욕이 변화될 수 있다. 또한 횡격막과 폐의 물리적 변화로 조기 포만감이 올 수 있으므로 식사는 소량씩 자주 섭취하는 것이 좋다. 적게 먹으면 이산화탄소 발생량을 줄일 수 있고, 복부 불편함과 호흡곤란도 감소된다. 점액분비를 위해 충분한 수분 섭취가 권장되는데, 음식 섭취에 방해가 되지 않도록 식사 사이에 공급한다.

영양부족일 경우에는 고에너지, 고단백식이 좋으나 과잉의 에너지 섭취는 이산화탄소 배출량을 증가시켜 폐에 부담을 주므로 주의한다. 과체중이나 비만일 경우에는 폐의 부담을 줄이기 위해 체중을 감량해야 한다.

1. 감염성 질병의 대표적 증상은?

2. 체온이 1℃ 상승하면 기초대사량은 약 (   )% 상승한다.

3. 감염성 질환자의 일반적인 식사요법은?
   (저에너지, 고에너지), (저단백, 고단백), (수분제한, 수분공급)

4. 장티푸스의 증상과 식사요법은?
   (1) 증상: (2) 식사요법:

5. 콜레라 증상의 특징은?

6. 류머티즘열은 (   )과 (   )에 영향을 미치는 염증 증세로서 치료를 위해
   스테로이드제를 처방할 때 제한해야 할 무기질은?

7. 급성 폐렴의 식사요법은?

8. 폐결핵의 식사요법은?

▶ 정답

1. 발열(체온상승)

2. 13

3. 고에너지, 고단백, 수분공급

4. (1) 고열, 설사, 장출혈, 장궤양 (2) 고에너지식, 고단백식, 수분공급, 무자극성식, 저잔사식

5. 심한 설사, 탈수

6. 관절, 심장, 나트륨

7. 수분공급, 고에너지식, 고단백식

8. 고에너지식, 고단백식, 칼슘과 비타민 공급

11

빈 혈

1. 혈액의 구성성분과 기능
2. 빈혈의 종류

11 빈혈

빈혈은 혈액 내의 적혈구 수와 크기, 혈색소의 양 등에 결함이 생겨 인체 조직 대사에 필요한 산소를 충분히 공급하지 못하는 질환이다. 빈혈은 단순한 한 가지 원인이 아닌 여러 가지 원인으로 일어나고, 자각하지 못한 채 진행되는 일이 많다. 흔히 발생하는 영양성 빈혈은 정상적인 적혈구 생성에 필요한 철이나 비타민, 단백질 등 영양소가 결핍되어 발생한다. 이외에 출혈이나 용혈, 유전적 결함, 만성질환에 의해서도 빈혈이 발생한다.

 용어 설명

거대적아구성 빈혈megaloblastic anemia   엽산이나 비타민 B_{12} 결핍에 의한 DNA 합성장애로 크고 미성숙한 적혈구가 나타나는 빈혈

비헴철nonheme iron   헴 복합체가 아닌 철로 달걀, 곡류, 과일, 채소에 들어있음

빈혈anemia   적혈구의 크기나 수 또는 헤모글로빈의 양에 결함이 있어 혈액과 조직세포 사이의 산소와 이산화탄소 교환이 어려워진 상태

이식증pica   일반적으로 음식물로 이용되지 않고 영양적 가치가 없는 흙, 종이, 분필, 헝겊, 머리카락 등 비정상적인 것을 먹는 증상

총 철결합능total iron binding capacity, TIBC   혈청 트랜스페린과 결합할 수 있는 철의 양 측정

트랜스페린transferrin   철과 결합하여 소장벽에서 조직으로 철을 운반하는 β-글로불린 단백질

페리틴ferritin   간, 비장, 골수에 있는 철의 주요 저장형태

프로토포르피린protoporphyrin   호흡색소의 철 함유부분으로 철과 결합하여 헴 형성 후 단백질과 결합하여 헤모글로빈이나 미오글로빈을 형성함

헤마토크릿hematocrit   전체 혈액량에 대한 적혈구의 용적 비율

헴heme   헤모글로빈의 철 함유 프로토포피린 성분

헴철heme iron   헤모글로빈과 미오글로빈의 성분으로 존재하는 철로서, 비헴철에 비해 흡수율이 높음. 육류, 어류, 가금류 등의 동물성 식품에 들어있음

1. 혈액의 구성성분과 기능

혈액은 여러 물질이 녹아있는 액체 성분인 혈장에 적혈구, 백혈구, 혈소판 등의 혈구가 떠 있는 유동성의 현탁액이다. 정상 성인의 총 혈액량은 4~6L이고 이것은 체중의 6~8%에 해당한다. 혈구는 혈액량의 45% 정도로 대부분 적혈구가 차지하고, 나머지 55%는 혈장이다 그림 11-1. 혈구의 종류와 크기는 그림 11-2와 같다.

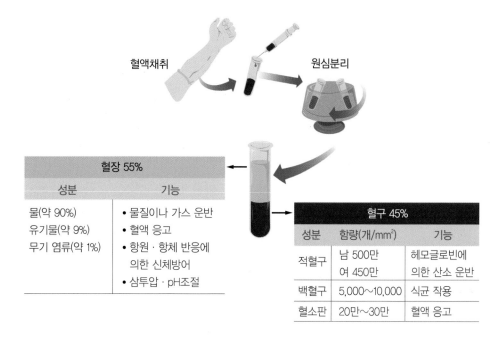

혈액채취   원심분리

혈장 55%	
성분	기능
물(약 90%) 유기물(약 9%) 무기 염류(약 1%)	• 물질이나 가스 운반 • 혈액 응고 • 항원 · 항체 반응에 의한 신체방어 • 삼투압 · pH조절

혈구 45%		
성분	함량(개/mm³)	기능
적혈구	남 500만 여 450만	헤모글로빈에 의한 산소 운반
백혈구	5,000~10,000	식균 작용
혈소판	20만~30만	혈액 응고

그림 11-1 혈액의 조성

1) 혈액의 구성성분

(1) 적혈구

적혈구erythrocyte, RBC는 가운데가 움푹 들어간 원반형 모양이고, 성숙세포에는 핵이 없다. 적혈구의 수는 정상 성인 남자의 경우 약 500만 개/mm³, 여자의 경우 약 450만 개/mm³이다. 적혈구는 골수에서 생성되어 순환계로 나온 후 기능을 수행하다가 약 120일 후에 비장에서 파괴된다. 적혈구 성분 중 가장 많은 것은 적혈구 중량의 34%를

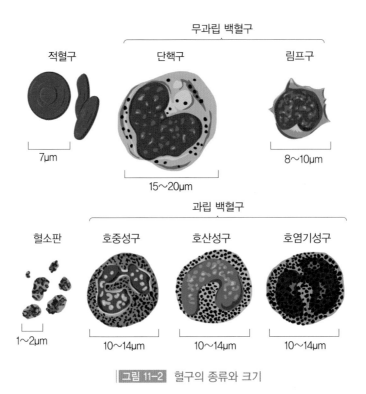

무과립 백혈구

적혈구　　　단핵구　　　림프구

7μm　　　15~20μm　　8~10μm

과립 백혈구

혈소판　　호중성구　　호산성구　　호염기성구

1~2μm　10~14μm　10~14μm　10~14μm

| 그림 11-2 | 혈구의 종류와 크기

차지하는 헤모글로빈으로 산소와 이산화탄소를 운반하는 역할을 한다. 헤모글로빈은
4개의 글로빈globin에 철이 함유된 헴heme이 각각 1개씩 결합된 4개의 소단위로 구성되
어 있다그림 11-3.

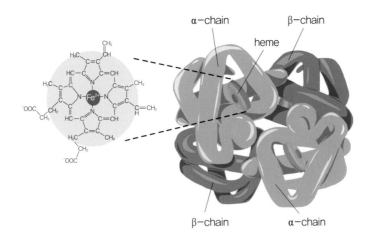

| 그림 11-3 | 헴과 헤모글로빈의 구조

(2) 백혈구

백혈구leukocyte, WBC는 핵이 있고 부정형이며 적혈구보다 크다. 정상 성인의 백혈구 수는 5,000~10,000개/mm³이고, 골수에서 생성된다. 백혈구는 세포 내에 과립이 있는 과립 백혈구와 과립이 없는 무과립 백혈구로 대별된다. 과립 백혈구에는 호중성구, 호산성구, 호염기성구가 있고, 식균작용과 면역체 형성으로 생체를 감염으로부터 방어하는 기능을 한다. 무과립 백혈구에는 단핵구와 림프구가 있는데, 단핵구는 탐식성이 강한 세포로 만성 염증 시 주된 역할을 하고, 림프구는 감염이 있을 때 그 수가 증가하여 면역체나 항체를 만들어내는 역할을 한다.

(3) 혈소판

혈소판platelet은 핵이 없고 부정형이며 과립체가 있다. 정상 성인의 경우 20만~30만개/mm³이다. 골수에서 생성되고 수명은 약 10일간이며 비장에서 파괴된다. 혈소판은 지혈작용에 관여하는데, 출혈 시 트롬보플라스틴thromboplastin을 생성하고 동시에 혈액 응고인자를 동원하여 혈액을 응고시킨다. 만약 혈소판이 부족하면 출혈 시 지혈이 되지 않는다.

(4) 혈 장

혈장blood plasma은 투명한 담황색의 액체로 수분이 90% 이상이고, 단백질이 7%, 기타 유기물질과 무기물질이 들어있다. 혈장 단백질 중 가장 많은 알부민은 주로 체액의 삼투압 조절에 관여한다. 글로불린은 면역기능과 관련이 있고, 피브리노겐fibrinogen은 혈액응고 과정에서 중요한 역할을 한다. 혈장에서 피브리노겐을 제거한 것이 혈청serum이다.

2) 혈액의 기능

혈액은 주요 세포외액으로서 신체의 유지와 생존에 필수적이며, 생리적 조절체계에 관여하여 신체의 항상성과 방어기전을 나타낸다.

(1) 운반 작용

가스 운반   적혈구 내의 헤모글로빈은 폐에서 산소와 결합하여 전신의 조직에 산소를 공급하고, 조직의 세포 호흡으로 생성된 이산화탄소를 폐로 운반하여 배출시킨다.

영양분과 노폐물 운반   위나 장에서 흡수된 영양물질은 혈액을 통해 조직으로 운반되고, 각 조직에서 생성된 대사산물은 혈액으로 운반되어 신장을 통해 체외로 배설된다.

(2) 조절 작용

전해질 및 수분 조절   혈액은 조직액과 서로 수분을 교환하고, 혈장 내 단백질과 전해질은 혈액 중의 삼투압을 조절하여 수분평형을 유지한다.

적정 체온 유지   혈액 내의 수분은 조직에서 생긴 열을 흡수하고, 폐나 피부에서의 수분 증발로 소모된 체온을 균등하게 조절하여 적정 체온을 유지한다.

(3) 방어 및 식균 작용

백혈구는 식균 작용과 면역체 형성으로 생체를 감염으로부터 방어하는 기능을 하고, 혈장 중의 감마글로불린은 면역항체로서 여러 가지 질병에 대항하는 작용을 한다.

(4) 지혈 작용

혈액에는 혈소판과 여러 가지 혈액응고 인자가 들어있어 상처가 났을 때에 혈액을 응고시켜 계속적인 출혈을 방지한다.

2. 빈혈의 종류

1) 영양성 빈혈

영양성 빈혈nutritional anemia은 철, 구리 등 무기질이나 엽산, 비타민 B_{12}, 비타민 B_6, 비타민 C, 단백질 등 영양소가 결핍되어 발생한다.

(1) 철 결핍 빈혈

철 결핍 빈혈은 철 결핍상태가 장기화되었을 때 체내 저장 철이 정상 적혈구 형성에 필요한 양보다 감소되어 발생한다. 저장 철이 먼저 결핍되고 이어 적혈구 생성에 장애가 온다. 전형적인 철 결핍 빈혈은 적혈구의 크기가 작고 헤모글로빈의 양이 감소되어 있는 소혈구성 저색소성 빈혈이다. 철 영양상태의 판정 지표와 철 결핍 빈혈의 판단 기준치는 표 11-1, 표 11-2와 같고, 철의 체내 형태는 그림 11-4와 같다.

| 표 11-1 | 철 영양상태 판정 지표

지표		정의	정상 범위(성인)
적혈구 수RBC count		혈액 1mm³ 속의 적혈구 수	남자: 410~530만 개/mm³ 여자: 380~480만 개/mm³
헤모로빈 농도Hb		혈액 100mL 속의 헤모글로빈 g 수	남자: 14~18g/dL 여자: 12~16g/dL
헤마토크릿Ht		전체 혈액량에 대한 적혈구의 용적 비율	남자: 40~54% 여자: 37~47%
혈청페리틴 농도 Serum ferritin		혈청페리틴 농도 측정. 철 결핍에 대한 가장 민감한 지표	40~160μg/L
혈청 철 함량 Serum iron		혈청 중 총 철 함량	65~165μg/dL
총 철결합능TIBC		혈청 트랜스페린과 결합할 수 있는 철의 양 측정. 철 결핍 시 수치 증가	300~360μg/dL
트랜스페린 포화도 Transferrin Saturation		철과 결합된 트랜스페린의 백분율	20~50%
적혈구 프로토포피린 함량 Erythrocyte Protoporphyrin		헴의 전구물질. 철 결핍 시 적혈구 내에 축적되어 수치 증가	0.62±0.27μmol/L
적혈구 지수	평균 적혈구 용적MCV	적혈구 한 개의 평균 용적	80~100fL
	평균 적혈구 헤모글로빈 양MCH	적혈구 한 개의 평균 헤모글로빈 양	26~34pg
	평균 적혈구 헤모글로빈 농도MCHC	적혈구 한 개의 평균 헤모글로빈 농도	32~36g/dL

| 표 11-2 | 철 결핍 빈혈의 판단 기준치(WHO)

대상	헤모글로빈 농도(g/dL)	헤마토크릿(%)	적혈구 수(만 개/mm³)
성인 남자	13	39	470
성인 여자	12	36	450
임신부	11	33	410

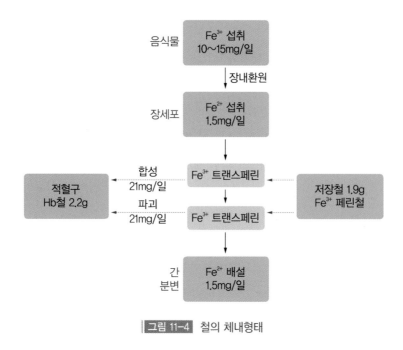

그림 11-4 철의 체내형태

원 인

섭취 부족 식사로부터의 철 섭취량 부족

흡수 불량 위 절제, 무산증, 흡수 불량증에 의한 흡수장애

필요량 증가 유아기, 사춘기, 임신·수유기의 철 필요량 증가

손실량 증가 출혈성 궤양, 출혈성 치질, 기생충, 악성종양에 의한 만성적 혈액손실

기 타 만성 염증 및 질환

증 상

빈혈은 만성적이고 장기적인 철 결핍에 의한 최종 증상이므로 신체의 여러 가지 기능 저하가 나타난다. 면역능력이 저하되어 감염에 취약해지고, 근육기능이 저하되어 노동과 운동지구력이 감소하며, 피로, 허약, 식욕감퇴, 이식증pica이 생긴다. 증상이 심해짐에 따라 혀, 손톱, 입, 위의 구조와 기능에 결함이 생긴다. 손톱은 얇고 편평해지

며 스푼 모양으로 휘어진다. 구강 점막이 위축되고 혀는 매끄럽고 윤이 나는 위축성 설염 증상을 보이며, 구각염, 연하곤란, 위염이 자주 발생한다. 치료되지 않을 경우 심혈관과 호흡기에 이상이 생겨 심장마비가 발생할 수 있다.

식사요법

조혈기능을 촉진하기 위하여 철 함유 식품을 충분히 공급하고, 고단백, 고에너지와 고비타민 식사를 계획한다. 철 결핍 빈혈 식단의 예는 **표 11-3**과 같다.

표 11-3 철 결핍 빈혈 식단의 예

구분	음식명	재료명	분량(g)	구분	음식명	재료명	분량(g)
아침	쌀밥	쌀	90	간식	딸기	딸기	150
	쇠고기뭇국	쇠고기	20	저녁	검정콩밥	쌀	90
		무	35			검정콩	10
	꽁치구이	꽁치	80		쑥된장국	쑥	40
	시금치나물	시금치	70			된장	10
		참기름	1		돌미나리무침	돌미나리	70
	김구이	김	2			참기름	1
		식용유	1		쇠고기간전	쇠간	60
	김치	배추김치	50			달걀	12
간식	우유	우유	200			식용유	10
점심	흑미밥	쌀	90		깍두기	깍두기	50
		흑미	15	간식	귤	귤	120
	조갯살콩나물국	콩나물	50				
		조갯살	35				
	돼지불고기	돼지고기	80				
		양파	35				
		대파	10	영양소 섭취량	에너지	2,130kcal	
		참기름	2		당질	290g	
		고추장	10		단백질	102g	
	깻잎찜	깻잎	20		지방	63g	
		풋고추	7		철	27mg	
		양파	7				
		참기름	1				
	김치	배추김치	50				

그림 11-5 철이 풍부한 식품

철 함량이 많은 식품에는 간, 살코기, 내장, 난황, 굴, 말린 과일(살구, 복숭아, 오얏, 건포도 등), 말린 완두콩, 강낭콩, 땅콩, 녹색채소와 당밀 등이 있다 그림 11-5. 특히 육류, 조육류, 어패류에 들어있는 헴철heme iron은 달걀, 곡류, 과일, 채소 중의 비헴철 nonheme iron에 비해 흡수가 잘된다. 비타민 C는 비헴철을 환원시켜 십이지장에서의 철 흡수를 도우므로 신선한 과일과 채소를 충분히 공급한다. 커피, 녹차, 홍차 등에 함유된 타닌은 철과 결합하여 철 흡수를 방해하므로 식사 중이나 식사 전후에는 마시지 않도록 한다.

(2) 엽산 결핍 빈혈

엽산은 DNA 합성을 촉진하여 적혈구의 합성과 성숙에 관여한다. 엽산이 결핍되면 적혈구가 성숙하지 못하고, 크고 미성숙한 적아구가 출현하여 거대적아구성 빈혈 megaloblastic anemia이 발생한다.

원 인

엽산 결핍 빈혈은 열대성 스프루sprue 환자와 일부 임산부, 엽산 결핍증 모체에서 태어난 유아에게 나타난다. 엽산 결핍은 엽산 섭취 부족과 흡수 불량, 성장, 임신에 의한 필요량 증가로 인해 발생한다.

그림 11-6 엽산이 풍부한 식품

증 상

엽산과 비타민 B_{12} 결핍은 모두 거대적아구성 빈혈을 보인다. 피로, 운동지구력 감소, 어지럼증 등 빈혈의 일반적인 증세를 보이고, 입과 혀가 쓰리며 설사와 부종이 나타난다.

식사요법

엽산은 체내 저장량이 많지 않으므로 매일 적당량 섭취해야 한다. 신선한 채소와 과일, 간, 육류, 어패류와 말린 콩은 엽산의 좋은 급원식품이다 그림 11-6. 엽산은 열에 약하므로 과일과 채소는 신선한 상태로 섭취하는 것이 좋다.

(3) 비타민 B_{12} 결핍 빈혈

원 인

비타민 B_{12}는 육류를 비롯한 동물성 식품에 들어있으므로 완전채식자인 경우에 결핍될 수 있다. 또한 비타민 B_{12}는 위액 중의 내적인자intrinsic factor, IF와 결합하여 회장에서 흡수되므로 위 절제나 저산증, 무산증인 경우와 회장에 질환이 있는 경우 흡수 불량에 의해 결핍증이 발생할 수 있다.

증 상

비타민 B_{12} 결핍으로 악성빈혈이 발생하는데, 이것은 거대적아구성 빈혈 증세와 함께

그림 11-7 비타민 B₁₂가 풍부한 식품

말초 및 중추신경계 장애가 나타난다. 피로, 허약, 어지럼증, 식욕저하, 체중감소가 나타나고, 신경세포의 수초형성이 불충분하게 되어 손과 발의 신경장애와 기억력 감퇴, 심할 경우 환각증세가 나타난다.

식사요법

비타민 B_{12}와 함께 단백질, 철, 엽산과 비타민 C를 충분히 공급한다. 체중 kg당 1.5g의 고단백 식사는 간 기능과 조혈작용에 도움이 된다. 동물의 간은 단백질 외에 철, 비타민 B_{12}와 엽산의 좋은 급원이며, 녹황색 채소에는 철, 엽산, 비타민 C가 풍부하다. 육류, 조개류, 어류, 가금류, 달걀, 우유와 유제품은 비타민 B_{12}의 좋은 급원식품이다 그림 11-7.

비타민 B_{12}의 흡수 불량에 의한 악성빈혈의 경우에는 1주일에 한 번 근육이나 피하로 비타민 B_{12} 50~100μg을 주사하여 치료한다.

(4) 구리 결핍 빈혈

헤모글로빈이 정상적으로 형성되기 위해서는 철뿐만 아니라 구리도 필요하다. 구리 함유 단백질인 세룰로플라스민ceruloplasmin은 철이 저장 장소에서 혈장으로 이동하는 데 필요하다. 정상적인 헤모글로빈 합성에 필요한 구리의 양은 미량이어서 보통의 식사에서 충분히 공급된다. 그러나 구리가 결핍된 조제유를 먹는 유아나 흡수 불량증,

구리가 결핍된 정맥영양 공급 시에는 구리 결핍 빈혈이 발생할 수 있다.

(5) 단백질-에너지 영양불량 빈혈

단백질은 헤모글로빈과 적혈구 생성에 필요하다. 단백질-에너지 영양불량protein-energy malnutrition, PEM인 경우 조직의 양이 감소하여 산소요구량이 적어지므로 적혈구 필요량이 감소한다. 그러나 영양불량 상태에서 회복될 때에는 적혈구 필요량이 많아져 철 결핍 빈혈이 발생할 수 있다.

단백질-에너지 영양불량 빈혈은 철을 비롯한 기타 영양소의 결핍, 감염, 기생충 감염, 흡수 불량 등에 의해 복합적으로 나타난다. 또한 식사에 단백질이 부족한 경우 철이나 엽산, 비타민 B_{12}도 부족하기 쉬우므로 균형 잡힌 식사와 함께 이들 영양소를 보충해 주어야 한다.

2) 출혈성 빈혈

출혈은 외상이나 장출혈에 의해 일시에 많은 혈액을 잃는 급성 출혈과 장기간에 걸쳐 혈액을 손실하는 만성 출혈이 있다. 급성 출혈의 경우 적혈구의 수는 감소하지만 크기에는 변동이 없고, 만성 출혈 시에는 적혈구의 수와 크기가 모두 감소한다.

급성 출혈로 인해 저색소성, 정상혈구성 빈혈이 발생할 수 있다. 1L 이상의 급성 출혈은 쇼크를 일으킬 수 있고, 2~3L의 혈액손실은 사망할 수 있다. 신체는 며칠 내에 혈장을 원래 상태로 재생하지만 헤모글로빈 농도는 식사섭취에 의존한다. 따라서 급성 출혈이 있은 후에는 수분, 단백질, 철과 비타민 C를 충분히 섭취해야 한다.

위궤양, 대장염, 치질 등에 의한 만성 출혈로 빈혈이 발생할 수 있다. 또한 폐농양, 결핵, 신우신염, 류머티즘성 관절염 같은 만성 감염성 질환은 불완전한 적혈구를 생성하고 적혈구의 수명을 감소시켜 빈혈을 일으킬 수 있다. 이러한 경우 원인 질병을 우선적으로 치료해야 한다. 또한 해열진통제인 아스피린을 장기 복용하면 위장출혈 및 지혈 방해 작용에 의해 빈혈이 발생할 수 있다.

3) 재생불량성 빈혈

재생불량성 빈혈aplastic anemia은 무형성 빈혈이라고도 하는데, 골수의 기능저하로 조혈 기능에 장애가 생겨 적혈구, 백혈구, 혈소판이 모두 감소하는 질환이다. 가장 흔한 증상 은 빈혈에 의한 무기력, 피로, 두통과 활동 시 호흡 곤란이 있고, 혈소판 감소에 의한 출 혈, 백혈구 감소에 의한 감염증도 나타난다. 중증 재생불량성 빈혈의 경우에는 1년 내 에 약 50%의 환자가 감염이나 출혈로 사망하기 때문에 가능하면 빨리 치료해야 한다.

체력 유지를 위한 에너지를 충분히 공급하고, 육류와 생선, 두부, 달걀 및 우유 등 양질의 단백질을 충분히 공급한다.

4) 용혈성 빈혈

용혈성 빈혈hemolytic anemia은 적혈구가 어떠한 원인에 의해 과도하게 파괴되어 발생한 다. 적혈구가 파괴되면서 헴heme의 대사물질인 빌리루빈이 정상치보다 증가하여 황 달이 생긴다. 적혈구가 파괴되는 원인에는 적혈구 자체의 결함, 적혈구의 물리적 외 상, 말라리아 같은 감염성 질환, 겸상적혈구증, 납중독 같은 화학적 손상이 있다.

증상은 어지럽고 운동 시 숨이 차며 황달, 오심 및 구토가 나타난다. 적혈구의 용혈 에 의해 철 저장량이 과도한 경우가 많기 때문에 식사는 철 함량이 적은 식품으로 계획 한다. 적혈구 합성을 위한 엽산과 적혈구막의 안정화를 위한 비타민 E를 보충해 준다.

Point 문제

1. 빈혈을 진단하는 헤모글로빈 기준치는 성인 남자 (　)g/dL, 성인 여자 (　)g/dL, 임신부 (　)g/dL이다.

2. 전체 혈액량에 대한 적혈구의 용적 비율을 (　　　　　)이라고 한다.

3. 철의 주요 저장형태로 철 결핍 빈혈에 대한 가장 민감한 지표는?

4. 철 결핍 시 트랜스페린 포화도는 (감소, 증가)하고, 총 철결합능은 (감소, 증가)한다.

5. 철 결핍 빈혈의 특징은 적혈구의 크기가 (작고, 크고), 헤모글로빈 농도가 (감소, 증가)한다.

6. 헴철(heme iron)이 들어있는 식품은?

7. 비타민 B_{12} 결핍 빈혈은 섭취 부족보다는 위액 내의 당단백질인 (　　　　　) 결핍에 의한 흡수 장애로 발생한다.

8. 용혈성 빈혈의 식사요법에서 제한하거나 보충해야 할 영양소는?

▶ 정 답

1. 13,12,11　　　　　2. 헤마토크릿　　　　3. 페리틴

4. 감소, 증가　　　　5. 작고, 감소　　　　6. 육류, 어류, 가금류

7. 내적인자　　　　　8. 철–제한 / 엽산, 비타민 E–보충

chapter
12

선천성 대사장애

1. 아미노산 대사장애

2. 당질 대사장애

12 선천성 대사장애

대사란 생체 내 물질의 화학적 변화이며, 대사에는 영양소와 체성분의 분해(이화작용)와 합성(동화작용)이 있다. 선천성 대사장애란 대사 경로 중에서 특정한 과정에 결함이 있어서 발생하는 질병을 말한다. 주로 유전적인 원인에 의해 영양소 대사에 요구되는 효소의 결핍으로 발생한다.

선천성 대사장애는 초기에 발견하여 치료하면 생존·성장이 가능하며 조기에 발견할수록 치료 효과를 높일 수 있다. 이에 대한 식사요법은 대사장애 반응의 전구물질의 섭취 제한, 생성물질의 부족한 양의 보충, 대사반응에 필요한 보조인자의 투여 등이 있다.

용어 설명

단풍당밀뇨증maple syrup urine disease, MSUD　분지형 아미노산의 탈탄산효소 결핍으로 소변에서 단풍당밀 냄새가 나고 경련, 근육이완, 혼수상태 등을 동반하는 선천적 대사질환

당원병glycogen storage disease　간이나 근육조직에 글리코겐이 비정상적으로 축적되어 생기는 대사이상

대사이상질환metabolic disorder disease　영양소의 대사에 필요한 효소의 결핍으로 뇌와 장기 등에 손상을 초래하는 질환

유당불내증lactose intolerance　락타아제 결핍으로 유당이 분해되지 않는 대사이상

페닐케톤뇨증phenylketonuria, PKU　페닐알라닌 수산화효소의 결핍으로 페닐알라닌이 체내에 축적되어 경련 및 발달장애를 일으키는 선천성 대사질환

1. 아미노산 대사장애

1) 페닐케톤뇨증

페닐케톤뇨증phenylketonuria, PKU은 페닐알라닌 대사의 선천적 장애로 나타나는 질병이다. 서양의 경우 10,000~15,000명 중 1명 정도이며, 일본의 경우 60,000명당 1명 수준으로 발생하나 우리나라의 경우는 빈도가 더 낮다.

(1) 원인

페닐케톤뇨증은 페닐알라닌을 대사하는 페닐알라닌 수산화효소phenylalanine hydroxylase의 부족으로 페닐알라닌이 티로신으로 전환되지 못해 혈중 농도가 증가하고 페닐알라닌, 페닐피루브산, 페닐아세트산이 소변으로 배설된다.

(2) 증상

페닐케톤뇨증 영아는 눈이 파랗고 피부와 모발색이 희고 연하다. 치료하지 않으면 발작이 일어나고 96~98%는 저능아가 된다. 신생아들은 생후 24시간 후부터 7일 이내에 검사한다. 생후 1개월 내에 발견하면 치료 효과가 높고 식사요법을 실시하면 정상아로 성장할 수 있다.

(3) 식사요법

영유아기에는 페닐알라닌을 엄격히 제한하고 학령기부터 다소 완화한다. 모든 단백질 식품은 페닐알라닌을 함유하고 있으므로 페닐알라닌을 제거한 식품이나 단백질 함량이 적은 식품을 이용한다. 페닐알라닌을 포함하지 않은 합성 단백질 식품이나 특수 조제분유를 사용할 수 있다. 페닐케톤뇨증 영아의 영양요구량은 정상 아동과 동일하다. 성장 유지에 필요한 최소한의 페닐알라닌을 공급하고 발육시기에 따른 영양권장량에 따른다표 12-1.

인공감미료인 아스파탐은 페닐알라닌 함량이 높으므로 페닐케톤뇨증 환자에게는 쓸 수 없다.

표 12-1 페닐케톤뇨증 영아, 소아, 성인의 영양권장량

연령	영양소				
	페닐알라닌	티로신	단백질	열량	수분
영아	(mg/kg)	(mg/kg)	(g/kg)	(kcal/kg)	(mL/kg)
0~3개월 미만	25~70	300~350	3.0~3.5	120(95~145)	135~160
3~6개월 미만	20~45	300~350	3.0~3.5	120(95~145)	135~160
6~9개월 미만	15~35	250~300	2.5~3.0	110(80~135)	125~145
9~12개월 미만	10~35	250~300	2.5~3.0	105(80~135)	125~135
소아	(mg/일)	(g/일)	(g/일)	(kcal/일)	(mL/일)
1~4세 미만	200~400	1.72~3.00	≥30	1,300(900~1,800)	900~1,800
1~4세 미만	210~450	2.25~3.50	≥35	1,700(1,300~2,300)	1,300~2,300
7~11세 미만	220~500	2.55~4.00	≥40	2,400(1,650~3,300)	1,650~3,300
여자	(mg/일)	(g/일)	(g/일)	(kcal/일)	(mL/일)
11~15세 미만	250~750	3.45~5.00	≥50	2,200(1,500~3,000)	1,500~3,000
15~19세 미만	230~700	3.45~5.00	≥55	2,100(1,200~3,000)	1,200~3,000
19세 이상	220~700	3.75~5.00	≥60	2,100(1,400~2,500)	2,100~2,500
남자	(mg/일)	(g/일)	(g/일)	(kcal/일)	(mL/일)
11~15세 미만	225~900	3.38~5.50	≥55	2,700(2,000~3,700)	2,000~3,700
15~19세 미만	295~1,100	4.42~6.50	≥65	2,800(2,100~3,900)	2,100~3,900
19세 이상	290~1,200	4.35~6.50	≥70	2,900(2,000~3,300)	2,000~3,300

출처: (사)대한영양사협회, 임상영양관리지침서, 2010

표 12-2 페닐케톤뇨증에 사용되는 조제식의 조성

조제식의 종류	무게 (g/용기내수저)	페닐알라닌 (mg)	단백질 (g)	에너지 (kcal)
PKU-1™(매일)	3.9	0	0.59	17.9
PKU-2™(매일)	3.9	0	1.17	16.6
Lofenalac™(mead Johnson)	9.5	7	1.4	43
Phenyl Free™(mead Johnson)	9.8	0	2.0	40
Phenex-1™(Ross Laboratories)	8.0	미량	1.2	38.4
Phenex-2™(Ross Laboratories)	6.5	미량	1.95	26.7
XP Analog(SHS)	8.0	0	1.04	38
XP Maxamaid(SHS)	12	0	3	37
XP Maxamum(SHS)	12	0	4.7	36

출처: (사)대한영양사협회, 임상영양관리지침서, 2010

2) 티로신 대사장애

(1) 원인

티로신 대사장애tyrosinemia는 선천적으로 티로신 대사에 관여하는 효소 부족으로 발생한다.

(2) 증상

주 증상으로는 혈액과 소변에서 페닐알라닌, 티로신, 그 대사산물 등의 농도가 상승한다. 황달과 복수가 나타나고 간경변으로 인한 혈중 메티오닌의 함량이 증가하며 세뇨관에서의 재흡수 장애로 아미노산, 인, 포도당이 배설된다.

(3) 식사요법

에너지는 성장을 위해 충분히 공급하고 단백질도 정상아의 경우와 동일하게 제공한다. 단백질 섭취가 부족하면 영아의 경우 성장부진, 체중감소, 혈청 알부민 저하, 골감소증이 나타난다. 페닐알라닌, 메티오닌, 티로신을 제한한다.

3) 단풍당밀뇨증

(1) 원인

단풍당밀뇨증maple syrup urine disease, MSUD은 소변에서 단풍나무의 시럽 같은 단 냄새가 나는 것이 특징이다. 선천적으로 분지 아미노산인 루신, 이소루신, 발린의 산화적 탈탄산화를 촉진하는 효소의 결핍으로 발생한다.

(2) 증상

생후 일주일 이내에 발견하여 치료하지 못하면 대사성 산혈증, 저혈당, 심한 신경장애를 유발하고, 심하면 혼수, 사망에 이른다. 증상이 심하면 복막투석이나 혈액투석으로 α-케토산을 제거하고 포도당을 정맥 내로 주입하여 단백질 분해를 억제시킨다.

(3) 식사요법

루신, 이소루신, 발린 등이 낮은 식사를 실시하여 치료하면 증세가 없어지고 정상 발육할 수 있다.

4) 호모시스테인뇨증

(1) 원 인

호모시스테인뇨증homocystinuria은 간에 있는 시스타티오닌cystathionine 합성효소인 시스타티온 베타 합성효소cystathione β−synthase 장애에 의해 혈액 중 메티오닌methionine의 중간 대사산물인 호모시스틴homocystine이 혈액과 요 중에 증가하는 유전성 질환이다.

(2) 증 상

지능장애, X자형 다리, 눈의 이상, 골격 이상, 혈전증, 경련 등의 증상을 보인다.

(3) 식사요법

식사에서 메티오닌을 제한하고 대신 결핍되어 있는 시스틴cystine을 제공한다. 저메티오닌, 고시스틴을 우유로 공급하고 부족분의 메티오닌은 자연단백으로 공급한다. 시스타티온 베타 합성효소는 조효소로 인산피리독살pyridoxalphophate, PALP을 필요로 하므로 비타민 B_6를 투여하여 효소 활성을 높여서 대사이상을 조절할 수 있다.

2. 당질 대사장애

1) 갈락토오스혈증

(1) 원 인

갈락토오스혈증galactosemia은 간에서 갈락토오스가 포도당으로 전환되는 데 필요한 효소galactose-1-phosphate uridyl transferase, GALT의 결핍이 주요 원인이다.

(2) 증 상

전신 증상으로는 식욕부진, 체중저하, 안면창백, 무기력, 발육지연 등이 있고, 간 증상으로 황달, 복수, 말초부종, 출혈이 있다. 위장질환으로는 구토, 복부팽만, 설사가 있고, 신장질환으로는 단백뇨와 담즙색소로 인한 암갈색뇨가 있으며, 중추신경 장애로 인한 지능 저하를 보인다.

(3) 식사요법

유당 함유 제품인 우유 및 모든 유제품을 식사에서 엄격히 제거해야 한다. 카제인 가수분해물이나 두유를 사용하는 것이 좋으며 어린이에게 점차 고형식을 공급할 경우, 유당이 함유되지 않도록 주의해야 한다. 갈락토오스를 함유하고 있는 내장육과 조미료MSG 역시 식사에서 제외시켜야 한다. 이러한 엄중한 갈락토오스 제한식사는 평생 동안 지속해야 하며, 극소량이라도 오랜 기간 섭취하면 백내장이 재발되므로 1년에 2회 정도 안과 검진을 받을 필요가 있다. 갈락토오스 제한 시 허용되는 식품과 금지식품은 표 12-3과 같다.

2) 과당불내증

(1) 원 인

과당불내증fructose intolerance은 비정상적인 과당 대사와 관련이 있다.

(2) 증 상

심한 구토, 간종, 심한 저혈당증, 세뇨관 이상, 저혈색소성 빈혈, 황달, 산독증 등이 있다. 1,6-이인산과당fructose-1,6-diphosphate 결핍증은 저혈당증, 간종, 저혈압, 대사성 산독증 등이 있다.

(3) 식사요법

설탕, 소르비톨sorbitol, 전화당, 과당 등을 식사에서 금지한다. 과일을 섭취하지 못하는

표 12-3 갈락토오스혈증의 허용 식품과 제한 식품

식품 종류	허용 식품	제한 식품
음료수	콩단백질 분유 또는 카제인 가수분해 조제식, 탄산음료, 토마토주스, 커피, 홍차	우유, 유제품
빵류	우유나 유제품을 넣지 않고 만든 빵, 바케트빵, 대부분의 베이글, 가염크래커	우유, 유당을 함유하고 있는 빵, 머핀, 비스킷, 팬케이크 등
시리얼	우유를 함유하고 있지 않은 제품	우유를 함유하고 있는 제품
감자류	감자, 고구마, 마카로니, 국수, 쌀, 스파게티 등	우유나 버터가 들어간 매시트포테이토, 가공 중 유당이 들어간 프렌치프라이 등
치즈	없음	모든 치즈와 치즈제품
후식류	젤라틴, 과일 아이스바, 과일이 들어간 파이, 과일푸딩, 우유를 넣지 않고 만든 제품	우유, 크림, 버터, 요거트가 들어간 아이스크림, 케이크, 쿠키, 커스터드, 푸딩, 파이
달걀	모든 달걀	우유나 유제품, 버터, 크림이 들어간 스크램블, 오믈렛
지방	땅콩버터, 견과류, 식물성 기름, 동물성 지방, 유제품이 함유되어 있지 않은 드레싱, 다이어트 마가린	버터, 마가린, 시판 샐러드드레싱, 우유를 함유하고 있는 크림 소스제품
과일, 과일주스	모든 생과일, 냉동과일 또는 통조림 과일, 유당을 함유하지 않은 과일주스	유당을 함유하고 있는 과즙음료나 제품
육류	쇠고기, 돼지고기, 햄, 베이컨, 닭고기, 칠면조고기, 오리고기, 생선 어패류 등	분유를 함유하고 있는 제품, 볼로냐 소시지, 살라미 소시지, 간·췌장·신장·심장 등의 조직
수프	맑은 수프, 야채수프, 닭고기 수프, 쇠고기 수프, 묽은 수프broth, 콘소메, 소·닭고기의 맑은 수프bouillon, 허용된 재료로 만든 수프	우유로 만든 크림수프, 시판수프, 가루수프
당류	설탕, 꿀, 메이플시럽, 콘시럽, 젤리, 마멀레이드, 테이블시럽, 사탕, 껌, 마시멜로우, 흑설탕	우유나 버터, 크림이 들어간 제품(버터 스카치, 캐러멜, 밀크초콜릿)
채소류	이외의 채소	조리 중 유당이 함유된 제품
기타	소금, 후추, 양념, 식초, 케첩, 토마토 소스, 코코넛 등	우유, 유장, 응고된 유장, 유당, 커드, 카제인, 카제인을 함유하고 있는 제품, 발효된 된장

출처: (사)대한영양사협회, 임상영양관리지침서, 2010

데서 기인하는 비타민 C 결핍증을 막기 위하여 비타민 C를 보충해야 한다. 특히 조제분유 급식아는 모유아보다 더 심한 과당불내증을 일으킬 위험이 있으므로 주의해야 한다. 에너지와 단백질을 충분히 섭취한다.

3) 이당류 소화불량증

이당류의 소화불량증은 이당류 분해효소의 결핍에 기인한다.

(1) 유당불내증

원 인　유당불내증lactose intolerance은 락타아제의 결핍으로 발생한다. 출생 시부터 결핍되어 있는 유전적인 것과 출생 시에는 있었지만 이유 후 우유 섭취량 감소로 인한 후천적 퇴화, 장 절제, 장 점막 손상에 의한 이차적 결핍이 있다.

증 상　장내에서 유당이 단당류인 포도당과 갈락토오스로 분해되지 못해 흡수되지 못한다. 이로서 장내의 삼투압 상승으로 수분이 유입되어 장이 팽만하게 된다. 소화·흡수되지 않은 유당은 장내세균에 의해 분해되어 저급지방산을 생성하거나 젖산 발효되어 젖산을 생성한다. 이들 물질이 장 점막을 자극하면 장의 연동운동이 증가되어 가스(CO_2, H_2)를 생성하고 거품성 설사를 초래한다. 다른 영양소의 흡수장애와 탈수증을 초래하여 체중이 감소한다.

식사요법　선천적인 경우 우유 및 유제품을 제한하고 대체 식품을 제공한다. 유당을 제거한 우유를 제공한다 그림 12-1. 두유를 이용할 때는 칼슘을 보충한다. 후천적인 경

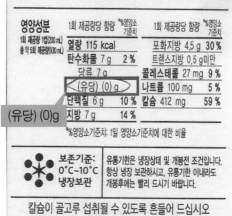

영양성분	1회 제공량당 함량	%영양소 기준치	1회 제공량당 함량	%영양소 기준치
1회 제공량 1컵(200 mL) 총 약 5회 제공량(300 mL)	열량 115 kcal		포화지방 4.5 g	30 %
	탄수화물 7 g	2 %	트랜스지방 0.5 g미만	
	당류 7 g		콜레스테롤 27 mg	9 %
	(유당) (0) g		나트륨 100 mg	5 %
	단백질 6 g	10 %	칼슘 412 mg	59 %
	지방 7 g	14 %		

%영양소기준치: 1일 영양소기준치에 대한 비율

(유당) (0)g

보존기준: 0°C~10°C 냉장보관

유통기한은 냉장상태 및 개봉전 조건입니다. 항상 냉장 보관하시고, 유통기한 이내라도 개봉후에는 빨리 드시기 바랍니다.

칼슘이 골고루 섭취될 수 있도록 흔들어 드십시오

그림 12-1　유당을 제거한 시판우유와 영양성분표

우에는 우유를 데워 소량씩 나누어 마시되 우유만 마시는 것보다 전분질이나 설탕과 함께 푸딩, 커스터드, 밀크셰이크, 크림수프, 케이크 등으로 조리하면 적응이 잘된다. 우유 가공품인 치즈와 요구르트는 공급할 수 있다.

(2) 맥아당 소화불량증

전분은 맥아당 상태를 거쳐서 소화 · 흡수되므로 맥아당 소화불량 시 전분의 소화 · 흡수에 장애가 온다. 이 증세는 성장함에 따라 회복되기는 하나 맥아당 소화불량증이 있는 동안은 글리코겐 함유 식품 및 전분을 금해야 한다.

(3) 자당 소화불량증

자당 소화불량증은 전화효소invertase나 자당효소sucrase 부족 시 발생한다. 설탕을 함유한 식품의 소화 · 흡수가 부진하여 장내 삼투압을 증가시키고 장내 발효를 일으켜 설사, 고창, 거품성 변 등의 증상이 나타난다.

식사에서 설탕 및 당밀 시럽, 젤리, 케이크, 푸딩, 설탕 함량이 많은 과일이나 채소와 같은 식품을 제한한다.

Point 문제

1. 페닐케톤뇨증일 때 체내에 축적되는 물질은?

2. PKU 환자가 사용할 수 없는 인공감미료는?

3. 통풍 환자에게 단백질 공급을 위해 쓸 수 있는 식품은?

4. 장기간 우유나 유제품을 섭취하지 않은 사람에게서 나타날 수 있는 대사질환은?

5. 분지형 아미노산 대사이상으로 나타나는 질병은?

▶정 답

1. 페닐알라닌, 페닐피루브산, 페닐아세트산

2. 아스파탐

3. 두부, 달걀, 우유, 치즈

4. 유당불내증

5. 단풍당밀뇨증

골격계 질환

13 골격계 질환

최근 비만의 증가, 운동 부족 및 가공식품 섭취 증가 등으로 인하여 골격계 질환의 발생률이 높아지고 있다.

골격계 질환이 유발되는 부위로는 관절, 관절 주변, 관절 외 부위 등이 있으며 감염에 의한 관절염, 통풍, 기계적 손상으로 인한 골관절염, 골다공증 등의 다양한 질환이 있다. 골격계 질환의 예방을 위해서는 올바른 영양관리와 바른 자세 및 운동 등의 생활습관 관리가 중요하다.

💬 용어 설명

골관절염osteoarthritis 퇴행성 관절염으로 관절연골의 손실에 의해 관절이 굳어지고 통증이 심하며 기형이 나타나기도 하는 질병

골다공증osteoprosis 칼슘 부족, 인의 과잉 섭취, 비타민 D의 부족 등에 의해 골질량과 골밀도가 감소하여 작은 충격에도 쉽게 골절이 일어나는 질환

골연화증osteomalacia 뼈의 무기질화 과정에 이상이 생겨 뼈가 얇아지고 구부러지며 골밀도가 감소하는 질환

구루병rickets 주로 어린이에게 나타나는 비타민 D 부족으로 등이 굽는 증상

류머티즘성 관절염rheumatois arthritis 관절의 활막이 감염되어 붓고 파손되며 피로, 식욕부진, 고열, 통증, 오한, 체중감소, 부종 등이 나타나고 관절이 뻣뻣해지는 증상

통풍gout 체내 퓨린purine의 대사이상으로 혈액의 요산치가 증가하고 요산의 배설량이 감소하여 요산염 결정이 체내에 축적되어 통증이 나타나는 질환

1. 골격의 구조 및 대사

1) 골격의 구조

뼈는 신체를 지탱해 주고 몸의 형태를 유지하며 근muscle과 건tendon을 연결하여 근육에 운동성을 주며 무기질의 저장고로서의 역할도 한다. 또한 뼈의 내부조직인 골수에서는 혈구를 생성해내는 조혈기관으로 중요한 역할을 한다. 성인의 골격은 겉부분의 단단한 치밀골과 안쪽의 연한 해면골로 이루어져 있으며, 치밀골 안쪽에는 혈구를 생성하는 연조직인 골수가 있다. 팔과 다리 등의 긴뼈에는 치밀골이 많고, 손목과 발목뼈, 척추 등 짧은 입방형의 뼈에는 해면골이 많다.

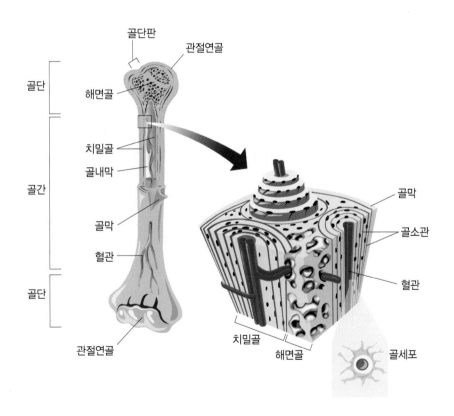

그림 13-1 장골의 구조

뼈의 기능

★ 신체 각 기관의 내부구조와 형태를 유지하고 지탱해 주는 신체의 지
  지기능

★ 각종 내장기관을 둘러싸서 보호하는 보호 방어기능

★ 골격근을 부착시켜 지렛대 역할을 하면서 각종 운동을 가능하게 하
  는 운동기능

★ 무기질, 특히 칼슘과 인의 동적 저장고 역할

★ 골수에서 적혈구와 백혈구가 생성되는 혈구 생성기능

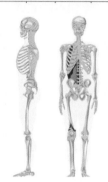

뼈조직에는 조골세포osteoblast, 파골세포osteoclast 및 골세포osteocyte가 있다. 조골세포
는 유기질 기질에 무기질을 부착시켜 뼈 형성에 관여하는 뼈 생성세포이고, 파골세포
는 기존의 뼈를 용해하고 분해시키는 뼈 용해세포이며, 골세포는 뼈에 가장 많이 분
포되어 있는 보편적인 구성세포이다.

뼈는 단백질(주로 콜라겐collagen), 산성 뮤코다당류acid mucopolysaccharides, 지질 등 유
기질로 형성된 망상구조 위에 무기염류가 부착되어 있다. 수분이 14~45%, 유기질이
30~35%, 무기질이 약 25%이며, 유기질의 경우 단백질이 2/3를 차지하며, 나머지 1/3
은 지질과 뮤코다당류이다. 무기질에는 칼슘의 인산염과 탄산염이 대부분을 차지하
고 소량의 마그네슘염과 나트륨이 있다.

2) 골격의 대사

뼈는 끊임없이 뼈조직을 생성하고 분해하며, 보수하고 재생시키는 매우 활발한 대사
활동을 하는 조직이다. 뼈의 생성은 조골세포에 의해서 섬유상단백질인 콜라겐의 기
본 망상구조가 만들어지고 인산칼슘염이 침착하는 과정에 의해서 이루어진다. 이때
단백질과 칼슘과 인, 마그네슘 등의 무기질 및 비타민 A, C, D, K 등이 필요하다. 뼈
의 분해는 파골세포에 의해 뼈를 구성하는 무기염이 용해되고 콜라겐 기질이 분해된

다. 이와 같이 파골세포가 뼈 속의 일부분을 비우면 조골세포에 의해서 다시 채워지는데 이 과정을 골형성이라 한다.

뼈조직의 생성이 일회전하는 데는 약 3~4개월 걸리는데, 어릴 때는 조골세포의 활성이 커서 뼈의 성장이 활발하지만 나이가 들면 조골세포의 활성이 줄고 파골세포의 활성이 증가하여 뼈의 탈무기질화가 일어난다.

골질량bone mass은 골밀도라고도 하며 뼈의 충실도를 의미하는 무기질 함량을 나타낸다. 정상적인 골밀도를 유지하기 위해 혈중 칼슘 농도를 정상적으로 유지하는 것이 중요하다. 뼈에는 체내 칼슘의 99%가 존재하며, 혈중 칼슘 농도의 항상성 유지를 위한 칼슘의 동적 저장고 역할도 한다. 혈중 칼슘 농도 조절에 관여하는 호르몬으로는 부갑상선호르몬, 칼시토닌, 비타민 D_3가 있다.

2. 골다공증

골다공증osteoporosis은 뼈의 단위 용적당 골질량이 감소하는 증상으로 치밀한 뼈조직이 엉성하게 되어 외부의 작은 충격에도 쉽게 골절이 일어나는 질환이다.

가장 발생 빈도가 높은 골다공증에는 폐경 후 골다공증과 노인성 골다공증이 있다. 폐경 후 골다공증은 폐경 후 15~20년 이내 유발되며 주로 해면골 손실로 요추의 압축골절이 따른다. 노인성 골다공증은 70세 이후에 흔히 나타나며 해면골, 피질골 모두 손실이 있고 대퇴골절이 많다. 폐경 후 골다공증은 에스트로겐의 분비 부족이 주

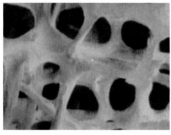 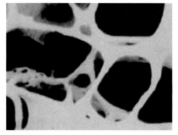

정상   골다공증

| 그림 13-2 | 정상인과 골다공증 환자의 뼈

된 원인이므로 에스트로겐 치료를 요한다. 노인성 골다공증은 칼슘을 보충해 주는 것이 효과적이다.

1) 원 인

골다공증은 골아세포가 감소하고 파골세포가 활성화되어 초래되는 질환이다. 칼슘 흡수 저하, $1,25-(OH)_2D_3$의 생성 저하, 부갑상선 비대, 갑상선 기능 저하, 칼시토닌과 에스트로겐 분비 저하, 기타 내분비계 질환 등이 원인이다. 노화에 따라 $1,25-(OH)_2D_3$의 생산능력 감소로 소장에서의 칼슘 흡수율이 저하되고, 칼슘 섭취량도 적어서 노인의 경우에는 칼슘결핍이 골다공증의 주원인이다.

이소니아지드isoniazid, 테트라사이클린tetracycline, 티로이드thyroid 등의 약과 알루미늄을 함유한 제산제 등도 칼슘의 흡수를 방해한다. 관절염 치료에 주로 사용하는 코르티코이드corticoid는 골기질의 생성 및 소장에서의 칼슘 흡수를 방해하고 비타민 D의 효과를 변화하여 척추에 이상을 초래한다.

폐경 후 골다공증의 특성을 노인성 골다공증과 비교하면 표 13-1과 같으며, 골다공증 발병에 영향을 미치는 요인은 표 13-2와 같다.

표 13-1 골다공증의 특성 비교

구분	폐경 후 골다공증	노인성 골다공증
성	주로 여성(여성:남성=6:1)	여성과 남성(여성:남성=2:1)
연령	50~70세(폐경기 이후)	70세 이상
뼈조직	해면골	해면골과 치밀골
골절 부위	요추, 손목뼈	척추, 대퇴골, 그 외 골격
병인	에스트로겐 또는 안드로겐의 결핍	노화

표 13-2 골다공증 발병에 영향을 미치는 위험요인

구분	내용
유전	가족력
종족	백인 > 아시아인 > 흑인
연령과 성	60세 이상 노령, 여성
여성호르몬 결핍	폐경, 난소 절제, 성호르몬 부족
신체활동	운동 부족, 부동상태
체중	저체중 또는 저체지방
만성질환과 약물복용	당뇨병, 만성질환, 갑상선 기능항진증
식사요인	칼슘과 비타민 D의 부적절한 섭취, 동물성 단백질의 과잉 섭취 섬유소의 과잉 섭취
기타 요인	흡연, 알코올, 카페인의 과다 섭취

2) 증 상

폐경기 이후 여성에게 주로 나타나는 골다공증은 허약 증세와 허리와 등의 통증이 동반된다. 뼈의 손실은 척추에서 가장 먼저 시작되며 허리 아랫부분이 심하게 아프고 구부러지거나 키가 줄어들며 쉽게 골절현상이 나타난다. 뼈조직이 너무 물러 체중을 감당하기 힘든 상태의 노인에게서는 뼈의 기형, 부분적인 통증, 골절, 고칼슘뇨증에 의한 신결석 등이 나타나기도 한다.

3) 치 료

골다공증의 치료와 예방으로 안드로겐이나 에스트로겐과 같은 성호르몬을 사용하나 안드로겐은 여성의 남성화 경향이 있으므로 주로 에스트로겐을 사용한다. 그러나 에스트로겐은 자궁암, 유방암 등을 유발할 수도 있으므로 그 사용에 논란의 여지가 있다. 45세 이전의 조기 폐경, 난소 절제에 의한 인공 폐경의 경우에는 에스트로겐 사용을 권한다.

4) 식사요법

(1) 단백질

단백질은 성장에 관여하므로 부족하지 않게 제공하여야 하나 과잉 섭취는 신장에서 칼슘의 배설을 촉진한다. 특히 동물성 단백질이 이러한 영향이 뚜렷하게 나타나므로 동물성 단백질은 권장량 이상 섭취하지 않는 것이 좋다.

(2) 칼 슘

골다공증 환자나 폐경기 여성 및 노인들은 식사에 의한 섭취가 불충분하고 흡수율이 낮으므로 1일 1,200~1,500mg의 칼슘을 권장한다.

칼슘이 풍부한 식품은 우유 및 유제품, 뼈째 먹는 생선, 두류, 녹색채소 등이다. 우유 및 유제품은 젖산칼슘염Ca-lactate이 많아 흡수율이 좋은 칼슘 급원식품이다.

그러나 과량의 칼슘은 구토, 설사, 식욕부진, 연조직의 무기질화와 신결석을 생성할 수 있으므로 과량의 정제된 칼슘의 공급은 주의하여야 한다. 칼슘 함량이 높은 식품은 표 13-3과 같다.

(3) 인

인은 칼슘의 흡수를 억제하므로 칼슘과 인의 비율(Ca/P)을 1:1로 유지하도록 한다. 식품 중 칼슘과 인의 비율은 표 13-4와 같다.

(4) 불 소

탈무기질화를 방지하나 과량 복용(50mg/dL) 시에는 위장의 경련, 출혈성 위궤양, 관절통, 치아부식 등의 부작용을 동반할 수 있다.

(5) 비타민 D

칼슘 흡수를 높이지만 골 용해도 증가시켜서 고칼슘혈증, 고칼슘뇨증을 동반할 수 있으므로 칼슘 흡수에 장애가 있는 경우에만 사용하도록 한다. 골다공증 환자에게 $10\mu g/day$의 $1,25\text{-}(OH)_2D_3$를 공급하면 칼슘 흡수 증가와 함께 체내 칼슘의 균형이 유지되

표 13-3 칼슘 함량이 높은 식품(mg/100g)

식품	칼슘 함량	식품	칼슘 함량	식품	칼슘 함량
유제품		어류		해조류	
우유	105	노가리	432	생김	490
연유(가당)	258	뱀장어	157	마른 김	325
(무가당)	225	미꾸라지	736	조선 김	265
분유(전지)	880	뱅어포	982	꼬시래기	630
(탈지)	1,250	건조 양미리	115	다시마(생)	103
치즈(자연)	633	쥐치포	126	(건조)	708
(가공)	503			미역(생)	153
요구르트(호상)	105			(건조)	959
아이스크림	130			튀각	240
				톳(생)	157
				(건조)	768
				파래(건조)	652
두류		패류		채소류	
대두(노란콩)	245	재치조개	181	갓	193
(검은콩)	220	가락무조개	128	고춧잎	211
(밤콩)	239	개조개	131	곰취	241
두부	126	굴(자연산)	109	냉이	145
동두부	660	어리굴젓	196	달래	124
튀긴 두부	295	꼬막	105	돌나물	212
난황	140	대합	161	들깻잎	211
들깨	750	조갯살	207	명일엽	235
참깨(흰깨)	1,136	우렁	1,567	무청	329
(검은깨)	1,060	전복 통조림	224	우거지	335
아몬드	230	갯가재	149	건조 토란대	1,050
어 류		바닷가재	230	쑥	230
멸치(말린 것)	1,205	꽃게	118	도라지(말린 것)	232
(생것)	509	참게	359	비름나물	169
멸치젓	592	건조 게살	820	신선초	235
꽁치 통조림	198	건조 꽃새우	4,068	케일	281
고등어 통조림	167	젓새우	695	파슬리	206
참치 통조림	126	새우젓	500	호박잎	180
정어리 통조림	241	잔 새우(생것)	120	호박고지	165
중멸치	1,290	(말린 것)	2,100		
잔멸치	902	건조 중새우	2,767		
명태	109	건조 큰 새우	236		
복어	243	건조 오징어	252		
		해삼	119		
		건조 해삼	1,384		

출처: 농촌진흥청, 식품성분표 제7개정판, 2006

표 13-4 식품 중 칼슘과 인의 함량비(Ca:P)

구분	식품	함량의 비(Ca : P)
우유 및 유제품	우유	1.25
	프로세스치즈	0.83
	체다치즈	1.43
	아이스크림	1.25
	요구르트	1.25
과일류	사과	1
	바나나	0.32
	자몽	1.25
	오렌지	3.33
	딸기	0.77
채소류	콩	0.48
	브로콜리	0.91
	당근	0.59
	옥수수	0.05
	완두콩	0.25
	감자	0.18
	토마토	0.2
	고구마	0.5
어육류	참치통조림	0.097
	쇠고기	0.06
	스테이크(T)	0.046
	돼지고기	0.043
	닭고기	0.16
	칠면조고기	0.086
	소시지	0.12
곡류	오트밀	0.10
	옥수수가루	0.025
	밀기울	0.04
	밀가루	0.14

고 골절률이 감소한다.

(6) 식이섬유

소장에서 칼슘 흡수를 억제하여 분변으로의 칼슘 배설을 증가시켜서 칼슘 평형이 음으로 기울게 한다. 골다공증 환자에게는 도정되지 않은 곡류나 채소 등을 통한 칼슘 섭취는 좋지 않다.

(7) 카페인과 알코올

섭취량이 증가하면 요 및 분변 중 칼슘 배설량이 증가하고, 골절률도 커진다. 알코올은 조골세포에 직접 작용하여 골 재생을 억제하고 소장에서의 칼슘 흡수를 방해하며, 요 중 칼슘 배설을 촉진한다.

(8) 흡 연

흡연으로 인해 난소의 기능이 퇴화되어 혈중 에스트로겐 농도가 낮아진다. 흡연자는 비흡연자에 비해 폐경 연령이 평균 1~2년 빠르다.

3. 골연화증

골연화증osteomalacia은 성인기 이후에 비타민 D 결핍으로 발생하는 골감소증이다. 비타민 D가 부족하면 뼈의 무기질화 과정에 이상을 초래하여 뼈가 얇아지고 쉽게 구부러지며 골밀도가 감소하게 된다.

1) 원 인

골연화증의 원인은 비타민 D 섭취량의 부족, 자외선 노출 차단, 장의 염증 또는 흡수 불량증, 비타민 D 대사의 유전적 결함 등이 있다. 신장기능장애로 인한 인의 흡수 손상과 비타민 D의 활성화 불능 및 칼슘 섭취 부족과 배설 증가, 그리고 만성적인 산중독증, 항경련성 진정제의 장기복용 등도 요인이 된다. 햇빛을 적게 받거나 저에너지 섭취 및 임신과 수유를 자주하는 여성에게 많이 나타난다.

2) 증 상

뼈의 통증, 유연화, 근육약화 등이 나타나며 척추가 체중을 지탱하지 못하여 신체가 구부러지고 기형을 유발하는 증상이 있다. 심한 경우에는 뼈의 통증으로 잠을 잘 수가 없으며 물러진 뼈로 인하여 골절이 잘 일어난다.

3) 식사요법

양질의 단백질과 우유 등의 칼슘 섭취가 중요하다. 상태가 심각한 경우에는 6~12주 동안 매일 0.05~0.1mg의 비타민 D와 칼슘을 공급하여 체내의 칼슘 및 인의 양을 증가시키고 뼈의 무기질화를 촉진한다. 햇볕을 충분하게 쬐는 것도 중요하다.

골연화증은 골다공증과 비슷한 증상을 나타내나 표 13-5와 같은 차이점이 있다.

표 13-5 골다공증과 골연화증의 차이점

구분		골다공증	골연화증
임상적 증상	골격의 통증	발작적으로 나타난다.	주요 증상이며 지속된다.
	근무력증	증상이 나타나기도 한다.	대부분 나타나는 증상으로 심한 경우에는 보행에 지장이 있다.
	골절	골절이 잘 일어나며 치유가 가능하다.	일반적이지 않으나 치유가 지연된다.
	골격의 기형	골절 시에만 나타난다.	매우 일반적인 현상으로 척추후만이 관찰된다.
방사선 조사	골밀도	골을 형성하는 무기질과 기질의 양이 동일한 비율로 감소한다.	골기질에 비해 무기질 침착이 상대적으로 결핍되고 척추에 현저히 나타난다.
생리적 변화	혈장의 칼슘 및 인	정상이다.	저하된다.
	혈장의 알칼리성 포스파타아제	정상이다.	상승한다.
	요 중의 칼슘	정상이거나 상승한다.	저하된다.
치료	비타민 D	약간의 효과가 나타난다.	매우 효과적이다.

4. 구루병

구루병rickets은 어린아이에게 발병하는 골격의 대사성 질환으로 성장하는 뼈에 이상을 초래할 뿐만 아니라 성장판의 연골기질까지 영향을 미치므로 성장판이 두꺼워지고 뼈의 무기질화가 방해를 받는다. 골연화증과 같이 칼슘과 인의 대사장애로 골격에 칼슘의 축적이 방해되어 골격이 물러지고 기형을 유발하게 된다.

1) 원 인

비타민 D의 섭취 부족이나 자외선 차단, 장내 소화 및 흡수 불량, 대사장애 등에 의해 나타난다. 비타민 D가 정상치를 유지할지라도 식사 내 칼슘이 부족하거나 인이 부족한 경우, 만성 산독증 및 신장기능의 장애로 인해 유발된다.

2) 증 상

구루병에 걸린 아이들은 뼈조직의 무기질화에 장애가 있으므로 뼈조직이 체중을 감당하지 못하여 무릎, 다리, 혹은 팔이 휘는 증상이 특징적으로 나타난다. 또 흉골이 움푹 들어가거나 나오는 소위 새가슴이 형성되고 늑골 말단의 이상을 초래하기도 한다. 영구치의 에나멜층의 무기질화에 장애가 생겨 영구치의 생성, 즉 발치가 지연되고 약한 치아가 형성된다. 유아기 걸음의 시작이 지연되고, 골단이 마모되어 껍질이 벗겨지기도 하며, 쉴 수도 편히 잠을 잘 수도 없으므로 허약 증세를 나타낸다.

3) 식사요법

비타민 D의 부족이 원인이므로 비타민 D를 충분히 공급한다. 식품뿐 아니라 정제된 비타민 D를 공급하고 실외의 자외선 공급으로 충당할 수도 있다. 하루에 비타민 D가 강화된 우유를 2컵 이상 마시는 것이 바람직하며, 그 외에 달걀이나 간 등으로 충분한 단백질과 비타민을 공급하도록 한다.

5. 관절염

1) 골관절염

골관절염osteoarthritis은 퇴행성 관절질환으로 관절 주위나 내부의 연조직과 골연골의 손실에 따라 나타난다. 모든 관절에서 나타나지만 체중을 지탱하거나 자주 사용하는 관절인 무릎, 엉덩이, 팔꿈치 등에서 자주 발생한다. 관절염의 진행단계는 그림 13-3과 같다.

(1) 원 인

체중과다 및 비만인에게 잘 나타나며 유전적인 요인 외에도 긴장이나 계속적인 자극 등 여러 복합적인 원인에 의해 발생한다.

(2) 증 상

초기에는 연골이 부분적으로 침식되어 관절 부위가 뻣뻣해지고 특히 아침에 관절이

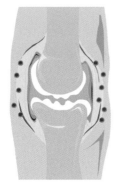 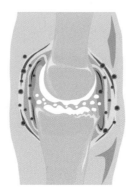 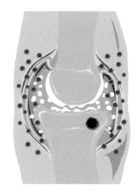

1. 초기단계
원섬유화Fibrillation 관절연골이
연화되고, 연골세포군 사이가
분열되며 연골이 파괴됨

2. 중간단계
연골 파괴가 계속됨.
연골 손상에 대한 보상으로 연골
아래의 뼈가 비정상적으로 증식함
연골 아래의 뼈가 치밀해짐(경화)

3. 중증단계
연골이 심하게 파괴됨.
관절강이 좁아지고, 활막이 비대해짐
연골 밑판에 낭종이 생길 수 있음

그림 13-3 관절염의 진행단계

굳어지면서 통증을 느끼게 된다. 관절의 보호막이 소실됨에 따라 통증이 심해지고 정맥압 증가로 불면증이 생기기도 한다. 관절운동에 제한을 받고 때로 기형을 유발하는데 특히 여성에게 있어서는 손가락 관절이 커지는 경우가 많다.

(3) 치료와 식사요법

통증을 감소시키는 것으로 물리치료, 작업치료 등을 병행하여 치료한다. 휴식과 함께 관절 부위의 마사지와 관절 주변 근육의 강도를 높여 주는 적당한 운동도 필요하다.

관절의 부담을 줄이기 위한 체중감소가 필요하나 운동량이 제한되어 있으므로 식사요법이 중요하다. 저에너지 식품을 사용하여 정상 체중을 유지하게 하고, 단백질, 비타민, 철, 특히 칼슘을 충분히 공급해야 한다.

관절 관리의 10계명

1. 무릎이 아플수록 걷기 운동을 열심히 한다.
   운동을 안 할수록 무릎 관절은 더 굳어진다.

2. 숙면은 관절염 치료제다.
   수면부족으로 생기는 스트레스는 염증을 증가시킨다.

3. 실내 습도를 낮춘다. 습도가 높을수록 근육이 뻣뻣해지면서
   통증이 심하고 관절이 붓는다.

4. 바른 자세가 중요하다. 책상다리나 쪼그려 앉으면 실제
   몸무게의 7배에 달하는 하중이 무릎에 얹힌다.

5. 편한 신발을 신는다. 굽이 높은 신발은 관절에 부담을 준다.

6. 오래 서서 일할 때는 발 받침대를 활용한다.

7. 골다공증 예방은 관절염 악화를 막는다. 칼슘 섭취가 중요하다.

8. 무릎 주변 근육강화 운동을 수시로 한다.

9. 비만은 관절에 부담을 주므로 적정 체중을 유지한다.

10. 냉온 찜질은 관절염으로 인한 통증과 경직을 줄이는 데 유용하다.

2) 류머티즘성 관절염

(1) 원 인

류머티즘성 관절염rheumatois arthritis은 만성 염증성 질환으로 관절의 활막이 감염되어 다른 관절에까지 퍼지며, 골과 연골 조직에까지 심한 손상을 일으킨다. 특히 손이나 발 등의 마디에 대칭적으로 나타난다.

　류머티즘성 관절염의 발병률은 총 인구의 1%가량으로 40~50세에 주로 나타나며 가끔 어린이에게도 나타나는데, 여성이 남성에 비해 3배 이상 발병률이 높다.

(2) 증 상

초기의 증상은 피로, 식욕부진, 일반적인 허약 증세가 지속되고, 체중감소와 고열, 오한이 동반되기도 한다. 만성적으로 진행되면서 소화기의 이상(궤양, 위염으로 식욕저하)과 영양불량이 되는 경우가 많다.

　류머티즘성 관절염은 감염에 의해 주로 발생하므로 면역반응 보존을 위해 영양공급이 중요하다.

(3) 식사요법

관절에 부담을 주지 않기 위해 이상 체중을 유지하는 에너지 조절과 양질의 단백질, 충분한 비타민 A와 B복합체, 무기질을 공급한다. 비타민 C는 관절의 기질인 교원섬유의 합성에 관여하고, 아스피린 등의 치료에 의해 백혈구 내 비타민 C의 함량이 감소하여 소혈구성 빈혈을 유발하기도 하므로 비타민 C를 충분히 공급한다.

　적당한 양의 비타민 D와 칼슘의 섭취는 합병증인 골연화를 막을 수 있다.

6. 통 풍

통풍gout은 체내 퓨린의 대사이상으로 요산의 배설량이 감소하여 체내에 축적되어 발병한다. 고요산혈증hyperuricemia이 유발되고 과잉의 요산이 혈액을 통하여 연골 관절 주위 조직에 침착되어 관절염 증상과 비슷한 발작 증세를 일으켜 심한 통증을 느끼게 된다. 주로 30세 이후의 남성에게 많이 나타나며, 여성은 갱년기 이후에 발병된다.

1) 원 인

요산의 과잉 생성과 배설 저하로 체내에 요산이 축적된다. 체내 퓨린 뉴클레오티드 purine nucleotide 함량은 세포의 이화, 체내 퓨린의 생합성, 퓨린 섭취를 통해 증가하며, 세포의 동화, 요산의 배설과정을 통해 감소한다.

요산은 당질, 지방, 단백질에서 모두 생성될 수 있는데, 특히 간, 췌장, 신장과 같이 핵단백질이 풍부한 내장식품, 일반 육류, 곡류와 두류의 씨눈 등을 섭취하면 다량 생성된다.

수술이나 외상으로 세포가 파괴되어 핵산으로부터 과량의 요산이 생성되기도 한다. 단식, 정신적 스트레스, 알코올의 과량 섭취, 이뇨제 및 항결핵제의 사용으로 요산 배설이 감소할 때, 또는 일부 유전적인 요인이 있을 때에도 혈중 요산이 증가하여 통풍이 발생한다.

2) 증 상

혈중 요산은 뼈의 칼슘과 결합하여 요산칼슘염 결정을 형성한다. 이 결정이 관절의 연골이나 관절상 주위의 연부조직에 침착하여 통풍결절tophus을 생성한다. 관절염 발작은 주로 엄지발가락 관절이 빨갛게 부어오르고 국부 발열 후 격심한 통증이 있다가 2~3주 후에 증상이 완전히 사라진다. 그러나 다시 돌발적인 격통이 있다가 다시 사라지는데 차츰 통증의 주기가 빨라지고, 발작기간도 길어지며 때로는 발열, 오한, 두통, 위장장애가 나타나기도 한다.

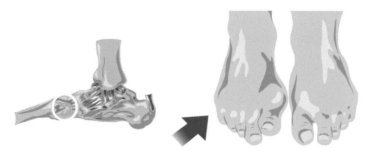

요산 침착 부위　　　　　　　　　　육안 소견

그림 13-4 통풍의 요산 침착부위

3) 식사요법

(1) 에너지

통풍 환자는 이상 체중을 유지하거나 10%의 체중감소가 효과적이다. 그러나 갑작스러운 에너지 감소는 통풍 환자에게 급격한 발작이나 케톤증을 일으킬 수도 있으므로 서서히 감량하는 것이 좋고, 단식요법은 절대 금해야 한다. 하루에 이상 체중 kg당 남자는 30~35kcal, 여자는 25~30kcal의 에너지를 섭취한다.

(2) 단백질

요산 생성에 관여하므로 과량의 섭취는 피해야 한다. 단, 우유와 달걀은 고단백질 식품이면서도 퓨린의 함량이 극히 적으므로 통풍 환자들에게 권장되는 식품이다.

(3) 지 질

요산의 정상적인 배설을 방해하고 통풍의 합병증인 고혈압, 심장병, 고지혈증, 비만 등과도 관련되므로 과량의 동물성 지방 섭취는 피한다. 하루에 50g 이하가 바람직하며, 포화지방산보다는 불포화지방산 섭취를 권장한다.

(4) 수 분

혈중 요산 농도 희석과 요산 배설을 촉진하기 위하여 하루에 3L 정도로 충분히 공급한다. 이때 커피나 차는 적당량을 공급할 수 있으나 알코올은 요산의 배설을 방해하고 요산의 생합성을 촉진하므로 제한한다. 통풍은 고혈압, 당뇨병, 고지혈증 등 합병증의 우려가 있으므로 나트륨은 가급적 제한하는 것이 좋다. 또한 요산 배설을 촉진하기 위하여 소변의 pH를 6.2~6.8로 유지하도록 채소, 과일 등 알칼리성 식품을 권장한다.

(5) 퓨 린

정상적인 경우는 하루 평균 600~1000mg 정도의 퓨린이 함유된 식사를 하지만 통풍 환자는 100~150mg 정도로 제한하는 것이 바람직하다. 퓨린은 식사로 조절할 수 없는 체내의 내인성 요인에 의해서도 생성되므로 최근에는 식사조절보다는 약제로 조절하고 있으며, 식사조절은 치료식이라기보다는 예방식으로 그 의미가 있다. 퓨린 함량이 높은 고등어, 연어, 청어, 간, 콩팥 등의 식품을 제한한다.

표 13-6 퓨린 함량에 따른 식품군 분류

많은 식품군(150~800mg)	중간 식품군(50~150mg)	적은 식품군(0~15mg)
내장부위(심장, 간, 지라, 신장, 뇌, 혀), 육즙, 거위, 생선류(정어리, 청어, 멸치, 고등어, 가리비조개)	육류, 가금류, 생선류, 조개류, 콩류(강낭콩, 잠두류, 완두콩, 편두류), 채소류(시금치, 버섯, 아스파라거스)	달걀, 치즈, 우유, 곡류(오트밀, 전곡 제외), 빵, 채소류(나머지), 과일류, 설탕
급성기인 경우, 증세가 심할 때 섭취할 수 없음	회복 정도에 따라 소량 섭취할 수 있음	제한 없이 섭취할 수 있음

출처: (사)대한영양사협회, 임상영양관리지침서, 2010

(6) 식품선택 및 식단의 작성요령

고퓨린 식품을 금하며, 소변을 알칼리화하기 위하여 과일이나 채소를 충분히 섭취하는 것이 좋다. 나트륨의 섭취는 가능한 한 줄이고, 커피나 차의 퓨린은 요산과 직접적인 관계가 없으므로 수분 섭취를 위해 자유롭게 공급한다. 환자의 식욕증진을 위한 향신료의 사용도 바람직하다.

통풍 환자를 위한 식단의 작성요령

- 단백질의 급원은 육식에 치우치지 말고 두부, 달걀, 생선, 우유 등으로 다양하게 선택한다.
- 곡류, 감자류가 좋으며 채소, 과일류는 적극 권장한다.
- 소변의 알칼리도는 식품에 따라 변하기 어렵지만 가능한 한 채소, 과일 등 알칼리성 식품을 선택한다.
- 수분의 충분한 섭취를 위해 죽이나 수프, 차 등을 자주 섭취하도록 한다. 육류 조리 시 굽는 것보다는 삶아서 먹고 기름이 함유된 국물(육수)은 섭취하지 않는 것이 좋다.
- 콩에는 퓨린 함량이 많으나 두부에는 적다.
- 소금의 양은 하루 10g 이내로 하고 염장식품은 피한다.

1. 골다공증이란 골격 대사이상 또는 칼슘 대사의 불균형으로 인한 질환으로, 뼈의
   화학적 조성은 크게 변하지 않으나 (   ) 또는 (   )가
   감소함으로써 나타나는 증상이다.

2. 골다공증에서 뼈 대사이상은 (   )과 (   ) 간의 불균
   형, 즉 뼈의 용해량이 뼈의 생성량을 초과함으로써 (   )이 감소한
   것이다.

3. 골다공증의 식사요법 중 특히 주의하여 섭취해야 할 영양소는?

4. 골관절염의 특징은?

5. 혈액 중에 증가하여 통풍을 유발하는 물질은?

▶ 정 답

1. 골질량, 골밀도

2. 뼈의 생성, 용해, 골질량

3. 칼슘, 인, 단백질

4. 관절 주위 내부 연조직과 골 연골의 손실로 나타나며, 비만, 유전적인 요인, 긴장이나 계속적인
   자극 등 여러 복합적인 원인에 의해 발생한다.

5. 요산

chapter

14

식품
알레르기

14 식품 알레르기

정상인은 식품항원에 대하여 면역학적 내성이 발달되어 특별한 과민반응이 일어나지 않으나 과민한 사람은 특정 식품이나 식품첨가물에 대하여 면역학적 과민반응이 나타나는데 이를 '식품 알레르기'라고 한다. 식품에 대한 과민반응은 연령, 소화과정, 위장관의 투과도, 항원의 구조, 유전적인 성향 등에 의하여 영향을 받는다. 식품 알레르기의 치료를 위하여 식사에서 과민반응을 심하게 유발하는 식품을 제거하고 그 식품과 대체할 수 있는 식품으로 바꾸도록 한다.

 용어 설명

레아긴reagin 혈청 및 수액에 들어있는 항체의 하나로 과민증 증상을 유발시키는 알레르기 항원에 대해 반응하는 물질

림포카인lympokine 림프구가 하는 가용성 단백전달물질의 총칭

면역immune 생체의 내부환경이 외부인자인 항원에 대하여 방어하는 현상으로 항원-항체반응을 일으킴

사이토카인cytokine 항종양 효과를 발휘하는 활성 액성 인자

아나필락시스anaphylaxis 실험동물에게 같은 종류의 단백질을 반복 주사하여 일어나는 급성 감작 증후의 발현

아토피atopy 주로 피부염을 보이며 면역글로불린 E 항체를 통해 발생하는 체질적 과민반응

알레르겐allergen 알레르기와 특이과민증을 일으키는 물질

항원antigen 적당한 조건에서 특이면역반응을 유발할 수 있으며, 그 면역반응의 산물인 특이항체와 특이적인 반응을 일으킬 수 있는 물질

항체antibody 항원 침입에 대항하여 특이적으로 생산되는 길항물질

1. 알레르기의 개념

1) 면역과 알레르기

외부의 이물질인 항원antigen이 생체 내로 들어오면 생체 내에서 이에 대항하는 항체 antibody가 만들어져서 항원항체반응을 일으킨다. 이러한 반응에서 생체에 유리한 반응을 면역immune이라 하며 불리한 반응을 과민증 또는 알레르기allergy라 한다.

면역에는 항체생산에 의한 체액성 면역humoral immunity과 감작 림프구에 의한 세포성 면역cell-mediated immunity이 있다. 이들 모두 림프구가 관여한다.

T-림프구는 면역계 조절과 세포성 면역에 관여하는데, 다른 세포의 활성을 조절하거나 직접 표적세포에 대한 세포손상의 원인이 되는 림포카인lymphokine과 사이토카인 cytokine을 생성하여 항원을 파괴한다.

B-림프구는 항체를 형성하여 체액성 면역을 담당한다. 항체는 면역글로불린 immunogloblin, Ig이라고 불리는 γ-글로불린으로 각각 G, M, A, D, E 등 5가지가 있으며 그 역할은 각기 다르다.

2) 식품 알레르기

식품 알레르기food allergy는 면역적인 이유로 식품에 대해 이상반응이 나타나는 것이다. 알레르기를 유발하기 쉬운 물질로 식품, 꽃가루, 진드기 등이 있다. 또한 알레르기는 유전되는 경우가 많으므로 특정 식품에 알레르기가 있는 부모는 자신의 아이에게 그 음식을 처음 먹일 때 유의해야 한다. 성인의 경우 식품 알레르기의 비율은 2%에 불과하지만 영유아는 8~10% 정도로 높다. 영유아는 장 기능이 아직 충분히 발달하지 못하여 알레르기가 나타나는 경우가 많은데 성장하면서 자연히 없어지는 수가 많다.

식품에 대한 알레르기 반응은 증상이 다양하게 나타난다. 식품 알레르기의 증상은 보통 식품 섭취 후 수분에서 수 시간 내에 나타난다. 흔히 위장관 증상과 피부증상이 나타나며 드물게 호흡기 증상이 보고되고 있다 표 14-1.

구분	증상
피부	두드러기, 피부염, 습진, 부종, 가려움증
소화기	구토, 복통, 설사, 소화불량, 혈변
부종	입술, 얼굴, 혀, 목 또는 신체 다른 부위의 부어오름
호흡기	천식, 콧물, 코 막힘 또는 호흡 곤란
신경계	두통, 우울, 초조, 과민반응, 피로
기타	안면 창백, 식은땀, 혈압저하, 의식혼미

표 14-1 식품 알레르기의 증상

3) 식품 알레르겐

알레르기를 유발하는 물질을 알레르겐allergen이라 한다. 식품 중에서 알레르기 반응의 원인은 주로 단백질이나 당단백인 경우가 많다. 식품성분 중 당단백질이 이종항원heterogenous으로 위장관 벽에 노출되면서 과민반응이 나타난다. 우유의 경우에는 카제인과 α-락트알부민, β-락트알부민, β-락토글로불린이 항원으로 작용하는 단백질에 속한다. 달걀의 경우 흰자에 함유된 단백질 중 알부민albumin과 오보뮤코이드ovomucoid가 알레르기를 일으키는 주요 성분이다. P34라 불리는 대두의 단백질과 새우와 같은 갑각류의 단백질도 항원으로 작용한다. 방부제와 착색제, 발색제, 감미료 등이 첨가된 식품이나 자극성이 강한 식품, 알코올, 카페인 음료, 흡연도 알레르기를 유발한다. 피자, 햄

그림 14-1 알레르기를 쉽게 유발하는 식품

표 14-2 알레르기를 일으키기 쉬운 식품

구분	동물성 식품	식물성 식품
유발 정도가 강한 식품	돼지고기, 우유, 달걀흰자, 고등어, 연어, 오징어, 꽁치, 가다랑어, 전갱이, 새우, 조개류, 게, 가재 등	밀, 메밀, 콩, 땅콩, 아몬드, 완두, 겨자, 고추냉이, 피망, 카레
중간 정도의 유발식품	쇠고기, 말고기, 고래고기, 다랑어, 정어리, 낙지, 대구, 청어, 어묵, 송어, 소시지 등	토란, 밤, 은행, 근대, 두릅, 머위, 가지, 버섯, 우엉, 생강, 무즙, 고춧가루, 쑥갓, 시금치, 딸기, 감, 바나나, 죽순
저유발식품	닭고기, 야생조류, 옥돔, 바닷장어, 은어, 양미리, 잉어, 도미, 뱀장어, 붕어 등 주로 흰살 생선	쌀, 보리, 감자, 고구마, 사탕류, 식물성 기름, 마가린, 호박, 솔잎, 브로콜리, 당근, 양배추, 무, 파, 양파, 배추, 콩나물, 연뿌리, 토마토 등

버거, 아이스크림, 초콜릿 및 과자류 등과 설탕이 들어간 음식 및 인스턴트식품에도 알레르기 유발 요인이 있다. 알레르기를 유발하기 쉬운 식품 종류는 표 14-2와 같다.

2. 식품 알레르기의 진단

1) 식사력 조사

식품 알레르기를 진단할 때 임상증상, 가족력, 식사력food history 등 알레르기의 원인을 찾아본다. 과거 어떤 식품에 대한 알레르기 반응을 일으켰던 사실이나 최근에 섭취한 음식 중 의심이 가는 식품, 가족 중에서 알레르기질환을 앓은 사람과 증상을 기록한다. 싫어하는 식품 중에 알레르기를 일으키는 식품이 있을 수 있으므로 기호조사를 실시한다. 과거에 특정 식품 또는 음식에 의해 일어났던 증세를 조사하거나, 특히 알레르기의 증상이 나타나기 3~4일 전부터 섭취한 모든 식품과 그 조리법, 식사 후의 이상 유무를 기록하면 진단에 큰 도움이 된다. 식사력 조사는 환경적·심리적 상태, 질병상태, 병인력도 조사한다.

2) 피부시험

피부시험은 식품항원 추출물을 식품, 특히 IgE항체를 증명하기 위한 검사법으로 3가지 방법이 있다. 긁는 시험법scratch test, 단자 시험법prick test, 밀착 시험법patch tst 등이 있다 그림 14-2.

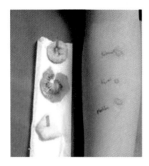
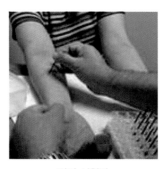
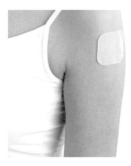

| 긁는 시험법 | 단자 시험법 | 밀착 시험법 |

그림 14-2 알레르기 진단을 위한 피부시험법

긁는 시험법은 주삿바늘로 피부 표면을 살짝 긁은 자리에 항원 추출물을 떨어뜨린다.

단자 시험법은 팔이나 등의 피부에 항원 추출물을 떨어뜨린 후 주삿바늘로 살짝 찔러 반응을 본다.

밀착 시험법은 접촉 피부염에서는 항원을 피부에 붙여서 48시간 후에 홍반 유무로 알레르기 판정을 내리는 방법으로 전문의의 관리하에 한다.

이상의 세 가지 방법은 피부에 항원을 접촉시킨 후 약 20분 있다가 반응을 보이는데, 만약 8~10mm 이상의 홍반이나 충혈, 가려움, 물집 등이 나타나면 양성으로 판정한다.

3) 임상시험

알레르기 증상이 일어나면, 알레르기 체질의 유무를 알아내기 위해 혈액검사로 백혈구 성분 중의 호산구의 수와 면역글로불린 값을 조사한다. 수치가 높게 나타나면 알레르기 증상이 일어나기 쉬운 것으로 판단하며, 호산구가 5% 이하이면 정상으로 본다. 한편, 방사알레르겐흡수법radio allergosorbent test, RAST은 습진이 있거나 아나필락시스anaphylaxis의 위험이 있는 환자에게 유용한 검사법으로 혈액 내에서 순환하는 항체 IgE를 검사하는 방법이다.

4) 식품제거식 시험

알레르기 유발 식품을 제거하여 증상이 멈추는 것과 알레르기 식품을 다시 섭취하였을 때 증상이 재발되는 것을 관찰하는 방법이다. 식품제거식으로 증상이 호전된 후에도 확진을 위하여 이중맹검 경구유발시험을 실시하는 것이 식품 알레르기의 진단에 가장 좋은 지표가 된다. 식품 알레르기의 진단은 표 14-3과 같이 4단계로 구성된다.

표 14-3 식품 알레르기의 진단 단계

1단계	2단계	3단계	4단계
증상파악 현재의 병력 과거의 병력 가족력 이학적 소견	호산구(말초 혈액, 콧물) IgE와 기타 면역글로불린 양 RAST(IgE, IgG) ELISA(각종 면역글로불린) 피부반응 특이적 면역 복합체	제거시험 유발시험(경구, 직장) 식사일지	제거 식사요법 약물요법

3. 식품 알레르기의 치료

1) 알레르겐 조절

알레르기의 원인을 찾아 조절하는 것이 알레르기 반응을 줄이는 가장 효과적인 방법으로 약물의 필요성을 줄일 수 있다.

몇 가지 식품만을 제거할 때는 쉽게 실시할 수 있으나 금해야 할 식품의 종류가 많아지면 영양적으로 충분한 식단을 계획하기 어렵게 된다. 이러한 경우 제거된 식품과 영양가가 비슷한 식품으로 대체한다. 우유 알레르기가 있는 경우 염소젖이나 발효유로 대체하거나, 붉은 살 생선을 흰 살 생선으로 대체하였을 때 알레르기가 나타나지 않는 경우도 있다.

식품 알레르기의 치료에서 원인 식품을 섭취하지 않도록 하는 것이 가장 중요하다. 원인 식품 제한은 알레르기 증상을 완화하여 줄 뿐만 아니라 일정 기간이 지난 후 식품 알레르기 반응이 없어지도록 유도한다. 달걀이나 우유는 영유아기에 알레르기를 잘 유발하지만 철저히 제한하면 수년 내에 70~80%는 없어진다. 원인 식품뿐 아니라 가공된 형태나 그 성분이 들어있는 식품도 가능하면 피하도록 한다. 알레르기 원인 식품 제한에 따른 대체식품은 표 14-4와 같다.

표 14-4 알레르기 원인 식품에 따른 제한 식품과 대체 식품

원인 식품	제한 식품	대체 식품
우유	커피우유, 분유, 밀크코코아, 치즈, 아이스크림, 요구르트, 버터, 우유가 함유된 음식과 제품	두유, 두부, 커피크림, 칼슘과 비타민
달걀	달걀, 메추리알, 오리알, 마요네즈, 핫케이크, 커스터드, 푸딩, 돈가스, 크로킷	달걀이 들어가지 않은 제과제품, 스파게티
밀	밀가루제품, 튀김과자, 크래커, 마카로니, 스파게티, 국수, 간장, 핫도그, 소시지	쌀로 만든 빵, 떡, 옥수수가루, 당면, 쌀전분, 옥수수전분
대두	콩, 팥, 땅콩, 완두, 두유, 두부, 유부, 간장, 데리야키소스, 우스터소스, 팥을 이용한 과자, 팥죽, 시리얼, 마가린, 피넛버터	견과류, 우유, 코코넛밀크
옥수수	옥수수빵, 팝콘, 콘시럽, 베이킹파우더	설탕, 메이플 시럽, 꿀, 소다
초콜릿	사탕, 콜라, 초콜릿이 들어간 제과제품	

2) 식사요법

알레르기 유발식품의 조리방법을 바꿔 봄으로써 알레르기를 방지할 수 있다. 식빵은 바싹하게 구운 토스트로 제공하고 차가운 우유는 데우거나 식품에 첨가하여 크림스프, 케이크, 푸딩 등의 형태로 제공한다. 날달걀의 경우 가열하면 단백질의 변성이 일어나 항원이 없어질 수도 있으므로 달걀찜, 달걀반숙, 달걀프라이 등으로 조리해서 제공한다.

3) 면역요법

항원에 대한 IgE 매개 반응과 알레르기 증상과의 연관성이 확실하고 항원 제거가 불가능한 경우와 약물상용에 부작용이 있는 경우 면역요법을 실시한다. 소량의 항원을 투여하여 알레르기 증상이 없으면 서서히 그 양을 늘린다. 약 2년 동안 항원의 양을 서서히 늘려서 항원에 대한 저항력을 높일 수 있다. 화분 알레르기 비염 같은 경우 IgG 차단항체가 생성되고 IgE의 생성이 감소하기 때문에 80~90%는 호전된다.

4) 약물요법

알레르기 증상에 따라 항히스타민제, 부신피질호르몬제를 쓰며 천식에는 기관지 확장제나 부신피질호르몬제를 이용한다. 항알레르기 약물로 크로몰린 소디움cromolyn sodium, 케토티펜ketotipen 등이 있다.

> ### 식품 알레르기의 식품 선택요령
> - 모든 식품은 신선한 것을 선택한다. 특히 어육류 및 알류 등 부패하기 쉬운 단백질 식품은 신선한 것을 선택한다.
> - 가공식품은 향신료와 조미료 사용을 많이 하기 때문에 가급적 가공식품 사용을 피한다.
> - 채소는 생것보다는 소금을 넣고 살짝 삶아서 사용한다. 전반적으로 생것보다는 가열해 먹는 것이 알레르기를 예방할 수 있다.
> - 기름류는 신선한 것으로 한다. 뚜껑을 개봉한 지 오래된 것이나 햇볕에 있는 곳에서 오래 보관한 것 등은 피해야 한다.
> - 과음이나 과식은 알레르기를 유발하거나 증상을 악화시키기 때문에 피해야 한다. 특히 술이나 단백질과 지방이 많은 음식을 과식하지 않도록 한다.
> - 칼슘, 비타민 C, 비타민 B 복합체 등은 알레르기에 좋은 효과를 보이기 때문에 평소에 충분히 섭취하도록 한다.

알레르기 유발식품 표시제

현재 우리나라 식품위생법에는 한국인에게 알레르기를 유발하는 것을 표시하여 소비자가 쉽게 알 수 있도록 규정하고 있다. 식품에 달걀류, 우유, 메밀, 땅콩, 대두, 밀, 고등어, 게, 돼지고기, 복숭아, 토마토를 함유하거나 이들 식품으로부터 추출 등의 방법으로 얻은 성분을 함유한 식품을 원료로 사용하였을 경우에는 함유된 양과 관계없이 표시하도록 하고 있다. 외국의 경우는 다음과 같다.

구분	일본	유럽연합(EU)	미국
유발물질	의무표시(5): 밀, 메밀, 달걀, 우유, 땅콩 권장표시(20): 전복, 오징어, 연어알, 새우, 게, 소고기, 돼지고기, 닭고기, 연어, 고등어, 대두, 호두, 오렌지, 키위, 복숭아, 사과, 참마, 젤라틴, 바나나, 송이버섯	글루텐 함유 곡물, 갑각류, 난류, 어류, 땅콩, 대두, 우유 및 유제품, 너트, 참깨, 샐러리, 겨자, 이산화황 및 아황산염을 함유한 가공품	우유, 달걀, 너트, 밀, 땅콩, 콩, 생선, 갑각류
표시범위	식품 및 식품첨가물	식품 및 식품첨가물	식품 및 식품첨가물
경고문구 표시	없음	없음	없음
검사방법	ELISA법, PCR법	ELISA법, 테스트프로그램 수행	'분석방법을 평가하는 기준' 제시
시행시기	2002.3	2005.11	2006.1

4. 아토피 피부염

아토피atopy라는 말은 그리스어의 '비정상적인 반응'이란 뜻을 지니고 있다. 현대에 매우 흔해진 질병으로 어린이의 10~15%가 아토피 피부염을 지니고 있다고 보고되고 있다. 75%가 1세 이전에 나타나고 90%의 어린이는 5년 내에 저절로 호전되며 5%의 환자가 어른이 되어도 피부염이 만성적으로 지속된다.

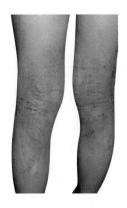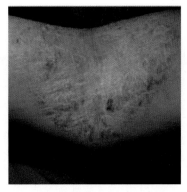

그림 14-3 아토피 피부염 증상

1) 원 인

유전, IgE의 증가에 따른 면역학적 결핍, T 림프구의 기능 결여 등 여러 가지 설이 있다. 온도와 습도, 심한 운동과 땀, 섬유에 의한 피부자극, 음식물, 약물, 집먼지, 동물의 털, 자극성 화학물질, 정신적 스트레스 등도 증상을 심하게 한다. 알레르기질환에 가족력이 있는 사람에게 잘 생기며 레아긴reagin이라는 항체가 환자의 피부와 혈청에서 발견된다.

2) 증 상

항원에 노출되면 즉각적으로 생리적 반응이 일어나며 체액이 혈관에서 조직으로 들어간다. 주로 피부의 비정상적인 반응으로 피부가 가렵고 발진으로 돌기가 생긴다. 붉은 반점이 나타나고 굳어지며 심하게 건조해지면서 가려움이 동반된다. 아토피 피부염 환자의 80% 정도는 알레르기성 비염, 천식, 두드러기, 장염 등의 증상도 지니고 있다.

3) 관리 및 식사요법

여름에는 땀이 나서 피부에 자극을 주어 가렵고 증세가 심해진다. 그러므로 자주 씻고 옷은 땀을 잘 흡수하는 면소재로 새것보다 입던 것을 헐렁하게 입는다. 정신적 스트레스나 심한 운동이 증세를 악화시키므로 안정된 분위기를 유지하여 규칙적인 생활과 충분한 수면을 취하도록 한다. 술과 담배는 간과 폐 기능을 더욱 약하게 만들어 면역력을 저하시키므로 피한다. 잦은 목욕이나 과도한 비누세척 등은 피부의 유분을 감소시켜 피부를 더욱 건조하게 하므로 삼간다. 아토피 피부에 자극이 없는 식물성 비누를 사용하고 미지근한 물을 이용한다. 가능하면 카펫을 사용하지 않고 진공청소기와 물걸레로 집먼지와 진드기를 최대한 줄인다. 체온을 유지하고 습도는 50~60%로 적정하게 유지시켜 준다.

식사는 자연식으로 제공하며 아토피를 유발하는 식품을 피한다. 즉, 화학조미료, 맵고 짠 음식, 튀긴 음식, 수입산 과일, 달걀, 유제품, 밀가루 음식, 등 푸른 생선, 고사리나 죽순 등의 채소, 견과류, 인스턴트식품 및 패스트푸드를 제한한다.

1. 일종의 면역반응인 알레르기를 유발하는 물질은?

2. 식품 알레르기를 일으키는 3대 식품 알레르겐 물질은?

3. 알레르기의 진단법에는 식사력 조사법과 (   ), (   ),
(   )의 피부시험 및 임상시험이 있다.

4. 식품 알레르기의 치료방법은?

5. 아토피 환자의 피부와 혈청에서 발견되는 물질은?

▶ 정 답

1. 알레르겐
2. 달걀, 우유, 대두
3. 긁는 시험법, 단자 시험법, 밀착 시험법
4. 알레르겐 조절, 조리법 조절, 면역요법, 약물요법
5. 레아긴(reagin)

chapter

15

수술과 화상

1. 수술과 영양
2. 화상과 영양

15 수술과 화상

수술 및 화상 환자는 생리적 스트레스로 인하여 영양불량 상태를 초래하기 쉽다. 영양상태가 저하되면 수술이나 화상 후 회복이 지연된다. 수술 전 검사로 인한 금식, 식욕 부진 또는 수술 그 자체가 가져오는 병리적 원인에 의해서 영양불량을 나타내기 쉽다. 영양상태가 나쁜 환자는 수술을 잘 견뎌내기 어려우며 합병증이나 사망률도 높다. 화상은 대사항진으로 과도한 체단백질의 분해가 일어나고 감염의 위험이 높다. 또한 수주일 동안 소변 내 칼륨과 질소의 배설이 증가한다. 그러므로 수술 전후나 화상 환자의 영양상태를 양호하게 유지하고 치료와 빠른 회복 및 합병증의 발생을 막기 위해 적절한 영양관리가 중요하다.

 용어 설명 --

패혈증sepsis 혈액 내에서 세균이나 곰팡이가 증식하여 고열, 백혈구 증다증, 저혈압 등의 전신적인 염증 반응을 일으키는 병

----

1. 수술과 영양

1) 수술과 대사

수술이라는 스트레스 반응에 대처하기 위하여 신체는 호르몬을 분비하여 조절한다. 에피네프린epinephrine, 노르에피네프린norepinephrine과 같은 카테콜라민은 심장근육을 자극하여 대사율을 높인다. 간에 저장된 글리코겐을 분해하고 당의 신생합성을 촉진하게 된다. 그러므로 수술 직후의 환자들에게 고혈당 증세가 나타난다. 스트레스로 유도된 알도스테론aldosterone과 항이뇨호르몬ADH은 신장을 자극하여 더 많은 수분과 나트륨을 재흡수시켜 혈액량을 유지하도록 한다. 코르티솔cortisol은 단백질을 분해하고 지방조직으로부터 지방산을 방출한다. 또한 단백질 합성을 억제하므로 다량의 질소가 소변을 통해 요소로 배설되어 음의 질소평형을 유발한다.

2) 수술 전의 영양관리

수술 전 환자의 영양상태와 수술 종류에 따라 영양관리가 달라진다. 수술 전후에는 식욕부진, 구토, 소화불량, 출혈 등으로 인해 영양불량이 오는 경우가 흔하다. 환자의 영양불량은 상처의 치유를 지연시키고, 수술 봉합 부위의 봉합부전, 상처감염 등으로 인한 합병증이 일어날 수 있으므로 수술 전의 영양관리는 중요하다. 일반적인 수술의 경우 수술 8시간 전부터 경구로 음식물의 섭취를 금한다. 위에 음식물이 남아있으면 마취 중이나 마취 후 회복기에 구토가 있을 경우 흡인으로 인한 폐합병증의 원인이 될 수 있기 때문이다. 또한 위에 남아있는 음식물은 수술 후 회복을 방해하고 수술 후의 위 정체나 확장 위험을 높인다. 그러므로 보통 수술 전날 저녁에 가벼운 음식을 주고 밤 12시 이후는 금식시킨다. 위장관의 수술 전에는 수술 부위의 음식 잔여물을 적게 하기 위하여 수술 2~3일 전부터 저잔사식이나 액체음식을 공급한다.

(1) 에너지

수술 전의 환자는 원인 질환 등에 의한 발열로 체내대사가 평상시보다 항진되고 있기 때문에 고에너지식을 제공하며 평상시보다 30~50% 더 증가시킨다.

(2) 당 질

수술시 충분한 양의 당질, 특히 포도당 공급은 체내 단백질 필요량을 절약하고 수술 후 케톤증과 구토를 방지한다.

(3) 단백질

수술하는 동안의 혈액손실에 대비하고 수술 직후의 조직 파괴를 방지할 수 있도록 조직 및 혈장의 예비량을 비축하기 위해 적절한 단백질을 공급하도록 한다. 수술 전 혈청 단백질의 수준이 최소한 6.0~6.5g/dL 이상 유지되도록 수술 전 1~2주간 단백질 섭취량을 100g/일 정도로 충분히 공급한다.

(4) 비타민과 무기질

에너지 대사에 관여하는 비타민과 무기질을 충분히 공급한다. 특히 비타민 A는 상피 조직의 형성에 필요하며, 비타민 C는 상처 회복에 필요하고, 비타민 K는 수술 시 지혈을 도와준다. 빈혈이 있을 경우에는 철 공급이 필요하며 이외에도 칼슘, 아연 등의 무기질을 충분히 공급한다.

(5) 수 분

환자가 탈수상태인 경우 수술을 하지 않아야 한다. 환자가 구강으로 수분을 공급받을 시간이 없거나 구강 섭취가 불가능할 때는 정맥주사를 통하여 충분한 양의 전해질과 수분을 공급하여야 한다.

수술을 극복할 수 있는 영양목표
- 혈청 단백질 수준: 6.0~6.5g/dL 이상
- 혈색소: 15% 이상
- 적혈구 용적: 41% 이상

3) 수술 후의 영양관리

수술 후에는 수술 중 출혈, 체액 상실, 체단백 손실 및 스트레스로 영양소의 요구량이 증가한다. 그러나 충분한 음식을 섭취할 수가 없어서 저항력도 약해지고 회복이 늦어진다. 수술 후에는 혈액과 전해질 손실 등으로 인한 쇼크를 방지하기 위하여 정맥주사 등으로 수분과 전해질 평형을 유지시켜 주어야 한다.

(1) 에너지

수술 후에는 에너지 대사가 항진되는데 에너지 필요량은 수술 환자에 따라 다르다. 충분한 양의 에너지는 수술 후의 빠른 회복을 위해 매우 중요하다. 증가된 에너지 필요량을 당질과 지질로 충분히 공급하지 않으면 단백질이 소실되어 수술 후 질소 손실량을 보충하기 어렵고 상처 회복도 지연된다. 합병증이 없는 환자의 경우 정상 필요량에 10% 정도 증가시킨다. 외상수술이나 복합골절인 경우에는 10~25% 더 증가시켜 공급한다. 발열이 있을 때는 체온이 1℃ 증가할 때마다 에너지를 13%씩 증가시킨다. 일반적으로 수술 후 공급되는 에너지는 35~45kcal/kg 수준이며 입원 환자의 임상상태에 따른 에너지 필요량은 표 15-1과 같다.

표 15-1 임상상태에 따른 에너지 필요량

임상상태	기초대사율 상승도(%)	전체 에너지 필요량(kcal)
침상	없음	1,800
간단한 수술	0~20	1,800~2,200
복잡한 부상	20~50	2,200~2,700
급성 감염 또는 화상	50~125	2,700 이상

(2) 단백질

수술 후 체단백질이 손실되고 이화작용이 항진되면서 소변으로 질소배설이 증가하고 혈청 단백질 농도가 저하되므로 충분한 단백질 공급이 필요하다. 수술 직후에는 20g/일 정도의 음의 질소평형이 이루어져 0.5kg/일 이상의 체단백질이 손실된다. 상처 부위의 출혈, 체액 손실, 삼출물을 통한 혈장 단백질의 손실 등으로 질소가 더욱 손실된다.

광범위하게 조직이 파괴되었거나, 염증과 감염이 있으면 더욱 손실될 수 있다. 수술 일주일 후부터는 조직이 회복되기 시작한다. 상처의 회복과 면역력 강화를 위해 양질의 단백질 공급이 필요하다. 수술 후 1.5~2.0g/kg 또는 150g/일 정도로 단백질을 충분히 공급한다.

대수술 후 나타날 수 있는 저단백혈증의 원인

- 체단백질의 과다 상실
- 질소 대사의 항진
- 간 기능 장애에 따른 알부민 합성능력 저하
- 단백질 공급의 곤란

(3) 비타민과 무기질

수술 전후에 장기간 단식한 경우나 쇠약해져 있는 경우 권장량의 2~3배 정도로 많은 양의 비타민과 무기질을 공급해야 한다.

상처회복을 위하여 상피조직의 구성에 필요한 비타민 A와 콜라겐 형성에 필요한 비타민 C, 혈액 응고에 필요한 비타민 K를 충분히 보충한다. 수술 후 에너지의 섭취량이 높아지면서 이들 대사에 필요한 티아민, 리보플라빈, 피리독신, 니아신, 엽산 및 코발아민 등의 비타민 B군 외에도 혈색소 형성에 관여하는 비타민의 요구량을 충족시킬 수 있도록 공급한다.

무기질 중에는 체조직 분해로 인해 칼륨과 인이 많이 손실되고, 수분 손실에 따른 나트륨과 염소 등의 손실, 출혈로 인한 철의 손실이 일어나기 쉬우므로 보충을 해준다. 아연은 아미노산 대사와 콜라겐의 전구체 합성에 필요하고 상처의 회복에 도움이 되므로 보충제로 공급해 준다.

(4) 수 분

수술 후 회복기간 동안 흔히 구토, 출혈, 발열, 이뇨로 인해 많은 양의 수분이 손실될 수 있다. 합병증이 없을 경우 하루 2L, 체온 상승이나 신장손상, 패혈증의 합병증이 있을 때는 3~4L의 수분이 필요하다. 합병증이 있거나 중환자 또는 체액 손실이 많은 환자에서는 1일 7L까지 증가시킬 수 있다. 수술 후에는 정맥주입으로 수분을 공급하게 되지만 장의 연동운동이 돌아오면 가능한 한 빨리 경구 섭취를 통해 수분 섭취를 유지할 수 있도록 한다.

2. 화상과 영양

1) 화상의 분류

화상은 열, 전기 혹은 화학물질과의 접촉에 의해 피부조직이 손상된 것을 말하며 화상의 정도는 피부의 손상정도 및 괴사에 따라 1도, 2도, 3도로 나누어진다. 피부는 그림 15-1과 같이 표피, 진피, 피하조직, 근육층으로 구성되어 있으며, 손상된 체표면적이나 피부조직의 깊이에 따라 치료계획이 결정된다.

　1도 화상은 피부표피층이 손상된 것으로 동통과 함께 피부가 붉게 변하고 대개 일주일이면 피부가 벗겨지며 회복된다 그림 15-2.

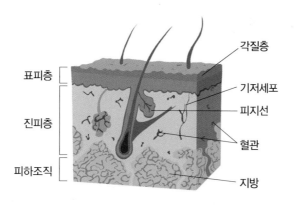

표피층
진피층
피하조직

각질층
기저세포
피지선
혈관
지방

그림 15-1 피부의 단면

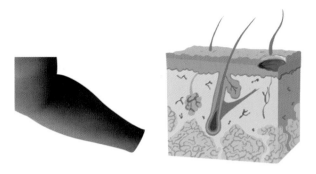

그림 15-2 1도 화상

2도 화상은 피부의 표피와 진피가 손상되어 괴사가 일어난 것으로 빨갛게 붓고 심한 동통과 수포 부종이 나타난다. 대개 2도 화상은 뜨거운 물이나 스팀에 의해 발생한다 그림 15-3.

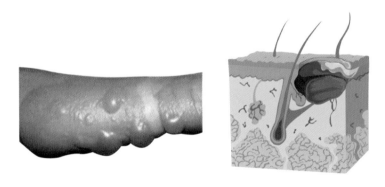

그림 15-3 2도 화상

3도 화상은 피부의 전층뿐만 아니라 일부의 피하조직까지 손상된 것으로 간혹 근육 신경, 땀샘, 모낭근, 건까지 손상될 수 있다 그림 15-4. 특히 전기에 의한 화상의 경우 뼈 관절까지 손상되고 패혈증의 위험도 높다. 주로 고압전기나 의식을 잃은 상태에서 화재에 노출된 경우, 근육은 물론 골격 등 심부구조까지 손상된 경우 4도 화상이라는 용어를 사용하기도 한다. 범위는 넓지 않아도 치료가 어려우며 사망률이 높고 사지절 단 등 극심한 신체적 장애와 변화를 초래할 수 있다.

그림 15-4 3도 화상

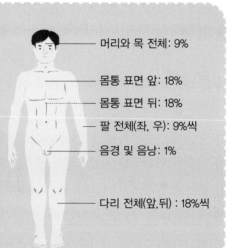

화상의 심각한 정도를 결정하는 요소

- 화상의 깊이(1도, 2도, 3도 및 4도)
- 표면적의 양(9의 법칙)
- 위험한 곳의 포함 여부(얼굴, 회음부, 손, 발)
- 환자의 나이(연령이 어리거나 고령인 경우)
- 환자의 일반 건강상태(다른 손상이나 질병이 있는 경우)

머리와 목 전체: 9%
몸통 표면 앞: 18%
몸통 표면 뒤: 18%
팔 전체(좌, 우): 9%씩
음경 및 음낭: 1%
다리 전체(앞,뒤) : 18%씩

2) 화상과 생리적 변화

화상 환자는 피부보호막이 손상되어 병균도 쉽게 침입하고 영양소의 손실이 증가하여 영양결핍과 감염이 쉽게 일어난다. 상처를 통한 수분 손실의 증가로 체열이 손실되며 체온 유지를 위한 열 생산이 증가하므로 에너지 요구량이 높아진다. 또한 화상 부위에서 많은 분비물이 배출되므로 체액 손실이 증가하여 수분과 전해질의 불균형이 일어나기 쉽고 혈액량과 혈압도 저하된다. 화상 후 일주일 동안은 에너지 대사가 항진되어 소변 중 질소배설량이 증가한다. 이 기간에 상처를 통해 많은 양의 체액과 전해질의 손실이 있기 때문에 환자에게 수분과 전해질의 공급이 가장 중요하다. 필요한 수분의 양은 환자의 나이, 몸무게, 화상 정도에 따라 다르다.

3) 화상의 영양관리

경구 섭취가 가능한 환자의 경우 고에너지식, 고단백식을 제공한다. 하루 5~6회로 나누어 소량씩 자주 먹도록 한다. 영양요구량을 충족시키기 위해 영양가가 높은 보충 식품을 사용하도록 한다. 화상 부위가 20% 이상인 경우나 식욕부진과 얼굴에 화상이 있는 경우, 저작이 어려운 경우는 비위강으로 관급식을 통해 영양을 공급한다. 경장 영양이 불충분하거나 불가능할 때는 정맥영양을 실시한다.

(1) 에너지

에너지 요구량은 화상 정도 및 크기에 따라 다르며, 대체로 화상 후 12일에 가장 높고 그 이후에는 서서히 감소한다. 화상 시에는 여러 가지 분해 호르몬 분비가 증가하여 중요한 조직에서 산소 소비량과 심박출량이 증가하면서 에너지 대사가 항진된다. 심한 화상의 경우에는 기초대사량이 2배까지 증가하게 된다. 조직 재생에 필요한 단백질도 절약할 수 있고 높아진 에너지 요구량도 충족시킬 수 있도록 3,500~5,000kcal의 에너지를 고당질 식사와 함께 공급한다. 화상 환자의 연령별 에너지 요구량 결정 공식은 표 15-2와 같다.

| 표 15-2 | 커레이Currei 공식을 통한 연령별 에너지 요구량 결정 공식

성별	연령(세)	에너지 요구량
남녀 모두 적용	1세 이하	기초량+(15×화상 부위의 체표면적 백분율)
	1~3	기초량+(25×화상 부위의 체표면적 백분율)
	4~15	기초량+(40×화상 부위의 체표면적 백분율)
	16~59	25kcal×평소체중(kg)+(40×화상 부위의 체표면적 백분율)
	60세 이상	기초량+(65×화상 부위의 체표면적 백분율)

*기초량=연령별 체중kg당 에너지 권장량×화상 이전의 체중

(2) 당 질

당질은 총 에너지의 60~65% 수준으로 공급한다. 과잉의 당질 공급은 체지방을 생성하며, 산소 소비와 이산화탄소 생성이 증가할 수 있다.

(3) 단백질

화상과 같은 대사적 스트레스에 대해 신체는 이화반응을 통해 항상성을 유지한다. 이화작용이 증가하면서 소변으로 배설되는 질소량과 상처로 인한 질소 손실량이 증가하여 심한 단백질 결핍상태를 초래할 수 있다. 그러므로 고단백질 식사를 제공한다. 단백질 요구량은 화상 부위의 정도에 따라 결정하며 일반적으로 화상 부위가 체표면적의 20% 미만인 경우는 1.5g/kg, 화상 부위가 20% 이상인 경우는 2g/kg을 공급한다.

화상 환자의 1일 단백질 필요량

=[1g/kg×화상 전 체중(kg)] + [3g×전체 피부면적에 대한 화상 피부면적의 %]

(4) 지 질

지질은 총 에너지의 15% 정도로 공급하는데 지질의 1/2을 ω−3 지방산이 높은 어유로 공급한다. 이것은 면역기능을 강화하고 화상 시 흔히 발생하는 혈전성 합병증을 감소시킬 수 있다.

(5) 수 분

화상으로 인하여 다량의 체액이 손실되고 쇼크 직후 손실된 조직액을 보상하기 위해 세포 내 수분이 빠져 나오게 되어 탈수상태가 된다. 그러므로 화상 환자에게는 수분을 충분히 공급하여야 한다.

(6) 비타민과 무기질

에너지 대사의 항진과 새로운 조직의 합성을 위해 비타민의 필요량도 증가한다. 비타민 C는 콜라겐 합성에 필요하며 상처를 치료할 때 요구량이 증가하므로 1g/일을 권장한다. 에너지 대사와 관련 있는 비타민 B군은 권장섭취량의 2배 수준으로 공급한다. 화상 후 초기에 세포의 파괴로 저나트륨혈증과 저칼슘혈증이 나타날 수 있으므로 임상검사 결과에 따라 보충하도록 한다. 화상이 체표면적의 30% 이상인 환자에게는 혈청 내 칼슘 수준이 저하되므로 식사로 칼슘을 충분히 보충하고 가벼운 운동을 통하여 체내 칼슘 손실을 줄이도록 한다. 화상에 의하여 혈청의 아연 수준이 감소하므로 상처 치유를 위해 권장섭취량보다 2배 많은 아연을 공급한다. 아연은 아미노산 대사와 콜라겐 전구체 합성에 필요하다.

1. 수술 환자의 마취 전후의 폐 합병증을 예방하기 위한 조치는?

2. 위장관 수술 후 식사제공의 단계는?

3. 화상 환자의 식사요법 중 가장 시급하게 해야 할 것은?

4. 화상의 식사요법 원칙은?

▷ 정 답

1. 수술 8시간 전부터 경구로 음식 섭취를 제한한다.

2. 수술 후 장음이 들리거나 가스가 나오기까지 1~2일간 금식, 맑은 유동식에서 점진적으로 이행
   한다.

3. 수분과 전해질 보충

4. 고에너지식, 고단백식, 고비타민식

chapter 16

신경계 질환

16 신경계 질환

신경계는 중추신경계와 말초신경계로 구성되어 있다. 중추신경계는 뇌와 척수로 구성되어 있고, 말초신경계는 척수와 뇌간으로 구성되어 있다. 신경세포의 많은 부분이 중추신경 안에 있으며 질병이나 외상 및 노화과정으로 인하여 다양한 형태로 변성을 일으킨다. 신경계통의 건강상태는 영양과 관련이 있으며, 장기간의 영양불량은 중추신경계뿐만 아니라 말초신경계 장애도 유발할 수 있다. 일단 신경계 질환이 발병하면 지각능력, 운동장애 등 생활에 심각한 장애를 가져오므로 질병의 조기발견, 진단, 악화 방지 및 예방을 위한 영양관리가 중요하다.

용어 설명

뇌전증epilepsy　뇌 기능의 발작성 장애로 의식의 순간적 장애 혹은 상실, 이상한 운동현상, 정신적 혹은 감각성 장애, 자율신경계의 혼란이 나타남

신경염neuritis　신경의 동통, 압통, 무통과 지각이상, 마비, 쇠약 및 반사 소실을 나타내는 상태

중증근무력증myasthenia gravis　자가면역반응에 의해 아세틸콜린 수용체에 대한 항체가 생겨 신경전도에 장애가 일어나 골격근의 수축이 잘 되지 않는 신경계 질환

치매dementia　후천적인 뇌의 기질적 변화에 의한 회복될 수 없는 지능장애

케톤식ketogenic diet　고지방, 저당질 식사로 구성되며, 환자의 산-염기 균형을 변화시켜 케토시스 상태를 유지시켜 뇌전증 환자의 경련현상을 감소시키는 식사

편두통migraine headache　발작성 두통으로 뇌혈관운동의 장애에서 기인함

1. 치 매

치매dementia는 뇌 기능의 다발성 장애를 일으키는
질병으로 진행성이며 만성적으로 나타난다. 기억
력 장애가 먼저 나타나고 이해력, 사고력, 판단력,
계산능력 등의 장애가 복합적으로 나타난다. 우
리나라 치매환자의 50%는 알츠하이머병Alzheimer's
disease이며 40%는 뇌졸중으로 인한 혈관성 치매이
고 나머지는 각종 질병의 후유증으로 발병한다.

1) 원 인

치매의 원인 질환으로는 알츠하이머병, 혈관성 장애, 파킨슨병, 뇌종양, 퇴행성 뇌질
환 등이 있다. 알츠하이머의 원인은 잘 알려져 있지 않으나 신경전달물질인 아세틸콜
린의 부족설과 신경세포 내에 β−아밀로이드라는 변성 단백질 축적설이 있다. 알루미
늄 중독도 치매의 원인이라는 설이 있다. 이는 치매 환자의 뇌에 알루미늄이 축적된
것이 발견되었고, 투석을 한 사람의 치매 확률이 높았는데 투석액에 높은 농도의 알
루미늄이 함유되었기 때문으로 보고 있다. 니아신, 엽산 및 비타민 B_1과 B_{12}의 결핍도
치매와 관련이 있다고 보고되고 있다.

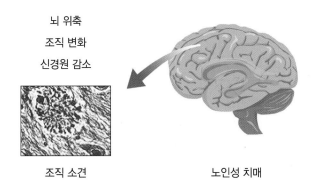

뇌 위축

조직 변화

신경원 감소

조직 소견   노인성 치매

그림 16-1 치매 환자의 뇌신경조직의 변화

2) 증 상

치매의 주 증상으로는 기억력 감퇴, 언어장애, 공간지각능력 장애, 실행능력 장애, 판단력 장애, 행동 및 인격의 변화 등이 나타난다. 초기에는 주로 인지 기능의 장애를 보이다가 후기에는 신체 변화가 나타난다. 보행 장애로 인해 주로 앉아 있거나 누워 있기만 하게 되어 전신의 근육경직이 나타난다. 일부 환자에서는 경련성 발작이 나타나기도 한다. 말기에는 흔히 폐렴, 요로 감염증, 욕창 등이 생겨 이로 인해 사망하게 되는 경우가 있다.

3) 식사요법

치매 환자의 경우 먹는 것을 잊어버리거나 공복감과 만복감의 감각이 떨어져서 스스로 균형있는 식사를 규칙적으로 할 수 없게 된다. 지적능력의 상실과 우울증으로 인해 식사 섭취량이 감소하여 영양불량 상태를 초래하기도 한다. 불안해하며 활동성이 많은 환자의 경우에도 에너지 소비량이 증가하게 되므로 체중감소와 탈수증으로 인한 영양불량이 유발된다.

정상체중을 유지할 수 있도록 에너지를 공급해야 한다. 초기 환자의 경우 일반 환자에 비해 더 많은 에너지가 필요하여 체중 kg당 30kcal를 섭취했을 때 평소 체중을 유지할 수 있다. 말기 환자는 활동량이 줄어들고 누워만 있게 되어 욕창, 근육 위축, 상처 회복 등에 문제가 발생되므로 양질의 단백질과 비타민을 충분히 공급해야 한다. 변비를 방지하기 위해 수분과 섬유질의 보충이 필요하다. 갈증을 느끼지 못하므로 충분한 수분을 공급하여 탈수가 되지 않도록 한다.

2. 뇌전증

경련성 질환인 뇌전증epilepsy은 뇌신경세포의 병적인 발작으로 인하여 생기는 간헐적인 신경계 장애로 약간의 의식변동과 운동조절 기능을 상실하게 된다. 전 인구의

0.5~1%에서 발생하며 대부분이 약물로 잘 조절되므로 주변에서 모르는 경우가 많다. 뇌전증의 80~90% 정도가 소아기에 발생한다.

1) 원 인

뇌전증은 선천적인 이상, 분만 시의 상해 외에도 혈당 감소나 칼슘, 마그네슘 등의 무기질이 감소하는 대사 장애, 바이러스 감염 등이 원인이 되기도 한다.

2) 증 상

주증상은 의식장애와 경련이며 의식을 잃고 동시에 전신 근육이 경직된 후 경련을 일으킨다. 발작은 여러 가지 전조증상을 보이는데 소리를 크게 지르거나 동공이 확대되며 쓰러지는 경우가 있다 그림 16-2.

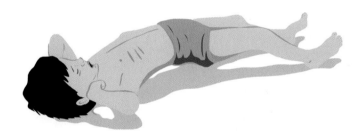

그림 16-2 뇌전증 발작

3) 식사요법

경련을 감소시키기 위해 환자의 산-염기 균형을 변화시켜 케톤증ketosis 상태가 되도록 하는 케톤식ketogenic diet을 제공한다. 고지방, 저당질 식사로 구성되며 단백질과 당질은 줄이고 지방을 총 에너지의 80~90%로 공급하여, 케톤과 항케톤의 비율ketogenic-aniketogenic ratio이 3:1~4:1이 되도록 한다.

케톤증을 유발하기 위해서는 3~5일 동안 공복상태로 1일 500~600mL 정도의 제한된 양의 물과 차, 오렌지주스만을 공급한다. 케톤식은 공복 후 실시하는데 초기에는 약 75g의 탄수화물을 공급한다. 약한 케톤증이 나타날 때까지 탄수화물의 양을 계속적으로 감소시키는 데 대략 일주일이 소요된다. 3개월 동안 탄수화물을 제한하는 식사 공급으로 발작이 없으면 케톤증이 유지되는 범위 내에서 당질 섭취량을 5g씩 늘려 50~60g이 될 때까지 늘리고, 에너지 균형을 유지하기 위해 지방 함량을 점차 감소시킨다.

케톤증 상태는 소변에서 케톤체의 검출을 통해 확인할 수 있다. 케톤식은 저혈당, 산독증, 탈수, 구토, 메스꺼움, 고지혈증, 고요산혈증, 신결석 같은 부작용이 일어날 수 있으므로 주의해야 한다. 2~4년간 지속하면 여러 가지 만성 합병증이 생기기 쉬우므로 지속적으로 의학적·영양적 평가를 실시한다.

표 16-1 케톤식의 허용 식품과 제한 식품

허용 식품	제한 식품
고기 국물, 커피, 허브, 파슬리, 겨자, 후추, 소금, 간장, 된장, 청국장, 홍차, 식초, 인공감미료	사탕, 설탕, 꿀, 물엿, 초콜릿, 껌, 쿠키, 케이크, 아이스크림, 잼, 젤리, 파이, 푸딩, 페이스트리, 셔벗, 연유, 시럽, 밀가루, 전분, 빵가루, 당면

표 16-2 소아 케톤식의 예

아침	점심	저녁	영양소 섭취량
크림스프 1공기 치즈 1장 두부부침 우유 1컵	배추된장국 (국물만, 기름 첨가) 스크램블 에그 버섯볶음 우유	콩나물국 (국물만, 기름 첨가) 가자미튀김 부추볶음 우유 땅콩	에너지　　1,270 kcal 탄수화물　8.5g 단백질　　25g 지질　　　126g 케톤성 : 항케톤성 = 4 : 1

3. 파킨슨병

파킨슨병Parkins' disease은 영국의사 제임스 파킨슨이 1817년에 처음으로 기술하면서 보고되었다. 뇌에서 도파민 생성 부족으로 인한 신경성 퇴행질환으로 뇌의 특정 신경세포인 흑색질이 서서히 파괴되어 생긴다.

1) 원 인

원인은 바이러스성 뇌염 감염, 면역기전, 유전, 유리기에 의한 신경파괴, 신경독성물질의 중독설 등이 있다.

2) 증 상

파킨슨병 환자는 점차적으로 운동기능을 상실하게 되며, 느리고 어색한 걸음걸이로 시작하여, 사지가 굳어진다. 파킨슨병의 1차 증상은 그림 16-3과 같이 손발 떨림, 보행 장애, 표정 없는 얼굴 등이며 불안한 자세에 발을 끌며 걷게 된다. 2차 증상은 우울증, 언어장애, 수면장애, 치매, 불안장애 등이 있다. 본인의 의지와 관계없이 눈이 감기고 침을 흘리며, 연하장애, 체중 감소, 어지럼증, 발의 종창 등도 나타난다. 점차 자율신경계 장애도 오게 되고, 자주 넘어지게 되면서 외상이 잦아지며 인지기능장애도 흔히 나타난다.

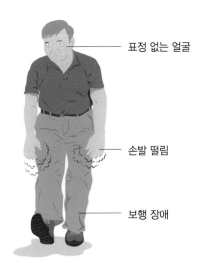

표정 없는 얼굴

손발 떨림

보행 장애

그림 16-3 파킨슨병 환자의 특징적 모습

3) 식사요법

파킨슨병은 손과 팔의 경련으로 인하여 식기를 다루거나 음식을 먹고 마시는 것이 어려워지므로 적정 체중을 유지하지 못하고 체중이 감소하는 경우가 많다. 따라서 체중 변화 정도 및 식사를 제대로 하는지를 잘 관찰하여 식사량이 많이 부족할 경우 고열량식을 공급하여야 한다. 먹기 쉽고 소화가 잘되는 음식을 제공하면 식사 섭취량이 많아져 영양상태를 개선하는 데 도움이 된다. 씹고 삼키기 쉬울 뿐 아니라, 그릇에 담긴 음식을 집거나 수저로 뜨기 쉽게 식사를 준비하는 것이 좋다. 영양보충음료나 영양적으로 균형잡힌 간식을 보충하면 영양섭취 상태를 증진시키는 데 도움이 된다. 고단백식은 치료약의 효과를 감소시킬 수 있으므로 단백질 과다 섭취를 피하고, 단백질은 낮보다는 저녁식사 때 먹는 것이 효과적일 수 있다.

4. 편두통

편두통migraine headache은 가장 흔한 혈관성 두통의 형태로 강도, 횟수, 지속시간이 다양하고, 빈번하게 나타나는 질환이다. 여자가 남자보다 1.5배 정도 높게 나타나고, 낮은 연령에서 더 흔하게 나타난다.

1) 원 인

편두통을 일으키는 정확한 기전은 알려져 있지 않지만 뇌 조직, 뇌혈류와 관련된 것으로 추정되고 있다. 감정의 변화, 스트레스, 눈부신 빛, 소리, 냄새와 같은 과도한 외부자극, 혈관확장 치료 등의 요소가 대뇌피질, 시상, 뇌하수체, 내외 경동맥을 자극하여 일정기간 동안 동맥의 혈관 수축을 일으켜 두개골의 혈류를 감소시키며, 이러한 대뇌의 혈행 감소는 말초 빈혈을 야기하여 신경적 기능 이상을 일으키게 된다.

2) 증 상

두통이 시작되기 15~60분 전에 전조증상이 시작되며, 실어증, 몽롱한 시야, 반쪽 감각마비 등이 나타난다. 통증은 주로 한쪽에 나타나고 빛이나 소리에 대한 과민반응, 식욕부진, 오심, 구토, 변비, 설사, 감정이나 인격의 변화 등 다양한 증상이 나타난다.

3) 식사요법

편두통을 유발하는 요인으로는 초콜릿, 치즈, 유제품, 견과(호두, 밤), 토마토, 커피, 레드 와인, 알코올, 염분, 코코넛, 보존제(아질산염)나 조미료MSG가 첨가된 식품, 피자, 베이컨, 햄, 통조림 식품, 아스파탐 등이 있다. 또한 장시간의 정신적 긴장이나 불안감 등의 스트레스도 편두통을 유발한다. 그러므로 평소에 긴장을 피하고 규칙적인 생활을 하도록 유의한다.

5. 중증 근무력증

1) 원 인

중증 근무력증myasthenia gravis은 자가면역반응에 의해 아세틸콜린acetyl choline 수용체에 대한 항체가 생겨 신경전도에 장애가 일어나 골격근의 수축이 잘되지 않는 증세이다. 주로 20~40세의 여성에게 많이 발생하며, 여성이 남성보다 약 2배 정도 발병률이 높다. 정상적으로 근육을 운동할 경우 신경 말단에서 아세틸콜린을 분비하며, 이는 아세틸콜린 수용체에 결합하여 근육 수축을 유발한다. 그러나 근무력증 환자는 자가면역반응에 의해 아세틸콜린의 수용체에 대한 항체가 생성되어 아세틸콜린 수용체의 수가 감소하고, 아세틸콜린과 수용체의 결합을 방해하여 근수축이 잘 일어나지 않는다.

2) 증 상

많이 사용하는 근육이 침범되어 허약해지고 위축되어, 발병 초기에는 피로, 쇠약감, 얼굴·눈·목 부위에 마비가 오며, 간혹 호흡마비를 초래할 수 있다. 또한 혀의 기능 장애 등으로 심한 연하곤란을 나타내기도 한다. 일반 환자의 경우 근육 피로와 연하 곤란으로 체중감소 현상이 나타나며 약물치료로 인해 체중증가나 고혈당이 유발되기 도 한다. 그림 16-4는 근육무력증에 의한 안검하수와 치료 후의 모습이다.

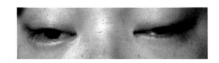

그림 16-4 중증 근무력증 환자의 안검하수(좌)와 약물치료 후 회복된 모습(우)

출처: Google 이미지 검색

3) 식사요법

환자의 연하곤란 상태에 따라 음식의 점도를 적절하게 조절해야 한다. 유동식은 기관 지로 흡입될 위험이 있으므로 체에 곱게 거른 형태의 식사를 공급한다. 일반적으로 환자는 먹는 능력이 떨어져 영양불량을 초래하므로 소량씩 자주 공급하며, 고영양식 을 해야 한다. 에너지는 체중 증가나 감소에 따라 적절하게 조절하며 단백질은 체중 kg당 1~1.5g의 충분한 섭취가 필요하다. 연하장애로 인해 경구적 영양섭취가 위험 하거나 불가능한 경우에는 경관급식으로 영양을 공급한다.

6. 다발성 신경염

단발성 신경염mononeuritis은 하나의 신경과 그에 접근한 신경염을 말하며, 다발성 신경 염polyneuritis은 대사이상으로 나타나는 다양한 신경염으로 사지의 운동 감각장애가 좌 우 대칭성으로 나타난다.

1) 원 인

다발성 신경염은 납, 비소, 의학적 약물에 의한 것과 비타민 B 복합체 결핍, 당뇨병, 포르피린증porphyrias 등의 대사질환에 의해 일어나며, 특히 비타민 B 복합체 결핍증에 의해 주로 발생된다. 또한 알코올 중독자, 간경변증, 위장질환이 있는 환자에게 많이 나타나며 영양이 부족한 기아상태 환자에서도 나타난다. 비타민 B뿐만 아니라 비타민 C, D, E 흡수장애의 경우도 신경계에 영향을 미친다. 특히 다발성 신경염은 티아민, 니아신, 리보플라빈과 같은 보조효소의 기능장애에서 오는 질병이라는 연구 결과가 있으며, 비타민 B 복합체 중에서 어느 하나가 부족하거나 흡수가 잘 안 되어도 나타나는 것으로 보인다.

2) 증 상

손상된 신경의 지각이상, 통증, 운동마비, 건반사의 약화 또는 소실, 실조증세, 발한이상 등이 나타난다. 뇌신경이 장애를 받으면 복시, 언어장애, 연하장애, 안면신경마비 등이 있다.

3) 식사요법

여러 영양소의 장기적인 결핍에 의해 일어나므로 영양적으로 균형이 잡히고 비타민을 충분히 공급하는 식사를 제공한다. 특히 비타민 B 복합체의 공급이 중요하다. 악성 빈혈 환자에게 신경과민, 불면증, 건망증, 편집증 등의 신경증상이 나타나면 비타민 B_{12}를 보충한다. 펠라그라와 관련된 정신이상, 우울, 근심 등이 나타나면 니아신을 보충한다. 티아민 결핍에 의해 말초신경염 증상이 발생하면 하루 100mg의 염산 티아민thiamin hydrochloride을 보충한다.

1. 치매의 식사요법 원칙은?

2. 뇌전증의 식사요법 원칙은?

3. 파킨슨병의 3대 증상은?

4. 다발성 신경염과 관련된 영양소는?

▶ 정 답

1. 적절한 에너지 공급, 양질의 단백질, 충분한 비타민·식이섬유·수분 공급

2. 케톤식

3. 표정 없는 얼굴, 손발 떨림, 보행 장애

4. 티아민, 리보플라빈, 니아신, 엽산

chapter 17

암과 영양

17 암과 영양

최근 인구의 고령화와 만성질병이 증가하는 것과 같이 암으로 인한 사망률이 해마다 증가하고 있다. 암은 우리나라 사망원인 1위이며 정부에서는 국가 암 검진사업, 암 환자 의료비 지원사업 등 암 예방을 위해 노력하고 있다.

 용어 설명

악성종양malignant tumor 신체조직의 자율적인 과잉 성장에 의해 비정상적으로 자라난 덩어리로서 성장속도가 빠르고 혈액이나 임파관을 따라 다른 조직에 전이되어 생명을 위협함

암악액질cancer carchexia 암 환자에게 나타나는 고도의 전신 쇠약 상태

양성종양benign tumor 신체 조직의 과잉 성장에 의한 덩어리로서 성장속도가 느리고 다른 조직에 전이되지 않음

종양개시인자tumor initiator 암을 일으키는 화학 물질

종양촉진인자tumor promoter 암 생성을 활성화시키는 물질

1. 암의 발생과 종양

1) 암의 발생

암은 모발, 손톱과 발톱을 제외한 신체의 전 조직에 발생한다그림 17-1. 2010년에 발표된 통계청 자료에 의하면 2014년 사망원인 순위는 암, 심장질환, 뇌혈관질환 순으로 나타났다. 암 발생률은 갑상선암, 위암, 대장암, 폐암, 유방암 순이고 암으로 인한 사망은 폐암, 간암, 위암, 대장암, 췌장암 순이다. 정상적인 세포는 신체의 특수한 필요성에 의해 증식과 억제가 일어나지만 암세포는 정상 세포와는 달리 통제를 잃고 성장

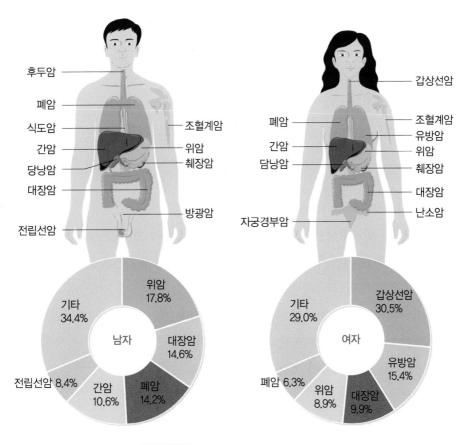

그림 17-1 남녀별 암 발병위치와 발생률

출처: 국가암정보센터, 2013

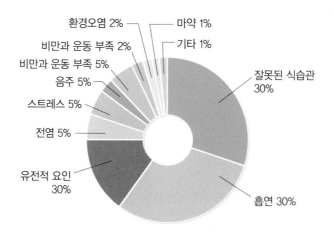

환경오염 2%   마약 1%
비만과 운동 부족 2%   기타 1%
비만과 운동 부족 5%   잘못된 식습관 30%
음주 5%
스트레스 5%
전염 5%
유전적 요인 30%
흡연 30%

그림 17-2 암을 유발하는 요인

속도가 조절되지 않고 주변의 정상조직 및 장기에 침입한 후 덩어리를 형성하여 정상적인 기능을 방해한다.

남녀별 암 발생률과 암을 유발하는 요인은 각각 그림 17-1, 그림 17-2와 같으며, 유전적 요인을 제외하면 식습관과 생활환경의 개선으로 예방이 가능하다.

2) 양성종양과 악성종양

종양은 임상 및 병리형태학적으로 양성종양benign tumor과 악성종양malignant tumor으로 나눈다. 양성종양은 서서히 성장하며 피막이 종양조직을 둘러싸고 있어서 주위 조직으로의 침윤을 막는다. 대부분 정상에 가까운 세포가 모여서 만들어지며 정상세포와 기능이 비슷하나 다른 기관에 문제를 일으킬 수 있을 때는 수술로 제거하면 된다. 악성종양은 암cancer이라 하는데 빠른 속도로 자라며 주위 조직을 침범하여 초기에 발견하지 못하면 수술로 제거하기 어렵고 재발이 잘된다.

표 17-1 양성종양과 악성종양의 특성

특성	양성종양	악성종양
성장속도	느리다.	빠르다.
성장상태	확대 팽창한다.	주위 조직으로 침윤하면서 커진다.
피막	피막이 있어서 주위 조직으로의 침윤을 막으므로 제거가 쉽다.	피막이 없고 주위 조직으로 침윤이 잘 되어 제거가 어렵다.
세포의 특성	형태상 정상세포와 동일하며 단지 세포수가 많다.	분화가 잘 안 되어 있고 세포가 미성숙하다.
재발	수술로 제거하면 재발이 거의 없다.	주위 조직으로 퍼지는 성질이 있어 수술 후 재발이 흔하다.
전이	없다.	있다.
종양의 영향	인체에 거의 해가 없으나 주요 기관에 압박을 가하거나 폐쇄 시 문제가 된다.	수술, 방사선요법, 화학요법으로 치료하지 않으면 사망한다.
예후	좋다.	진단 시기, 진행 정도, 전이 여부에 따라 다르다.

2. 암과 영양

식사 요인은 암의 발생과 예방 또는 억제에 중요한 역할을 한다. 암과 식사 성분과의 관계는 에너지, 단백질, 지방의 양과 형태, 무기질, 비타민, 식이섬유, 콜레스테롤, 식품 첨가제, 식품 오염원, 알코올, 커피 및 조리과정에서의 식품 성분의 변화 등 다양하다.

아플라톡신처럼 직접적으로 암을 유발할 수 있는 것initiator도 있고, 식품 중의 어떤 성분이 종양 형성에 영향을 미치는 인자를 변화시킴으로써 암의 생성에 영향을 주거나, 암세포의 성장을 촉진할 수도 있다promoter.

최근 여러 연구에서 암 환자의 다수가 영양실조에 의해 사망한다고 하는데 암 진단을 받고부터는 그동안 해오던 식생활이 잘못되었다고 생각하고 채식 위주로 완전히 바꾼다든지 균형식이 아닌 식사를 하게 되는 경우가 많다. 면역계를 활성화하고 암 치료 시 발생하는 부작용을 최소화하기 위해서는 소화가 쉽고 영양이 우수한 식사를 하는 것이 바람직하다.

CHAPTER
17

1) 암과 영양소

(1) 에너지

동물실험에서 에너지 제한은 종양세포의 유사분열활동 등에 필요한 에너지 공급의 부족으로 종양세포의 생성과 성장을 억제하며 에너지 제한으로 인한 호르몬의 변화도 종양 생성을 억제한다는 이론이 있다. 그러나 사람의 경우 에너지 섭취의 감소 효과는 알려지지 않았다.

(2) 당 질

당질을 과잉 섭취할 때 에너지가 초과되어 암의 원인이 될 수도 있다.

(3) 식이섬유

고섬유식사는 결장암과 직장암의 발생을 방지한다. 식이섬유소는 장의 연동운동을 촉진하여 장 내용물의 장내 통과시간을 빠르게 함으로써, 장 상피세포가 발암물질에 노출되는 시간을 감소시켜 암 생성을 방해하며 결장암 및 직장암을 예방하는 효과가 있다.

(4) 단백질

단백질의 과잉 섭취는 특정 부위의 암을 유발시키는 원인이 될 수 있다. 동물성 단백질, 특히 육류의 과다 섭취는 유방암, 간암, 대장암, 전립선암과 상관관계가 있다. 반면에 단백질 섭취가 심각하게 불충분하면 세포매개성 면역이 억제되어 면역기능이 약해져서 암에 쉽게 노출될 수 있다. 극심한 저단백 식사 및 고단백 식사는 모두 암의 발생 가능성을 높인다.

(5) 지 방

많은 역학조사와 동물실험에서 고지방 식사는 대장암, 전립선암, 유방암의 위험 요인이다. 총 지방량과 포화지방산은 암 발생 위험률을 높인다. 불포화지방산은 포화지방산에 비해 쉽게 산화되어 과산화지방을 생성하므로 발암성이 크다. 많은 동물실험에서 ω−6계 지방산이 포화지방산보다 오히려 암을 촉진하며, 반면에 ω−3계 지방산은 암을 억제하는 인자로 작용하였다. 평소에 고지방식을 즐기는 여성은 여성호르몬인 에스트로겐의 생성을 높여 자궁내막암과 유방암을 유도하는 것으로 알려져 있다.

(6) 비타민

비타민 A와 비타민 C, 비타민 E, β−카로틴은 암을 예방한다. 비타민 A나 β−카로틴은 발암과정에서 암 발생을 촉진하는 물질의 활동을 억제하는 작용이 있다. 동물실험에서 여러 형태의 비타민 A가 다양한 상피암을 막는 데 효과가 있는 것으로 입증되었으며 사람에게서도 방광암을 예방하는 효과를 보인 것으로 보고되었다. 특히 짙은 녹색, 주황색의 채소와 과일들을 많이 섭취할 때 후두암, 식도암, 폐암의 위험을 줄일 수 있다고 한다.

β−카로틴은 항산화제로 비타민 C와 비타민 E의 작용을 상승시키는 역할을 통해 DNA의 산화를 막아주며 백혈구를 활성화시켜 면역력을 증가시킴으로써 암을 예방하는 것으로 알려져 있다. 역학조사에 의하면 β−카로틴 섭취 부족은 폐암, 방광암, 후두암, 위암의 발생과 관련이 있다고 한다.

비타민 C는 니트로사민nitrosamine 및 N−니트로소N-nitroso 화합물의 형성을 방지함으로써 암을 예방한다. 비타민 E는 지방산 유리기와 결합하여 과산화지방의 생성을 억제하며 특히 셀레늄과 상승작용을 통해 항산화제의 역할을 하여 항암기능을 갖는다. 비타민 E의 결핍은 폐암·유방암의 발생과 관련이 있다.

2) 기타 요인과의 관계

(1) 알코올과 담배

알코올은 발암물질의 용매로 작용하며 영양소의 섭취 이용을 감소시켜 영양결핍을 초래하며 암 발생 위험률을 증가시킨다.

담배의 타르 속에 포함되어 있는 벤조피렌benzopyrene이 강력한 발암물질로 알려져 있다. 최근 우리나라에서 사망률이 가장 높은 암은 폐암이다.

(2) 첨가물

많은 식품에서 발색제로 사용되는 아질산염과 질산염은 N-니트로소 화합물이나 니트로소아민과 니트로소아미드를 생성한다. 이들 발색제는 사람에서는 위암, 식도암, 방광암의 발생 빈도를 높인다.

(3) 조리방법

식품의 조리과정 중에 생성된 다환방향족 탄화수소polycyclic aromatic hydrocarbons, PAHs와 헤테로사이클린아민heterocyclic amines, HAs은 간암, 위암, 식도암 발생과 관련이 있다. 고기를 구울 때 떨어진 지방이 열분해되면서 생성된 연기는 다환방향족 탄화수소로 암발생률을 높인다. 구이, 튀긴 음식, 훈연제품의 섭취 증가는 간암, 위암, 식도암 등의 발생을 증가시킬 수 있다.

3. 암의 영양관리

1) 암 치료 시 영양문제

암치료법은 수술요법, 방사선 치료, 항암화학요법과 생물학적 요법이 있다. 항암화학요법은 정상세포에 해로운 영향을 미쳐 구토, 백혈구의 감소와 그로 인한 감염과 설사 등 각각의 치료방법에 따른 여러 가지 영양문제가 발생하게 된다.

　암 환자들은 식욕부진, 조기 만복감, 변비, 소화관장애, 구강건조, 구토, 메스꺼움, 입맛의 변화 등 식품 섭취에 어려움을 겪는다. 암 환자 중 40~80%는 영양상태가 불량한 것으로 보고되고 있으며, 영양결핍증은 암 환자의 주요 사망 원인이 되고 있다. 암 환자의 영양불량은 악액질cachexia이며 조기 만복감, 장기기능 장애 등의 증상을 나타내는 복잡한 대사증후군이다. 악액질의 정확한 기전은 잘 알려져 있지 않으나 다음과 같은 관련 요인들이 있다.

표 17-2 암 환자의 영양불량 상태를 야기하는 요인

요인	예상 원인
식욕부진	• 암세포에서 식욕 억제물질 발생 • 맛, 냄새 감각 변화 • 혈당, 유리지방산, 아미노산, 식욕호르몬 등의 변화로 인한 대사 변화와 식욕감퇴 • 정신적인 반응
흡수 불량	• 소장의 융모 형성 부진 • 담즙, 췌장효소의 결핍과 불활성
에너지 대사 변화	• 일부 암의 경우 기초대사량 증가(급격한 체중감소의 원인) • 비정상적인 숙주 대사에 의한 비효율적인 영양소 이용
당질 대사이상	• 혐기성 대사인 코리회로 활성 증가 • 젖산 산화에 의한 당신생 증가 • 인슐린 저항성, 내당능 저하
단백질 대사이상	• 분해 증가, 대사회전율 증가 • 골격근으로부터 당신생을 위한 아미노산 이용 증가 • 굶은 상태에서 단백질 절약 적응기전의 부진
지방 대사이상	• 지방조직으로 유리지방산 방출 증가 • 지방분해 증가, 합성 감소, 지단백분해효소 활성도 감소

출처: (사)대한영양사협회, 임상영양관리지침서, 2010

CHAPTER
17

(1) 식욕부진

암 발생과 치료과정에서 가장 일반적으로 나타나는 문제로서 암 환자의 50~60%는 식욕부진으로 식사 섭취가 불량하다. 식욕부진은 암세포에서 생성된 사이토카인 cytokine에 의해서 초래된다. 메스꺼움, 구토, 불쾌감, 맛과 냄새에 대한 감각 변화, 질병에 따른 심리적 반응 및 우울증, 항암 치료에 의한 부작용 등 많은 요인이 식욕에 영향을 미치게 된다. 쓴맛에 대한 역치의 감소와 단맛에 대한 역치의 증가로 미각의 변화가 자주 온다.

(2) 흡수 불량

영양결핍으로 인한 소장 융모의 발육부진과 췌장 소화효소 및 담즙의 결핍으로 영양소의 소화와 흡수에 영향을 미치게 된다.

(3) 대사이상

식품 섭취의 감소나 기아상태에 처하게 되면 체중의 감소현상이 나타난다. 에너지 대사의 변화로 일부 암의 경우 기초대사량이 증가하여 급격한 체중감소의 원인이 된다. 당질 대사이상으로 코리회로cori-cycle 활성 증가, 당신생 증가, 인슐린 저항성, 내당능 저하가 생긴다. 단백질 대사이상으로 단백질 분해, 단백질 대사회전율이 증가한다. 지방 대사이상으로 지방분해 증가, 합성 감소, 지단백분해효소 활성도 감소 현상이 나타난다.

2) 암 환자의 식사요법

암 환자의 식사는 암으로 인한 영양결핍 상태를 개선하며 적절한 영양관리를 통하여 체중감소 방지, 정상체중 유지, 면역기능 저하를 방지하고 병의 증세를 완화시키기 위해 영양적으로 균형 잡힌 식사를 공급하도록 해야 한다.

환자 개개인이 가지고 있는 문제점을 고려하여 영양요구량, 영양지원 경로 등을 결정하며 음식의 형태와 공급방법에 대해 세심한 배려를 하도록 한다.

암 환자의 영양소 필요량은 잘 알려져 있지 않으나 에너지는 체중 kg당 25~35kcal를 권장한다. 단백질은 스트레스가 없는 환자의 경우 체중 kg당 1.0~2.0g을 제공한다. 대사가 항진되었거나 심한 근육 소모가 있는 환자, 단백질 손실성 장질환의 경우에는 체중 kg당 1.5~2.5g을 공급한다. 효율적인 에너지 대사와 단백질 대사를 위해서 비타민과 무기질을 충분히 공급하며, 영양상태에 따라 영양제가 처방되기도 한다.

경구로 충분히 영양공급을 할 수 없으면 경관급식을 하고, 항암 치료에 좋은 반응을 보이는 환자가 경구식사나 경관급식을 할 수 없을 때에는 정맥영양을 고려한다.

4. 암 예방을 위한 식생활 지침

암에 영향을 줄 수 있는 인자로 식사, 흡연, 방사선, 바이러스 등이 있으나 식사와 관련된 부분이 가장 큰 영향을 미친다. 각종 암은 오랜 기간 동안의 식생활 영향이 크므로 암을 예방할 수 있는 식생활로 개선해 나가는 것이 중요하다. 일반적인 식생활 지침은 균형식을 규칙적으로 섭취하고 우유는 하루 1컵 이상 마시며 자극적인 식사를 제한한다.

최근 우리나라는 각 대학병원마다 암센터를 두고 있으며 암센터마다 특성화한 강점을 가지고 있어 초진 검사와 결과를 당일에 확인할 수 있는 원스톱서비스를 제공하고 있다.

보건복지부 제정 '국민 암 예방수칙'(2016)

- 담배를 피우지 말고, 남이 피우는 담배 연기도 피하기
- 자신의 체격에 맞는 건강체중 유지하기
- 채소와 과일을 충분하게 먹고, 다채로운 식단으로 균형 잡힌 식사하기
- 예방접종 지침에 따라 B형 간염 예방접종 받기
- 11~12세 여아 자궁경부암 예방접종 받기
- 음식을 짜지 않게 먹고, 탄 음식을 먹지 않기
- 성 매개 감염병에 걸리지 않도록 안전한 성생활 하기
- 술은 1잔도 피하기
- 발암성 물질에 노출되지 않도록 작업장에서 안전 보건 수칙 지키기
- 주 5회 이상, 하루 30분 이상, 땀이 날 정도로 걷거나 운동하기
- 암 조기 검진 지침에 따라 검진을 빠짐없이 받기

대한암협회 '암 예방을 위한 식생활지침'

- 건강체중과 적정 체지방량을 유지한다.
- 전곡류와 두류를 많이 먹는다.
- 여러 가지 색깔의 채소와 과일을 먹는다.
- 붉은색 육류를 적게 먹는다.
- 짠 음식을 피하고 싱겁게 먹는다.
- 저지방우유를 하루에 1컵 정도 마신다.
- 술은 가능한 한 마시지 않는다.
- 영양보충제는 특별한 경우에만 제한적으로 사용한다.

1. 항암제 치료 시 오심, 구토가 심한 환자에게 제공할 수 있는 식품은?

2. 암 발생을 예방하는 비타민은?

3. 암 환자의 미각변화는?

4. 암 환자의 악액질의 원인은?

5. 암 발생에 영향을 줄 수 있는 인자는?

▸ 정 답

1. 바싹 구운 토스트, 차가운 음식

2. 비타민 A, C, E

3. 단맛의 예민도 감소, 쓴맛의 예민도는 증가

4. 식욕부진, 이미각증

5. 흡연, 식사, 방사선, 바이러스 등

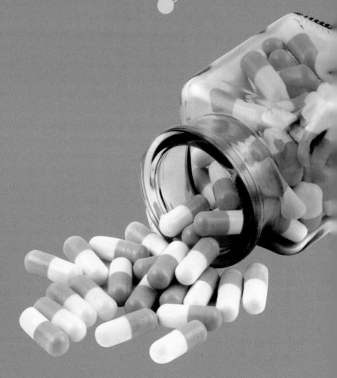

18 약물과 영양소

약물은 화학물질로서 질병의 진단과 예방, 치료에 이용된다. 약물의 효능은 약물이 가지고 있는 약물활성, 생체의 감수성, 작용 부위에서의 약물의 농도에 따라 달라진다. 약물치료의 효과나 부작용은 영양상태에 영향을 미칠 수 있고, 반대로 환자의 영양상태에 따라 약물의 효과가 감소하거나 독성이 증가할 수 있다. 또한 섭취한 음식물에 의해 약물의 흡수 및 대사가 저해되거나 촉진되고, 급성 독성반응이 나타나기도 한다. 장기간의 약물복용은 식욕 및 소화·흡수 기능, 영양소의 대사에 영향을 미칠 수 있다.

 용어 설명

강심제cardiac stimulants   약하거나 불완전한 심장의 기능을 정상화하는 데 쓰이는 약제

비스테로이드성 항염증제nonsteroidal antiinflammatory drugs, NSAID   구조적으로 스테로이드류가 아닌 발열, 통증, 염증 등에 사용하는 약제의 총칭

소염제antiphlogistic, 항염제   국소에 작용하여 염증을 제거하는 약제

신경이완제neuroleptic   정신병적 증상을 호전시키는 약제

이뇨제diuretic   신장에 직접 작용하여 물 및 나트륨의 배설을 높여 요량을 증가시키는 약제

제산제antacid   위산의 작용을 억제하는 약제. 위액분비를 억제하고 위산을 중화시키거나 또는 흡착하여 그 작용을 줄이고, 또는 침전하여 위장점막에 침착한 후 궤양면을 덮어 보호하며 산 자극을 완화시키는 작용을 함

진통제analgesic   통각의 전도를 차단하여 통증을 억제하는 약물로, 마약성 진통제와 해열 진통제가 있음. 해열 진통제는 시상하부의 체온조절 중추에 작용하여 체온을 내리는 작용도 있음

하제cathartic   장 내용물을 배출할 목적으로 사용되는 약물의 총칭

항균제antimicrobial agent   미생물의 증식과 발육을 억제하거나 사멸시키는 약제

항생제antibiotic   미생물에 의해 생산되며, 소량으로 다른 미생물의 발육을 억제하거나 사멸시키는 물질

항암제antitumor agent   악성종양 치료를 위하여 사용되는 화학요법제의 총칭

1. 약물과 영양소의 상호작용

1) 약물이 음식물 섭취에 미치는 영향

약물은 메스꺼움이나 구토를 유발하고 미각을 변화시키며, 식욕을 억제하거나 증진시킨다. 또한 구강건조나 구강 및 위장에 염증과 손상을 일으켜 음식물 섭취를 저해한다.

체중감소 프로그램에서 사용하는 식욕억제제는 식욕을 저하시켜 음식물 섭취가 감소하며, 부작용으로 식욕을 지나치게 억제하여 성장장애를 초래할 수 있다. 암 치료에 사용하는 항암제는 미각 변화, 구강건조, 메스꺼움, 구토를 유발하여 음식물 섭취에 장애를 일으킨다. 한편 일부 신경안정제와 항우울증제는 중추신경계에 영향을 미쳐 식욕이 증진되어 체중이 증가한다.

2) 약물이 영양소의 흡수에 미치는 영향

대부분의 약물과 영양소는 소장에서 흡수된다. 약물은 위의 산도 변화, 영양소와의 결합, 장점막 손상 등으로 영양소의 흡수에 영향을 미친다.

하제는 식품 및 영양소의 장관 내 통과시간을 단축시켜 영양소의 흡수를 감소시킨다. 고지혈증 치료제인 콜레스티라민cholestyramin, 클로피브레이트clofibrate, 콜레스티폴cholestipol 등은 담즙활성에 영향을 미쳐 지방과 지용성 비타민의 흡수를 방해하여 지방변증을 초래한다. 항생제인 네오마이신neomycin은 소장 융모의 변화를 초래해 지방, 단백질, 무기질의 흡수를 저해한다. 통풍치료제인 콜히친colchicine은 비타민 B_{12} 흡수를 저해하여 거대적아구성 빈혈을 초래한다. 제산제로 사용하는 알루미늄 제제는 인과 결합하여 인의 흡수를 저해함으로써 저인산혈증을 초래한다. 염증성 장질환 치료에 쓰이는 소염제인 설파살라진sulfasalazine은 엽산 흡수를 저해한다표 18-1.

3) 약물이 영양소의 대사 및 배설에 미치는 영향

약물과 영양소는 소장과 간에서 비슷한 효소계를 공유한다. 따라서 어떤 약물은 영양소 대사에 필요한 효소활성을 증진하거나 저해한다. 예를 들어, 항경련제인 페노바르비탈phenobarbital이나 페니토인phenytoin은 비타민 D와 비타민 K를 대사하는 간 효소 수준을 증진한다. 따라서 이들 약물을 복용할 경우에는 위의 비타민을 보충해 주어야 한다.

암과 염증 치료에 쓰이는 메토트렉사트methotrexate, MTX는 엽산과 구조가 비슷하여 엽산 활성 효소에 대해 경쟁하므로 엽산 결핍증을 유발한다. 따라서 이 약의 처방 시에는 활성화된 엽산을 함께 처방한다.

항염증제, 면역억제제로 사용하는 부신피질호르몬제는 코르티솔cortisol과 흡사한 기능을 하므로 장기간 사용 시 체중증가, 근육 소모, 골 손실, 고혈당을 초래하고, 결국에는 골다공증과 당뇨를 유발하여 건강상태에 많은 영향을 미칠 수 있다표 18-1.

4) 음식물이 약물의 흡수와 작용에 미치는 영향

대개의 약물은 소장 상부에서 흡수되는데, 위장이 비워지는 속도, 위의 산도, 식사 성분과의 직접적인 상호작용이 흡수에 영향을 미친다. 공복에 약물을 복용하면 식사와 함께 복용하는 것에 비해 약물의 흡수가 빠르다. 위에 음식물이 있으면 약물의 흡수속도가 저하되어 혈중 약물 농도가 감소하고 약물의 효과가 느리게 나타난다. 따라서 약물은 식사 전 1시간이나 식후 2시간 후에 복용하는 것이 좋다. 그러나 위장장애를 일으키기 쉬운 약물의 경우에는 식사 직후 및 식후 30분에 복용하는 것이 좋다. 일부 음식물은 약물과 결합하여 약물의 흡수를 방해한다.

(1) 고섬유소 식사

섬유소는 심장병 치료제인 디곡신digoxin과 해열진통제인 아세트아미노펜acetaminophen의 흡수를 저해한다.

표 18-1 약물이 영양소의 흡수, 대사, 배설에 미치는 영향

효능	약품명	영양소와의 관계
비스테로이드성 항염제	설파살라진sulfasalazine	엽산 흡수 감소
소염진통제	인도메타신indomethacin	나트륨, 수분 보유
스테로이드성 소염제	코르티손cortison	마그네슘·칼륨·비타민 B_6 손실증가, 비타민 D 활성 감소, 골다공증 위험
이뇨제	히드로클로로티아지드hydrochlorothiazide	수분, 전해질, 칼륨, 마그네슘, 아연 손실
제산제	수산화알루미늄aluminum hydroxide	인, 철, 비타민 A 흡수 감소
지질개선제	콜레스티라민cholestyramine	지용성 비타민 흡수 불량
통풍치료제	콜히친colchicine	비타민 B_{12}, 엽산, 단백질, 지방, 무기질 흡수 감소
하제	비사코딜bisacodyl	단백질·당질 흡수 감소, 설사 유발
	미네랄오일mineral oil	지용성 비타민과 칼슘, 인, 칼륨 흡수 감소
항고혈압제	클로니딘clonidine	나트륨, 수분 보유
항결핵제	이소니아지드isoniazid	비타민 B_6 대사 저해로 결핍증 초래
항경련제	페노바르비탈phenobarbital 페니토인phenytoin	비타민 D, 비타민 K의 대사율 증가로 구루병과 골연화증 유발 가능
항생제	네오마이신neomycin	지방, 단백질, 무기질 흡수 감소
	페니실린penicillin	칼륨 손실 증가로 저칼륨혈증 초래
항암제	메토트렉사트methotrexate	엽산, 칼슘, 지방, 비타민 B_{12} 흡수 감소
항원충제	피리메타민pyrimethamine	엽산 길항물질로 대사 저해
항응고제	쿠마린coumarin	비타민 K 길항물질로 대사 저해
항혈전증제, 해열진통제	아스피린aspirin	위장출혈, 철 손실, 엽산과 비타민 C 배설 증가
호르몬제	에스트로겐estrogen	나트륨, 수분 보유
	아드레날코르티코이드adrenal corticoids	나트륨, 수분 보유

(2) 일부 무기질

몇몇 항생제는 칼슘, 마그네슘, 철 등 2가의 양이온과 불용성 염을 형성하므로 흡수가 저해된다. 따라서 항생제를 칼슘이 풍부한 우유와 함께 복용하면 칼슘과 약물 모두 흡수가 저해된다.

조증치료제antimania인 리튬lithium의 재흡수량은 나트륨 재흡수량과 비슷하다. 따라서 리튬약제를 복용하는 사람은 혈중 리튬 수준을 일정하게 유지하기 위하여 나트륨 섭취를 일정하게 유지해야 한다.

(3) 비타민 K

항응고제인 와파린warfarin은 비타민 K와 구조가 비슷하여 비타민 K를 활성화하는 효소를 저해함으로써 혈액응고를 저해하는 약물이다. 따라서 식사나 보충제로 비타민 K를 많이 섭취하면 약물의 효과가 약해질 수 있다. 한편 마늘이나 인삼 등 와파린 활성을 증진하는 식품이나 약제는 와파린 복용 중에는 먹지 말아야 한다.

(4) 티라민

항우울증제인 MAO 저해제monoamine oxidase inhibitor를 복용할 경우에는 티라민tyramine 함량이 많은 음식물을 주의해야 한다. 약물 복용 시 티라민을 과량 섭취하면 노르에피네프린 방출량이 급증하여 심한 두통과 심박항진, 혈압상승이 나타나 위험해질 수 있다. 티라민은 티로신의 탈탄산반응으로 생긴 아민으로서 숙성 치즈, 적포도주, 훈제 생선과 고기, 발효된 피클과 올리브 등에 들어있다.

(5) 알코올

알코올은 다른 약물의 대사속도를 감소시켜 독성을 일으킬 수 있다. 즉, 약물이 알코올로 인해 대사되지 못하여 혈액 내 독성이 높아진다. 특히 알코올과 해열진통제, 수면제, 신경안정제, 마취제 등을 함께 섭취하면 약효가 증가해 위험해질 수 있다.

음식물이 약물의 흡수와 작용에 미치는 영향을 표 18-2에 정리하였다.

고혈압약과 자몽주스를 함께 먹지 마세요

일부 고혈압약(felodipine, nifedipine-칼슘통로차단제)을 자몽주스와 함께 복용할 경우 약물의 혈중 농도가 상승하여 과도하게 혈압이 낮아질 수 있다. 자몽주스가 간 대사효소의 활성을 억제해 약 성분의 혈중 농도가 상승하기 때문이다.

출처: 식품의약품안전처, 의약품안전사용정보방

표 18-2 음식물이 약물의 흡수와 작용에 미치는 영향

음식물	관련 약품명	효능	영향
일반 음식	클로로티아지드 chlorothiazide	이뇨제(혈압강하제)	약물흡수 증가
	프로프라놀롤 propranolol	β-아드레날린 차단제 (고혈압, 부정맥 치료제)	약물흡수 증가
	니트로푸란토인 nitrofurantoin	항균제	약의 생리학적 이용률 증가
	시메티딘 cimetidine	H2-길항제(제산제)	흡수지연으로 공복 시 혈중 약물농도 유지 가능
	아스피린 aspirin	항혈전증제	약물 흡수량과 흡수율 저하
	세팔렉신 cephalexin 페니실린 penicillin 에리트로마이신 erythromycin 테트라사이클린 tetracycline	항생제	약물흡수 감소
고지방식	그리세오풀빈 griseofulvin	항균제	약물흡수 증가
고단백식	레보도파 levodopa	항파킨스씨병제	약물흡수 방해
	메틸도파 methyldopa	혈압강하제	
섬유소	디곡신 digoxin	강심제	약물흡수량 감소
	아세트아미노펜 acetaminophen	해열진통제	약물흡수율 저하
짠음식 및 염분	리튬 lithium	조증치료제	과잉 섭취 시 약효 감소, 저염식 섭취 시 약의 활성 증가
커피, 차	플루페나진 fluphenazine 할로페리돌 haloperidol	신경이완제	커피, 홍차와 함께 복용하면 침전물을 형성하여 약물흡수 감소
	테오필린 theophylline	기관지확장제	섭취량 증가 시 신경과민, 불면증 증가
우유, 유제품	테트라사이클린 tetracycline	항생제	테트라사이클린은 2가 양이온(칼슘, 마그네슘, 철 등)과 불용성 염을 형성하므로 우유 속의 칼슘이 약물흡수를 방해함
감귤류 주스	퀴니딘 quinidine	항부정맥제	과량섭취 시 신장에서 약물 재흡수 증가로 혈중 약물농도 증가
양파	와파린 warfarin	항응고제	약의 피브린 분해작용 증가
브로콜리, 순무청, 상추, 양배추	와파린 warfarin	항응고제	비타민 K가 많은 채소는 항응고제 작용을 저해함
숙성 치즈, 적포도주, 훈제 생선, 발효 피클	페넬진 phenelzine	MAO저해제 (항우울증제)	티라민 함량이 많은 식품 섭취 시 두통, 심박항진, 혈압상승 부작용

CHAPTER
18

2. 약물의 부작용에 따른 식사관리

식욕저하

- 좋아하는 음식과 싫어하는 음식을 확인하고, 기호에 맞는 음식과 간식을 준비한다.
- 오전보다는 오후에 식욕이 떨어지므로 아침식사의 중요성을 알려준다.
- 식사나 간식을 제공할 때 음식의 색, 질감, 온도를 다양하게 한다.
- 식사는 소량씩 자주 하고, 다양한 양념을 사용하여 음식의 풍미를 향상시킨다.
- 수분을 충분히 섭취한다.

식욕증진 및 체중증가

- 에너지가 적은 음식, 음료, 간식을 섭취한다.
- 일부 약물은 단 음식에 대한 욕구를 증진한다는 것을 알려준다.
- 음식이나 간식, 음료 섭취를 제한할 수 있도록 환자나 보호자를 교육한다.

구강건조 및 구강 내 상처

- 질긴 음식과 짠 음식, 스낵류를 피하고, 촉촉하고 부드러운 음식을 먹는다.
- 건조한 식품은 음료에 담가 촉촉하게 하거나 음료와 함께 먹는다.
- 음식이나 간식은 차게 하거나 찬 식품과 곁들여 먹는다.
- 적절한 양의 수분을 섭취하고, 무설탕 껌 사용을 권한다.
- 구강 위생을 청결히 하고, 인공 타액 사용 여부를 확인한다.

메스꺼움

- 소화하기 쉬운 음식을 소량씩 자주 먹는다.
- 식사 시 수분 섭취를 줄이고, 음료는 식사와 식사 사이에 마신다.
- 차고 개운한 음료나 주스를 마신다.
- 토스트나 마른 빵, 크래커 등은 도움이 될 수 있다.
- 튀기거나 기름지고 느끼한 음식 섭취를 피한다.
- 뜨거운 음식에서 나는 냄새가 메스꺼움을 심하게 할 수 있다.

변 비

- 설사제나 완화제를 과용하거나 장기간 복용하고 있는지 확인한다.
- 생채소나 생과일, 전곡, 두류 등으로 섬유소를 충분히 섭취한다.
- 수분을 충분히 섭취한다.
- 가능하면 매일 운동을 한다.
- 규칙적인 배변습관을 갖는다.

설 사

- 수분과 전해질을 충분히 섭취한다.
- 탈수 방지를 위해 식사 사이에 다양한 음료를 섭취한다.
- 음식을 소량씩 자주 먹는다.
- 사과소스 같은 펙틴 함유 음식을 섭취한다.
- 찬 음식과 음료를 피하고 가능한 한 따뜻하게 섭취한다.
- 섬유소가 많은 식품, 카페인 음료, 알코올, 유제품 및 그 외에 설사를 유발할 수 있는 음식물 섭취를 평가해 본다.

1. 고지혈증 치료제인 콜레스티라민, 콜레스티폴 등 약제는 담즙활성에 영향을 미쳐 (   ) 과 (   ) 비타민의 흡수를 저해한다.

2. 제산제인 알루미늄 제제는 (   )과 결합하므로 (   )혈증을 초래한다.

3. 항암제인 메토트렉사트(MTX)는 (   )의 길항물질로 DNA 합성을 억제해 세포가 죽게 된다. 이 약을 처방할 때에는 활성화된 (   )을 함께 처방한다.

4. 항응고제인 와파린 복용 시에는 비타민 (   ) 섭취량에 주의해야 한다.

5. 결핵치료제인 이소니아지드(INH)는 비타민 (   )의 대사를 방해해 결핍증을 초래한다.

6. 항생제인 테트라사이클린은 2가 양이온과 불용성염을 형성하므로 (   )와 함께 복용하면 약물이 흡수되지 못한다.

7. 심장병 치료제인 디곡신, 해열진통제인 아세트아미노펜은 (   )에 의해 흡수가 저해된다.

8. 항우울증제인 MAO 저해제 복용 시에는 숙성 치즈, 적포도주, 훈제 생선과 고기 등 (   ) 함량이 많은 음식을 주의해야 한다. 갑자기 혈압이 상승하는 등 부작용이 유발될 수 있다.

9. 일부 고혈압약을 (   )주스와 함께 복용하면 약물의 혈중 농도가 상승하여 혈압이 과도하게 낮아질 수 있다.

10. 약물 복용의 부작용으로 (   )이 있을 때에는 개운한 음료나 주스를 마시고, 튀기거나 기름지고 느끼한 음식 섭취를 피한다.

> 정답

| 1. 지방, 지용성 | 2. 인, 저인산 | 3. 엽산, 엽산 | 4. K | 5. B_6 |
| 6. 우유 | 7. 섬유소 | 8. 티라민 | 9. 자몽 | 10. 메스꺼움 |

부록

01 한국인 영양섭취기준

출처: 보건복지부 · 한국영양학회 · 식품의약품안전처. 한국인 영양섭취기준 2015

1. 한국인 영양섭취기준이란?

한국인 영양섭취기준이란 질병이 없는 대다수의 한국 사람들이 건강을 최적 상태로 유지하고 질병을 예방하는 데 도움이 되도록 필요한 영양소 섭취수준을 제시하는 기준이다. 종전의 영양권장량에서는 각 영양소별로 단일 값으로 제시하였으나 만성질환이나 영양소 과다 섭취에 관한 우려와 예방의 필요성을 고려하여 여러 수준으로의 영양섭취기준을 2005년도에 새로이 설정하였고 2010년과 2015년에 1차 및 2차 개정이 이루어지게 되었다.

영양섭취기준(Dietary Reference Intakes, DRIs)은 평균필요량(Estimated Average Requirement, EAR), 권장섭취량(Recommended Nutrient Intake, RNI), 충분섭취량(Adequate Intake, AI) 및 상한섭취량(Tolerable Upper Intake Level, UL)의 4가지로 구성되어 있다. 평균필요량은 대상 집단을 구성하는 건강한 사람들의 절반에 해당하는 사람들의 일일 필요량을 충족시키는 값으로 대상 집단의 필요량 분포치 중앙값으로부터 산출한 수치이다. 권장섭취량은 평균필요량에 표준편차의 2배를 더하여 정하였다. 충분섭취량은 영양소 필요량에 대한 정확한 자료가 부족하거나 필요량의 중앙값과 표준편차를 구하기 어려워 권장섭취량을 산출할 수 없는 경우에 제시하였다. 상한섭취량은 인체 건강에 유해영향이 나타나지 않는 최대 영양소 섭취수준으로서 과량섭취 시 건강에 악영향의 위험이 있다는 자료가 있는 경우에 설정이 가능하다. 탄수화물과 지질의 영양섭취기준은 다른 영양소와 달리 서로 간의 균형이 중요하므로 에너지 적정비율(Acceptable Macronutrient Distribution Ranges, AMDR)을 설정한다.

다량영양소

성별	연령	에너지(kcal/일)				탄수화물(g/일)				지방(g/일)				n-6계 지방산(g/일)			
		필요추정량	권장섭취량	충분섭취량	상한섭취량	평균필요량	권장섭취량	충분섭취량	상한섭취량	평균필요량	권장섭취량	충분섭취량	상한섭취량	평균필요량	권장섭취량	충분섭취량	상한섭취량
영아	0~5(개월)	550						60				25				2.0	
	6~11	700						90				25				4.0	
유아	1~2(세)	1,000															
	3~5	1,400															
남자	6~8(세)	1,700															
	9~11	2,100															
	12~14	2,500															
	15~18	2,700															
	19~29	2,600															
	30~49	2,400															
	50~64	2,200															
	65~74	2,000															
	75 이상	2,000															
여자	6~8(세)	1,500															
	9~11	1,800															
	12~14	2,000															
	15~18	2,000															
	19~29	2,100															
	30~49	1,900															
	50~64	1,800															
	65~74	1,600															
	75 이상	1,600															
임신부		+0 / +340 / +450															
수유부		+320															

성별	연령	n-3계 지방산(g/일)				단백질(g/일)				식이섬유(g/일)				수분(mL/일)				
		평균필요량	권장섭취량	충분섭취량	상한섭취량	평균필요량	권장섭취량	충분섭취량	상한섭취량	평균필요량	권장섭취량	충분섭취량	상한섭취량	평균필요량	권장섭취량	충분섭취량 (액체)	충분섭취량 (총수분)	상한섭취량
영아	0~5(개월)			0.3				9.5								700	700	
	6~11			0.8		10	15.5									500	800	
유아	1~2(세)					12	15					10				800	1,100	
	3~5					15	20					15				1,100	1,500	
남자	6~8(세)					25	30					20				900	1,800	
	9~11					35	40					20				1,000	2,100	
	12~14					45	55					25				1,000	2,300	
	15~18					50	65					25				1,200	2,600	
	19~29					50	65					25				1,200	2,600	
	30~49					50	60					25				1,200	2,500	
	50~64					50	60					25				1,000	2,200	
	65~74					45	55					25				1,000	2,100	
	75 이상					45	55					25				1,000	2,100	
여자	6~8(세)					20	25					20				900	1,700	
	9~11					30	40					20				900	1,900	
	12~14					40	50					20				900	2,000	
	15~18					40	50					20				900	2,000	
	19~29					45	55					20				1,000	2,100	
	30~49					40	50					20				1,000	2,000	
	50~64					40	50					20				900	1,900	
	65~74					40	45					20				900	1,800	
	75 이상					40	45					20				900	1,800	
임신부[1]					+12 / +25	+15 / +30					+5					+200	
수유부					+20	+25					+5				+500	+700	

[1] 에너지, 단백질: 임신 1, 2, 3분기별 부가량

지용성 비타민

성별	연령	비타민 A(μg RE/일)				비타민 D(μg/일)				비타민 E(mg α-TE/일)				비타민 K(μg/일)			
		평균필요량	권장섭취량	충분섭취량	상한섭취량	평균필요량	권장섭취량	충분섭취량	상한섭취량	평균필요량	권장섭취량	충분섭취량	상한섭취량	평균필요량	권장섭취량	충분섭취량	상한섭취량
영아	0~5(개월)			350	600			5	25			3				4	
	6~11			450	600			5	25			4				7	
유아	1~2(세)	200	300		600			5	30			5	200			25	
	3~5	230	350		700			5	35			6	250			30	
남자	6~8(세)	320	450		1,000			5	40			7	300			45	
	9~11	420	600		1,500			5	60			9	400			55	
	12~14	540	750		2,100			10	100			10	400			70	
	15~18	620	850		2,300			10	100			11	500			80	
	19~29	570	800		3,000			10	100			12	540			75	
	30~49	550	750		3,000			10	100			12	540			75	
	50~64	530	750		3,000			10	100			12	540			75	
	65~74	500	700		3,000			15	100			12	540			75	
	75 이상	500	700		3,000			15	100			12	540			75	
여자	6~8(세)	290	400		1,000			5	40			7	300			45	
	9~11	380	550		1,500			5	60			9	400			55	
	12~14	470	650		2,100			10	100			10	400			65	
	15~18	440	600		2,300			10	100			11	500			65	
	19~29	460	650		3,000			10	100			12	540			65	
	30~49	450	650		3,000			10	100			12	540			65	
	50~64	430	600		3,000			10	100			12	540			65	
	65~74	410	550		3,000			15	100			12	540			65	
	75 이상	410	550		3,000			15	100			12	540			65	
임신부		+50	+70		3,000			+0	100			+0	540			+0	
수유부		+350	+490		3,000			+0	100			+3	540			+0	

수용성 비타민

성별	연령	비타민 C(mg/일)				티아민(mg/일)				리보플라빈(mg/일)				니아신(mg NE/일)[1]				
		평균필요량	권장섭취량	충분섭취량	상한섭취량	평균필요량	권장섭취량	충분섭취량	상한섭취량	평균필요량	권장섭취량	충분섭취량	상한섭취량	평균필요량	권장섭취량	충분섭취량	상한섭취량[2]	상한섭취량[3]
영아	0~5(개월)			35				0.2				0.3				2		
	6~11			45				0.3				0.4				3		
유아	1~2(세)	30	35		350	0.4	0.5			0.5	0.5			4	6		10	180
	3~5	30	40		500	0.4	0.5			0.6	0.6			5	7		10	250
남자	6~8(세)	40	55		700	0.6	0.7			0.7	0.9			7	9		15	350
	9~11	55	70		1,000	0.7	0.9			1.0	1.2			9	12		20	500
	12~14	70	90		1,400	1.0	1.1			1.2	1.5			11	15		25	700
	15~18	80	105		1,500	1.1	1.3			1.4	1.7			13	17		30	800
	19~29	75	100		2,000	1.0	1.2			1.3	1.5			12	16		35	1,000
	30~49	75	100		2,000	1.0	1.2			1.3	1.5			12	16		35	1,000
	50~64	75	100		2,000	1.0	1.2			1.3	1.5			12	16		35	1,000
	65~74	75	100		2,000	1.0	1.2			1.3	1.5			12	16		35	1,000
	75 이상	75	100		2,000	1.0	1.2			1.3	1.5			12	16		35	1,000
여자	6~8(세)	45	60		700	0.6	0.7			0.6	0.8			7	9		15	350
	9~11	60	80		1,000	0.7	0.9			0.8	1.0			9	12		20	500
	12~14	75	100		1,400	0.9	1.1			1.0	1.2			11	15		25	700
	15~18	70	95		1,500	0.9	1.2			1.0	1.2			11	14		30	800
	19~29	75	100		2,000	0.9	1.1			1.0	1.2			11	14		35	1,000
	30~49	75	100		2,000	0.9	1.1			1.0	1.2			11	14		35	1,000
	50~64	75	100		2,000	0.9	1.1			1.0	1.2			11	14		35	1,000
	65~74	75	100		2,000	0.9	1.1			1.0	1.2			11	14		35	1,000
	75 이상	75	100		2,000	0.9	1.1			1.0	1.2			11	14		35	1,000
임신부		+10	+10		2,000	+0.4	+0.4			+0.3	+0.4			+3	+4		35	1,000
수유부		+35	+40		2,000	+0.3	+0.4			+0.4	+0.5			+2	+3		35	1,000

성별	연령	비타민 B6(mg/일)				엽산(μgDFE/일)[3]				비타민 B12(μg/일)				판토텐산(mg/일)				비오틴(μg/일)			
		평균필요량	권장섭취량	충분섭취량	상한섭취량	평균필요량	권장섭취량	충분섭취량	상한섭취량	평균필요량	권장섭취량	충분섭취량	상한섭취량	평균필요량	권장섭취량	충분섭취량	상한섭취량	평균필요량	권장섭취량	충분섭취량	상한섭취량
영아	0~5(개월)			0.1				65				0.3				1.7				5	
	6~11			0.3				80				0.5				1.9				7	
유아	1~2(세)	0.5	0.6		25	120	150		300	0.8	0.9					2				9	
	3~5	0.6	0.7		35	150	180		400	0.9	1.1					2				11	
남자	6~8(세)	0.7	0.9		45	180	220		500	1.1	1.3					3				15	
	9~11	0.9	1.1		55	250	300		600	1.5	1.7					4				20	
	12~14	1.3	1.5		60	300	360		800	1.9	2.3					5				25	
	15~18	1.3	1.5		65	320	400		900	2.2	2.7					5				30	
	19~29	1.3	1.5		100	320	400		1,000	2.0	2.4					5				30	
	30~49	1.3	1.5		100	320	400		1,000	2.0	2.4					5				30	
	50~64	1.3	1.5		100	320	400		1,000	2.0	2.4					5				30	
	65~74	1.3	1.5		100	320	400		1,000	2.0	2.4					5				30	
	75 이상	1.3	1.5		100	320	400		1,000	2.0	2.4					5				30	
여자	6~8(세)	0.7	0.9		45	180	220		500	1.1	1.3					3				15	
	9~11	0.9	1.1		55	250	300		600	1.5	1.7					4				20	
	12~14	1.2	1.4		60	300	360		800	1.9	2.3					5				25	
	15~18	1.2	1.4		65	320	400		900	2.0	2.4					5				30	
	19~29	1.2	1.4		100	320	400		1,000	2.0	2.4					5				30	
	30~49	1.2	1.4		100	320	400		1,000	2.0	2.4					5				30	
	50~64	1.2	1.4		100	320	400		1,000	2.0	2.4					5				30	
	65~74	1.2	1.4		100	320	400		1,000	2.0	2.4					5				30	
	75 이상	1.2	1.4		100	320	400		1,000	2.0	2.4					5				30	
임신부		+0.7	+0.8		100	+200	+200		1,000	+0.2	+0.2					+1				+0	
수유부		+0.7	+0.8		100	+130	+150		1,000	+0.3	+0.4					+2				+5	

[1] 1 mg NE(니아신 당량) = 1 mg 니아신 = 60 mg 트립토판 [2] 니코틴산/니코틴아미드 [3] Dietary Folate Equivalents, 가임기 여성의 경우 400 μg/일의 엽산보충제 섭취를 권장함, 엽산의 상한섭취량은 보충제 또는 강화식품의 형태로 섭취한 μg/일에 해당됨.

다량무기질

성별	연령	칼슘(mg/일)				인(mg/일)				나트륨(g/일)				
		평균 필요량	권장 섭취량	충분 섭취량	상한 섭취량	평균 필요량	권장 섭취량	충분 섭취량	상한 섭취량	평균 필요량	권장 섭취량	충분 섭취량	상한 섭취량	목표 섭취량
영아	0~5(개월)			230	1,000			100				120		
	6~11			300	1,500			300				370		
유아	1~2(세)	390	500		2,500	380	450		3,000			900		
	3~5	470	600		2,500	460	550		3,000			1,000		
남자	6~8(세)	580	700		2,500	490	600		3,000			1,200		
	9~11	650	800		3,000	1,000	1,200		3,500			1,400		2,000
	12~14	800	1,000		3,000	1,000	1,200		3,500			1,500		2,000
	15~18	720	900		3,000	1,000	1,200		3,500			1,500		2,000
	19~29	650	800		2,500	580	700		3,500			1,500		2,000
	30~49	630	800		2,500	580	700		3,500			1,500		2,000
	50~64	600	750		2,000	580	700		3,500			1,500		2,000
	65~74	570	700		2,000	580	700		3,500			1,300		2,000
	75 이상	570	700		2,000	580	700		3,000			1,100		2,000
여자	6~8(세)	580	700		2,500	450	550		3,000			1,200		
	9~11	650	800		3,000	1,000	1,200		3,500			1,400		2,000
	12~14	740	900		3,000	1,000	1,200		3,500			1,500		2,000
	15~18	660	800		3,000	1,000	1,200		3,500			1,500		2,000
	19~29	530	700		2,500	580	700		3,500			1,500		2,000
	30~49	510	700		2,500	580	700		3,500			1,500		2,000
	50~64	580	800		2,000	580	700		3,500			1,500		2,000
	65~74	560	800		2,000	580	700		3,500			1,300		2,000
	75 이상	560	800		2,000	580	700		3,000			1,100		2,000
임신부		+0	+0		2,500	+0	+0		3,000			1,500		2,000
수유부		+0	+0		2,500	+0	+0		3,500			1,500		2,000

성별	연령	염소(g/일)				칼륨(g/일)				마그네슘(mg/일)			
		평균 필요량	권장 섭취량	충분 섭취량	상한 섭취량	평균 필요량	권장 섭취량	충분 섭취량	상한 섭취량	평균 필요량	권장 섭취량	충분 섭취량	상한 섭취량[1]
영아	0~5(개월)			180				400				30	
	6~11			580				700				55	
유아	1~2(세)			1,300				2,000		65	80		65
	3~5			1,500				2,300		85	100		90
남자	6~8(세)			1,900				2,600		135	160		130
	9~11			2,100				3,000		190	230		180
	12~14			2,300				3,500		265	320		250
	15~18			2,300				3,500		335	400		350
	19~29			2,300				3,500		295	350		350
	30~49			2,300				3,500		305	370		350
	50~64			2,300				3,500		305	370		350
	65~74			2,000				3,500		305	370		350
	75 이상			1,700				3,500		305	370		350
여자	6~8(세)			1,900				2,600		125	150		130
	9~11			2,100				3,000		180	210		180
	12~14			2,300				3,500		245	290		250
	15~18			2,300				3,500		285	340		350
	19~29			2,300				3,500		235	280		350
	30~49			2,300				3,500		235	280		350
	50~64			2,300				3,500		235	280		350
	65~74			2,000				3,500		235	280		350
	75 이상			1,700				3,500		235	280		350
임신부				2,300				+0		+32	+40		350
수유부				2,300				+400		+0	+0		350

✪ 식품 외 급원의 마그네슘에만 해당

미량무기질

성별	연령	철(mg/일)				아연(mg/일)				구리(μg/일)				불(mg/일)			
		평균필요량	권장섭취량	충분섭취량	상한섭취량	평균필요량	권장섭취량	충분섭취량	상한섭취량	평균필요량	권장섭취량	충분섭취량	상한섭취량	평균필요량	권장섭취량	충분섭취량	상한섭취량
영아	0~5(개월)			0.3	40			2				240				0.01	0.6
	6~11	5	6		40	2	3					310				0.5	0.9
유아	1~2(세)	4	6		40	2	3		6	220	280		1,500			0.6	1.2
	3~5	5	6		40	3	4		9	250	320		2,000			0.8	1.7
남자	6~8(세)	7	9		40	5	6		13	340	440		3,000			1.0	2.5
	9~11	8	10		40	7	8		20	440	580		5,000			2.0	10.0
	12~14	11	14		40	7	8		30	570	740		7,000			2.5	10.0
	15~18	11	14		45	8	10		35	650	840		7,000			3.0	10.0
	19~29	8	10		45	8	10		35	600	800		10,000			3.5	10.0
	30~49	8	10		45	8	10		35	600	800		10,000			3.0	10.0
	50~64	7	10		45	8	9		35	600	800		10,000			3.0	10.0
	65~74	7	9		45	7	9		35	600	800		10,000			3.0	10.0
	75 이상	7	9		45	7	9		35	600	800		10,000			3.0	10.0
여자	6~8(세)	6	8		40	4	5		13	340	440		3,000			1.0	2.5
	9~11	7	10		40	6	8		20	440	580		5,000			2.0	10.0
	12~14	13	16		40	6	8		25	570	740		7,000			2.5	10.0
	15~18	11	14		45	7	9		30	650	840		7,000			2.5	10.0
	19~29	11	14		45	7	8		35	600	800		10,000			3.0	10.0
	30~49	11	14		45	7	8		35	600	800		10,000			2.5	10.0
	50~64	6	8		45	6	7		35	600	800		10,000			2.5	10.0
	65~74	6	8		45	6	7		35	600	800		10,000			2.5	10.0
	75 이상	5	7		45	6	7		35	600	800		10,000			2.5	10.0
임신부		+8	+10		45	+2.0	+2.5		35	+100	+130		10,000			+0	10.0
수유부		+0	+0		45	+4.0	+5.0		35	+370	+480		10,000			+0	10.0

성별	연령	망간(mg/일)				요오드(μg/일)				셀레늄(μg/일)				몰리브덴(μg/일)				크롬(μg/일)			
		평균필요량	권장섭취량	충분섭취량	상한섭취량	평균필요량	권장섭취량	충분섭취량	상한섭취량	평균필요량	권장섭취량	충분섭취량	상한섭취량	평균필요량	권장섭취량	충분섭취량	상한섭취량	평균필요량	권장섭취량	충분섭취량	상한섭취량
영아	0~5(개월)			0.01				130	250			9	45							0.2	
	6~11			0.8				170	250			11	65							5.0	
유아	1~2(세)			1.5	2.0	55	80		300	19	23		75				100			12	
	3~5			2.0	3.0	65	90		300	22	25		100				100			12	
남자	6~8(세)			2.5	4.0	75	100		500	30	35		150				200			20	
	9~11			3.0	5.0	85	110		500	39	45		200				300			25	
	12~14			4.0	7.0	90	130		1,800	49	60		300				400			35	
	15~18			4.0	9.0	95	130		2,200	55	65		300				500			40	
	19~29			4.0	11.0	95	150		2,400	50	60		400	25	30		550			35	
	30~49			4.0	11.0	95	150		2,400	50	60		400	20	25		550			35	
	50~64			4.0	11.0	95	150		2,400	50	60		400	20	25		550			35	
	65~74			4.0	11.0	95	150		2,400	50	60		400	20	25		550			35	
	75 이상			4.0	11.0	95	150		2,400	50	60		400	20	25		550			35	
여자	6~8(세)			2.5	4.0	75	100		500	30	35		150				200			15	
	9~11			3.0	5.0	85	110		500	39	45		200				300			20	
	12~14			3.5	7.0	90	130		2,000	49	60		300				400			25	
	15~18			3.5	9.0	95	130		2,200	55	65		300				400			25	
	19~29			3.5	11.0	95	150		2,400	50	60		400	20	25		450			25	
	30~49			3.5	11.0	95	150		2,400	50	60		400	20	25		450			25	
	50~64			3.5	11.0	95	150		2,400	50	60		400	20	25		450			25	
	65~74			3.5	11.0	95	150		2,400	50	60		400	20	25		450			25	
	75 이상			3.5	11.0	95	150		2,400	50	60		400	20	25		450			25	
임신부				+0	11.0	+65	+90			+3	+4		400				450			+5	
수유부				+0	11.0	+130	+190			+9	+10		400				450			+20	

2. 식사구성안과 식품구성자전거

(1) 식사구성안이란?

일반인에게 영양섭취기준에 만족할 만한 식사를 제공할 수 있도록 식품군별 대표식품과 섭취 횟수를 이용하여 식사의 기본 구성 개념을 설명한 것이다.

(2) 식품구성자전거와 식품군별 1인 1회 분량

식품구성자전거는 6개의 식품군에 권장식사패턴의 섭취 횟수와 분량에 맞추어 바퀴 면적을 배분한 형태로, 기존의 식품구성탑보다 다양한 식품 섭취를 통한 균형 잡힌 식사와 수분 섭취의 중요성 그리고 적절한 운동을 통한 비만 예방이라는 기본 개념을 나타낸다. 식품군별 대표식품의 1인 1회 분량을 기준으로 섭취 횟수를 활용하여 개인별 권장섭취패턴을 계획하거나 평가할 수 있다.

식품구성자전거

식품군별 대표식품의 1인 1회 분량

식품군	1인 1회 분량
곡류	밥 1공기(210g), 국수 1대접(건면 100g), 식빵(대) 2쪽(100g), 감자(중) 1개(130g)[※], 씨리얼 1접시(40g)[※]
고기·생선·달걀·콩류	육류 1접시(생 60g), 닭고기 1조각(생 60g), 생선 1토막(생 60g), 달걀 1개(60g), 두부 2조각(80g), 콩(20g)
채소류	콩나물 1접시(생 70g), 시금치나물 1접시(생 70g), 배추김치 1접시(40g), 오이소박이 1접시(60g), 버섯 1접시(생 30g), 물미역 1접시(생 30g)
과일류	사과(중) 1/2개(100g), 귤(중) 1개(100g), 참외(중) 1/2개(200g), 포도(중) 15알(100g), 오렌지주스 1/2컵(100g)
우유·유제품류	우유 1컵(200g), 호상요구르트 1/2컵(100g), 액상요구르트 3/4컵(150g), 아이스크림 1/2컵(100g), 치즈 1장(20g)[※]
유지·당류	식용유 1작은술(5g), 버터 1작은술(5g), 마요네즈 1작은술(5g), 설탕 1큰술(10g), 커피믹스 1봉(12g)

✪ 다른 식품들 1회 분량의 1/2 에너지를 함유하고 있으므로 식단 작성 시 0.5회로 간주함.

02 신장질환 환자를 위한 식품교환표

신장질환 환자를 위한 식품교환표는 신장질환으로 인해 단백질, 나트륨, 칼륨, 인 등의 영양소 섭취를 조절할 필요가 있는 사람들을 위해 고안된 것으로, 일상생활에서 섭취하고 있는 식품들을 영양소 조성이 비슷한 것끼리 나누어 곡류군, 어육류군, 채소군, 지방군, 우유군, 과일군, 에너지 보충군의 7가지 식품군으로 묶은 표이다((사)대한영양사협회, 임상영양관리지침서, 2010).

신장질환 식품교환표

		단백질(g)	나트륨(mg)	칼륨(mg)	인(mg)	칼로리(kcal)
곡류군		2	2	30	30	100
어육류군		8	50	120	90	75
채소군	1	1	미량	100	20	20
	2	1	미량	200	20	20
	3	1	미량	400	20	20
지방군		0	0	0	0	45
우유군		6	100	300	180	125
과일군	1	미량	미량	100	20	50
	2	미량	미량	200	20	50
	3	미량	미량	400	20	50
열량보충군		0	3	20	5	100

1. 곡류군

곡류군은 대부분 주식이 되는 식품들로 구성되어 있으며, 좋은 에너지원일 뿐 아니라 약간의 단백질도 포함되어 있다.

곡류군의 영양소 함량과 식품의 예

	단백질(g)	나트륨(mg)	칼륨(mg)	인(mg)	칼로리(kcal)
1교환단위의 영양소 함량	2	2	30	30	100

식품명	가식부 무게(g)	목측량
쌀밥	70	1/3공기
국수(삶)°	90	1/2공기
식빵°	35	1쪽
백미	30	3큰술
찹쌀	30	3큰술
밀가루	30	5큰술
마카로니(건)	30	
가래떡	50	썬 것 11개
백설기	40	$6 \times 2 \times 3cm^3$
인절미	50	3개
절편(흰떡)	50	2개
카스텔라	30	$6.5 \times 5 \times 4.5cm^3$
크래커	20	5개
콘플레이크	30	3/4컵

❂ 이 식품들은 다른 식품에 비해 나트륨과 단백질이 많기 때문에 이들을 제한해야 되는 경우에는 1일 1회 이하로 섭취하도록 주의함.

주의식품 다음의 식품들은 칼륨이나 인이 많기 때문에 이들을 제한해야 되는 경우에는 주의하도록 한다.

식품명	가식부 무게(g)	목측량	칼륨 주의 (60mg 이상)	나트륨 주의 (60mg 이상)
감자	180	대 1개	*	*
고구마	100	중 1/2개	*	
토란	250	2컵	*	*
검정쌀	30	3큰술	*	*
보리쌀	30	3큰술	*	
현미쌀	30	3큰술	*	*
보리밥	70	1/3공기	*	
현미밥	70	1/3공기	*	*
녹두	30	3큰술	*	*
율무	30	3큰술	*	*
차수수	30	3큰술	*	*
차조	30	3큰술	*	*
팥(붉은 것)	30	3큰술	*	*
호밀	30	3큰술	*	
밤(생)	60	중 6개		*
은행	60		*	*
메밀국수(건)	30		*	
메밀국수(삶)	90			*
시루떡	50		*	
보리미숫가루	30	5큰술		*
빵가루	30			*
오트밀	30	1/3컵	*	*
핫케이크가루	25			*
옥수수	50	1/2개	*	*
팝콘	20		*	

2. 어육류군

어육류군은 질이 좋은 단백질로 구성되어 있으므로 반드시 허용된 범위 내에서 섭취해야 한다.

어육류군의 영양소 함량과 식품의 예

	단백질(g)	나트륨(mg)	칼륨(mg)	인(mg)	칼로리(kcal)
1교환단위의 영양소 함량	8	50	120	90	75

식품명		가식부 무게(g)	목측량
고기류	쇠고기	40	로스용 1장(12×10.3cm)
	돼지고기	40	로스용 1장(12×10.3cm, 탁구공 크기)
	닭고기	40	소 1토막(탁구공 크기)
	개고기	40	소 1토막(탁구공 크기)
	쇠간	40	1/4컵
	쇠갈비	40	소 1토막
	우설	40	1/4컵
	돼지족, 돼지머리, 삼겹살	40	썰어서 4쪽(3×3cm)
	쇠곱창	60	1/2컵
	쇠꼬리	60	소 2토막
생선류-각종 생선류		40	소 1토막
건어물류 및 해산물	뱅어포	10	1장
	북어	10	중 1/4토막
	새우	40	중하 3마리, 보리새우 10마리
	문어[⊙]	50	1/3컵
	물오징어[⊙]	50	중 1/4마리(몸통)
	꽃게[⊙]	50	중 1/2마리
	굴[⊙]	70	1/3컵
	낙지[⊙]	70	1/2컵
	전복	70	중 1마리
알류 및 콩류	달걀	60	대 1개
	메추리알	60	5개
	두부	80	1/6모
	순두부	200	1컵
	연두부	150	1/2개

⊙ 이 식품들은 다른 식품에 비해 염분이 약간 많으므로 물에 담가 염분을 충분히 뺀 후 조리함.

주의식품   다음의 식품들은 칼륨이나 나트륨이 많기 때문에 이들을 제한해야 되는 경우에는 주의하도록 한다.

식품명	가식부 무게(g)	목측량	칼륨 주의 (220mg 이상)	나트륨 주의 (250mg 이상)
검정콩	20	2큰술	*	
노란콩	20	2큰술	*	
햄(로스)	50	1쪽(8×6×1cm)		*
런천미트	50	1쪽(5.5×4×2cm)		*
프랑크소시지	50	1.5개		*
생선통조림	40	1/3컵		*
치즈	40	2장		*
잔멸치(건)	15	1/4컵		*
건오징어	15	중 1/4마리(몸통)		*
조갯살	70	1/3컵		*
깐홍합	70	1/3컵		*
어묵	80			*

3. 채소군

채소군은 칼륨의 함량에 따라 3개의 그룹으로 분류하였으며, 1교환단위의 분량은 대부분 목측량 1/2컵을 기준으로 통일되어 있다. 칼륨을 제한해야 하는 경우 채소군 3(칼륨 고함량)의 식품들은 식단에서 제외하도록 한다.

채소군의 영양소 함량과 식품의 예

채소군 1(칼륨 저함량)

	단백질(g)	나트륨(mg)	칼륨(mg)	인(mg)	칼로리(kcal)
1교환단위의 영양소 함량	1	미량	100	20	20

식품명	가식부 무게(g)	목측량
달래	30	생 1/2컵
당근	30	생 1/2컵
김	2	1장
깻잎	20	20장
풋고추	20	중 2~3개
표고(생)	30	중 5개
더덕	30	중 2개
치커리	30	중 12잎
배추	70	소 3~4장
양상추	70	중 3~4장
마늘쫑	40	익혀서 1/2컵
파	40	익혀서 1/2컵
팽이버섯	40	익혀서 1/2컵
냉이	50	익혀서 1/2컵
무청	50	익혀서 1/2컵
양파	50	익혀서 1/2컵
양배추	50	익혀서 1/2컵
가지	70	익혀서 1/2컵
고비(삶은 것)	70	익혀서 1/2컵
고사리(삶은 것)	70	익혀서 1/2컵
무	70	익혀서 1/2컵
숙주	70	익혀서 1/2컵
오이	70	익혀서 1/2컵
죽순(통)	70	익혀서 1/2컵
콩나물	70	익혀서 1/2컵
피망	70	익혀서 1/2컵
녹두묵	100	1/4모
메밀묵	100	1/4모
도토리묵	100	1/4모

채소군 2(칼륨 중등함량)

	단백질(g)	나트륨(mg)	칼륨(mg)	인(mg)	칼로리(kcal)
1교환단위의 영양소 함량	1	미량	200	20	20

식품명	가식부 무게(g)	목측량
무말랭이	10	불려서 1/2컵
두릅	50	3개
상추	70	중 10장
셀러리	70	6cm 길이 6개
케일	70	10cm 길이 10장
도라지	50	익혀서 1/2컵
연근	50	익혀서 1/2컵
우엉	50	익혀서 1/2컵
풋마늘	50	익혀서 1/2컵
고구마순	70	익혀서 1/2컵
느타리°	70	익혀서 1/2컵
열무	70	익혀서 1/2컵
애호박	70	익혀서 1/2컵
중국부추	70	익혀서 1/2컵

✪ 인이 많이 함유된 식품

채소군 3(칼륨 고함량)

	단백질(g)	나트륨(mg)	칼륨(mg)	인(mg)	칼로리(kcal)
1교환단위의 영양소 함량	1	미량	400	20	20

식품명	가식부 무게(g)	목측량
양송이°	70	중 5개
고춧잎	50	익혀서 1/2컵
아욱	50	익혀서 1/2컵
근대	70	익혀서 1/2컵
머위	70	익혀서 1/2컵
물미역	70	익혀서 1/2컵
미나리	70	익혀서 1/2컵
부추	70	익혀서 1/2컵
쑥°	70	익혀서 1/2컵

(계속)

식품명	가식부 무게(g)	목측량
쑥갓	70	익혀서 1/2컵
시금치	70	익혀서 1/2컵
죽순	70	익혀서 1/2컵
취	70	익혀서 1/2컵
단호박	100	익혀서 1/2컵
청둥호박(늙은호박)°	150	익혀서 1/2컵

❂ 인이 많이 함유된 식품

4. 지방군

지방군은 소화·흡수 후 노폐물을 거의 생성하지 않아서 신장에 부담을 주지 않는다. 적은 양으로도 많은 에너지를 낼 수 있고, 단백질을 많이 제한하는 경우 농축 에너지원으로 사용되어 체단백의 손실을 막을 수 있다.

지방군의 영양소 함량과 식품의 예

	단백질(g)	나트륨(mg)	칼륨(mg)	인(mg)	칼로리(kcal)
1교환단위의 영양소 함량	0	0	0	0	45

식품명	가식부 무게(g)	목측량
들기름	5	1작은술
미강유	5	1작은술
옥수수기름	5	1작은술
유채기름	5	1작은술
콩기름	5	1작은술
참기름	5	1작은술
카놀라유	5	1작은술
쇼트닝	5	1.5작은술
마가린	6	1.5작은술
버터	6	1.5작은술
마요네즈	7	1.5작은술

(계속)

식품명	가식부 무게(g)	목측량
다음 식품은 단백질, 인, 칼륨이 많으므로 주의		
베이컨	7	1조각
땅콩	10	10개(1술)
아몬드	8	7개
잣	8	1큰술
참깨	8	1큰술
피스타치오	8	10개
해바라기씨	8	1큰술
호두	8	대 1개 또는 중간 것 1.5개

5. 우유군

우유군은 질이 좋은 단백질로 구성되어 있으나 대체로 칼륨과 인이 많기 때문에 1일 허용된 양 이상은 섭취하지 않는 것이 좋다.

우유군의 영양소 함량과 식품의 예

	단백질(g)	나트륨(mg)	칼륨(mg)	인(mg)	칼로리(kcal)
1교환단위의 영양소 함량	6	100	300	180	125

식품명	가식부 무게(g)	목측량
요구르트(액상)°	300	1½컵(100g 포장단위 3개)
요구르트(호상)°	200	1컵(100g 포장단위 2개)
우유	200	1컵
락토우유	200	1컵
저지방우유(2%)	200	1컵
두유	200	1컵
연유(가당)°	60	1/2컵
조제분유	25	5큰술
아이스크림°	150	1컵

✪ 요구르트나 연유(가당)는 1교환단위의 칼로리가 기준치의 1.5배임.
◉ 아이스크림은 1교환단위의 칼로리가 기준치의 2.5배임.

6. 과일군

과일군은 칼륨 함량에 따라 3개의 그룹으로 분류하였으며 칼륨을 제한해야 하는 경우 과일군 3(칼륨 고함량)의 식품들은 식단에서 제외하는 것이 좋다.

과일군의 영양소 함량과 식품의 예

과일군 1(칼륨 저함량)

	단백질(g)	나트륨(mg)	칼륨(mg)	인(mg)	칼로리(kcal)
1교환단위의 영양소 함량	미량	미량	100	20	50

식품명	가식부 무게(g)	목측량
귤(통)°	80	18알
금귤	60	7개
단감	80	중 1/2개
연시	80	소 1개
레몬	80	중 1개
사과	100	중 1/2개
사과주스	100	1/2컵
자두	80	대 1개
파인애플	100	중 1쪽
파인애플(통)°	120	대 1쪽
포도	100	19개
깐포도(통)°	100	
프루트칵테일(통)°	100	

❁ 과일 통조림은 시럽을 제외

과일군 2(칼륨 중등함량)

	단백질(g)	나트륨(mg)	칼륨(mg)	인(mg)	칼로리(kcal)
1교환단위의 영양소 함량	미량	미량	200	20	50

식품명	가식부 무게(g)	목측량
귤	100	중 1개
다래	80	
대추(건)	20	8개
대추(생)	60	8개
배	100	대 1/4개
딸기	150	10개
백도	150	중 1/2개
황도	150	중 1/2개
살구	150	3개
수박	200	1쪽
오렌지	150	중 1개
오렌지주스	100	1/2컵
자몽	150	중 1/2개
파파야	100	
포도(거봉)	100	11개

과일군 3(칼륨 고함량)

	단백질(g)	나트륨(mg)	칼륨(mg)	인(mg)	칼로리(kcal)
1교환단위의 영양소 함량	미량	미량	400	20	50

식품명	가식부 무게(g)	목측량
곶감	50	중 1개
멜론(머스크)	120	1/8개
바나나	120	중 1개
앵두	120	
참외	120	소 1/2개
천도복숭아	200	소 2개
키위	100	대 1개
토마토	250	대 1개
체리토마토	250	중 20개

7. 에너지 보충군

단백질을 많이 제한하는 경우 충분한 에너지를 공급해 주면 체단백의 손실을 막을 수 있으며 소화·흡수 후 노폐물을 거의 생성치 않아 신장에 부담을 줄일 수 있다. 단, 복막투석을 하고 있는 경우에는 복막투석액 내에 이미 당분이 포함되어 있으므로 에너지 보충군의 섭취는 바람직하지 않다.

에너지 보충군의 영양소 함량과 식품의 예

	단백질(g)	나트륨(mg)	칼륨(mg)	인(mg)	칼로리(kcal)
1교환단위의 영양소 함량	0	3	20	5	100

식품명	가식부 무게(g)
과당	25
꿀	30
녹말가루	30
당면	30
마멀레이드	40
사탕	25
설탕	25
양갱	35
엿	30
물엿	30
젤리	30
잼	35
캐러멜	25
칼로리-S	25
다음 식품은 단백질, 인, 칼륨이 많으므로 주의	
초콜릿	20
흑설탕	25
황설탕	25
로열젤리	80

염분 함량표

식품명	무게(g)	목측량	식품명	무게(g)	목측량
소금	1	1/2 작은술	마요네즈	85	6큰술
진간장	5	1/2 작은술	토마토케첩	40	3큰술
우스타소스	25	1⅔큰술	버터	50	3큰술
된장	10	1/2큰술	배추김치	35	길이 3~4cm 5쪽
고추장	10	1/2큰술	단무지	35	반달모양 직경 약 6cm 5쪽

참고문헌
REFERENCE

국내 문헌

국민고혈압사업단, 고혈압을 다스리는 식사요법 PASH, 2008

국민고혈압사업단, 혈압을 낮추는 식사가이드, 2008

김명주 · 김경임 · 김애정 · 김영희 · 문숙임 · 서광희 · 오세인 · 윤옥현 · 이경자 · 이영순 편, 임상영양학,
   교문사, 2001

김송전 · 이병철 · 오성천, 임상영양학, 청구문화사, 1999

김숙희 · 김우경 · 장경애, 식생활과 건강, 신광출판사, 2006

김순옥 · 양미경 · 이승자 · 이정실 · 조혜명 · 정민호 · 전해정, 미용영양학, 수문사, 2002

김용욱 · 김형동 · 박소연 · 차병헌 외 18인 역, 에센스 의학용어, 메디시언, 2008

김인숙 · 주은정 · 이경자 · 박은숙, 임상영양과 식사요법, 효일, 2006

김현숙 편, 알기 쉽고 재미있는 의학용어, 현문사, 2002

김혜영 · 고성희 · 권순형 · 김지명 · 김현주 · 라혜복 · 박유신 · 서광희 · 송경희 · 이경자 · 이복희 · 이상업 ·
   이영남 · 이홍미 · 진효상 · 한경희 · 한정순 역, 식이요법, 지구문화사, 2011

나카다 디카유키, 저인슐린 다이어트, 국일미디어, 2003

농촌진흥청, 식품성분표 제8개정판, 2011

대한비만학회 대구경북지회 편역, 비만치료가이드, 한미의학, 2007

모수미 · 구재옥 · 김원경 · 서정숙 · 손숙미 · 이연숙, 식사요법 원리와 실습, 교문사, 2007

모수미 · 이연숙 · 구재옥 · 손숙미 · 서정숙 · 윤은영 · 이수경 · 김원경, 식사요법 제2개정판, 교문사, 2002

박인국, 생화학 길라잡이, 라이프사이언스, 2006

박태선 · 김은경, 현대인의 생활영양 개정판, 교문사, 2011

보건복지부, 2008 국가 암등록 통계, 2010

보건복지부 · 한국영양학회, 한국인 영양소 섭취기준, 2015

(사)대한영양사협회, 당뇨식 상차림, 2008

(사)대한영양사협회, 식품교환표, 2010

(사)대한영양사협회, 임상영양관리지침서 제3판, 2010

송경희 · 손정민 · 김희선 · 한성림 · 이애랑 · 김순미 · 김현주 · 홍경희 · 라미용, 식사요법, 파워북, 2010

성창근 ·모은경, 현대인의 식생활과 비만, 효일, 2006

손숙미 ·이종호 ·임경숙 ·조윤옥, 다이어트와 체형관리, 교문사, 2004

손숙미 ·임현숙 ·김정희 ·이종호 ·서정숙 ·손정민, **임상영양학** 개정판, 교문사, 2011

승정자 ·김명회 ·김미현 ·김보영 ·김순경 ·김애정 ·김병희 ·노숙영 ·성미경 ·이영근 ·이지선 ·정목미 ·
　최미경 ·최선혜, 식사요법 이론 및 실습, 광문각, 2002

승정자 ·김순경 ·조혜경 ·한은경 ·최미경, 식사요법 실습서, 파워북, 2008

유교상, 담석증의 진단, 대한내과학회지, 75(6), 2008

유영상 ·이심열, **식사요법**, 고문사, 2007

윤승규, 지방간의 진단과 치료, 대한내과학회지, 76(6), 2009

이기열 ·이기완 ·명춘옥 ·박영심 ·남혜원, **식사요법**, 수학사, 2009

이명아, 간암의 조기진단, 대한내과학회지, 79(3), 2010

이미숙 ·이선영 ·김현아 ·정상진 ·김원경 ·김현주, **임상영양학**, 파워북, 2010

이영남 ·노희경 ·임병순 ·김성환 ·이애랑 ·권순형 ·이정실 ·조금호, **임상영양학**, 수학사, 2008

이정실 ·최경순, 다이어트론 및 실습, 대왕사, 2007

이정윤 ·장혜순 ·서광희 ·이선회 ·이병순 ·남정혜, 새롭게 쓴 식사요법, 신광출판사, 2007

이현숙 ·구재옥 ·임현숙 ·강영희 ·권종숙, 이해하기 쉬운 인체생리학, 파워북, 2011

임영희 ·왕수경, 식생활과 다이어트, 형설출판사, 1999

장유경 ·변기원 ·이보경 ·이종현 ·이홍미 ·조영연, **임상영양관리**, 효일, 2011

정영진 ·김성애 ·손천배 ·김미리 ·이선영 ·육홍선, **식생활과 다이어트**, 파워북, 2009

정정명, 간경변증 환자의 관리, 인제의학, 23(2), 2002

제니 브랜드밀러 ·케이포스터파엘 ·스티븐 졸라 지우리, 당지수로 당뇨병, 비만, 심장질환을 잡는다, 물
　병자리, 2005

최경순 ·이정실, **웰빙생활과 영양**, 유림문화사, 2005

하태익 ·이영순 ·최운정, 신식사요법, 광문각, 2005

한국지질동맥경화학회 치료지침제정위원회, 이상지질혈증 치료지침 수정보완판, 2009

국외 문헌

Linda Kelly DeBruyne · Eleanor Noss Whitney · Kathryn Pinna, *Nutrition & Diet Therapy* 7th ed.,
　Cengage Learning Korea Ltd., 2008

National Institute of Health, National Heart, Lung, and Blood Institute The 7th., report of the joint
　National Committee on Detection, Evaluation, and Treatment of High Blood Pressure. *NIH*

publication, No 03-5233, 2003

Wardlaw, *Perspectives in Nutrition*, MGH, 2009

Widmaier EP · Raff H · Strang KT, *Human Physiology* 9th ed., McGraw Hill, 2004

기타

조선일보, 암을 이긴다, 2011. 8. 17.

구글, http://www.google.co.kr/search

구글 이미지 검색, http://www.google.co.kr/images

대한신경학회, http://www.neuro.or.krs

보건복지부 국가건강정보포털, http://health.mw.go.kr

식품의약품안전처, http://www.mfds.go.kr

외식영양성분자료집, http://www.kfda.go.kr/nutrition/ebook/20111125/main.html

위키피디아, http://www.wikipedia.org

찾아보기
INDEX

저자소개

윤옥현 김천대학교 식품영양학과 교수

이영순 계명문화대학교 식품영양조리학부 교수

이경자 전주기전대학 식품영양과 교수

최경순 삼육대학교 식품영양학과 교수

이정실 경동대학교 호텔조리학과 교수

2판 포인트 **식사요법**

2012년 2월 16일 초판 발행 ｜ 2016년 9월 26일 2판 발행

지은이 윤옥현 외 ｜ **펴낸이** 류제동 ｜ **펴낸곳 교문사**

편집부장 모은영 ｜ **본문편집** 북큐브 ｜ **표지디자인** 이혜진
제작 김선형 ｜ **홍보** 김미선 ｜ **영업** 이진석·정용섭·진경민 ｜ **출력·인쇄** 삼신문화사 ｜ **제본** 한진제본

주소 (10881) 경기도 파주시 문발로 116 ｜ **전화** 031-955-6111 ｜ **팩스** 031-955-0955
홈페이지 www.gyomoon.com ｜ **E-mail** genie@gyomoon.com
등록 1960. 10. 28. 제406-2006-000035호
ISBN 978-89-363-1602-0(93590) ｜ 값 23,000원